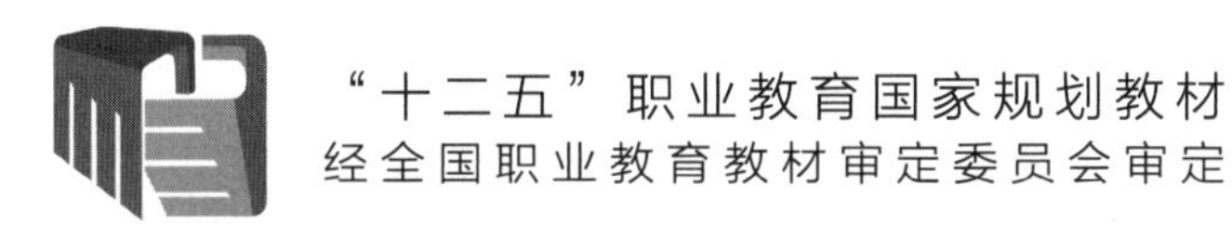

SHIYONG YULEIXUE

实用鱼类学

第二版

李林春　翟林香　主编

化学工业出版社
·北京·

内容简介

《实用鱼类学》（第二版）是"十二五"职业教育国家规划教材，介绍了鱼类学基本知识，主要内容包括：鱼体外部形态、鱼体内部构造、常见鱼类、鱼类的生长、鱼类的生理与行为及相关实验。本书在取材上注意选取与水产技术相关的鱼类学内容，在加强理论基础知识培养的同时，侧重强化实验技能训练及实用技术的拓展，突出其实用性。书中有大量彩色插图，增强了可视感，可读性强；配套教学资源丰富，有电子课件、微课、鱼类彩色图片、在线习题等，可满足教师信息化教学和学生自主学习的需求。

本书可作为职业教育水产养殖技术、水生动物医学、水族科学与技术等专业及其他相关专业的教材，也可作为水产技术人员、水产管理人员的参考书。

图书在版编目（CIP）数据

实用鱼类学 / 李林春，翟林香主编 .—2 版 .—北京：化学工业出版社，2022.11（2024.2 重印）

"十二五"职业教育国家规划教材

ISBN 978-7-122-42029-9

Ⅰ. ①实…　Ⅱ. ①李…　②翟…　Ⅲ. ①鱼类学 - 高等职业教育 - 教材　Ⅳ. ① Q959.4

中国版本图书馆 CIP 数据核字（2022）第 148181 号

责任编辑：迟　蕾　梁静丽　李植峰　　文字编辑：药欣荣

责任校对：王鹏飞　　装帧设计：王晓宇

出版发行：化学工业出版社（北京市东城区青年湖南街 13 号　邮政编码 100011）

印　　装：中煤（北京）印务有限公司

787mm×1092mm　1/16　印张 15　字数 316 千字　2024 年 2 月北京第 2 版第 2 次印刷

购书咨询：010-64518888　　售后服务：010-64518899

网　　址：http://www.cip.com.cn

凡购买本书，如有缺损质量问题，本社销售中心负责调换。

定　　价：49.80元

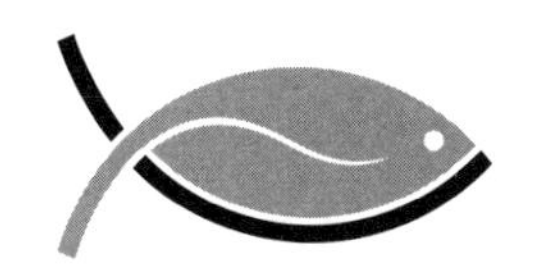

《实用鱼类学》（第二版）编写人员

主　编　李林春　翟林香

副主编　周美玉　郭旭升　孙智武　王煜恒

编　者　李林春　（厦门海洋职业技术学院）

翟林香　（盘锦职业技术学院）

周美玉　（江西生物科技职业学院）

郭旭升　（信阳农林学院）

庞纪彩　（山东畜牧兽医职业学院）

石　英　（山东畜牧兽医职业学院）

翟秀梅　（黑龙江农业工程职业学院）

王煜恒　（江苏农林职业技术学院）

刘　璐　（海南工商职业学院）

李伟跃　（山东畜牧兽医职业学院）

岳丽佳　（江苏农牧科技职业学院）

孙智武　（湖北生物科技职业学院）

李　波　（阳江职业技术学院）

吴　林　（广东科贸职业学院）

刘贤忠　（日照职业技术学院）

许　敏　（厦门海洋职业技术学院）

前言

为深入贯彻落实国务院《国家职业教育改革实施方案》、教育部《关于职业院校专业人才培养方案制订与实施工作的指导意见》等文件要求，全面推进教师、教材、教法“三教”改革，本着“知识够用，学以致用”的原则，满足职业教育技术技能型人才培养的需要，突出课程的实用性，本书在传统鱼类学基础上进行了改革与创新，以让学生认识鱼类为主线进行谋篇布局，通过对鱼类学内容的重新组合，形成了遵循学生认知规律的框架结构，并融入了鱼类学发展的新理论、新技术，主要内容包括：鱼体外部形态、鱼体内部构造、常见鱼类、鱼类的生长、鱼类的生理与行为及相关实验。

本书内容丰富，书中有大量彩色插图，增强了可视性，可读性强。同时，本书注重配套资源的开发和建设，配备电子课件，可从 www.cipedu.com.cn 下载参考；微课等数字资源可扫描二维码，能满足教师信息化教学和学生自主学习的需求。

本书由厦门海洋职业技术学院、盘锦职业技术学院、江西生物科技职业学院、信阳农林学院、湖北生物科技职业学院、黑龙江农业工程职业学院、江苏农林职业技术学院、江苏农牧科技职业学院、日照职业技术学院、海南工商职业学院、阳江职业技术学院、广东科贸职业学院、山东畜牧兽医职业学院共计 13 所院校教师参加编写，具体编写分工如下：庞纪彩、石英编写第一章；翟秀梅编写第二章第一节、第二节、第五节，第三章第四节内容的一～九，实验三、实验五、实验九、实验十；王煜恒编写第二章第三节、第四节、第六节、第八节、实验四、实验六；刘璐编写第二章第七节、第九节，第五章第六节；李伟跃编写第二章第十节、实验七；岳丽佳编写第三章第一节、实验八；孙智武、周美玉编写第三章第二节、第三节、第四节内容的十、十一，第四章第二节；翟林香编写第三章第四节内容的十二，第四章第一节、第四节，第五章第五节、实验十一、实验十三；李波编写第四章第三节；吴林编写第五章第一节、第二节、第四节、实验十二；刘贤忠编写第五章第三节、第七节；李林春、郭旭升、许敏参与第三章、统编第二章和第三章鱼类图片。配套电子课件由孙智武统稿；在线习题由翟林香、李波统稿。

由于编者水平有限，书中难免存有不妥之处，敬请广大师生和同仁提出宝贵意见，便于今后完善。

编者

2022 年 12 月

前言

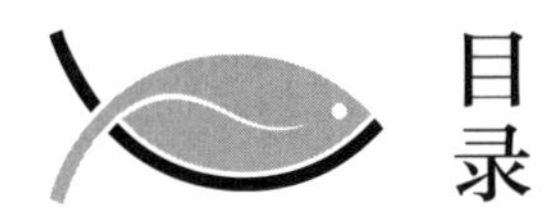

目录

第一章　鱼体外部形态

第二章　鱼体内部结构

第三章 常见鱼类

第四章 鱼类的生长

第五章 鱼类的生理与行为

参考文献

第一章 鱼体外部形态

知识目标：

掌握鱼类的体型及其与生活习性之间的关系，鱼体的分区，外部器官如头部、躯干部、尾部、鳍、皮肤及其衍生物（如黏液腺、珠星、色素细胞、鳞片）的结构。

技能目标：

能够进行鱼体测量，并根据体型推断其生活习性与水层；能够识别硬骨鱼类口的位置、形状和口裂大小，分清鳍棘和软条的差别，以及须的形态与位置；会用显微镜观察骨鳞、盾鳞和硬鳞，并能绘制其结构图。

第一节 鱼类的体型与测量

问题导引

鲤、团头鲂、大菱鲆、黄鳝等鱼类生活在不同的水层，有的活泼、游动迅速，有的底栖或者于洞内穴居。鱼类这些不同的生活习性与其体型有何关系？

一、鱼类的体型

鱼类的体型

1. 鱼体的三个不同体轴

如图 1-1 所示，鱼类的体轴分为以下三种。

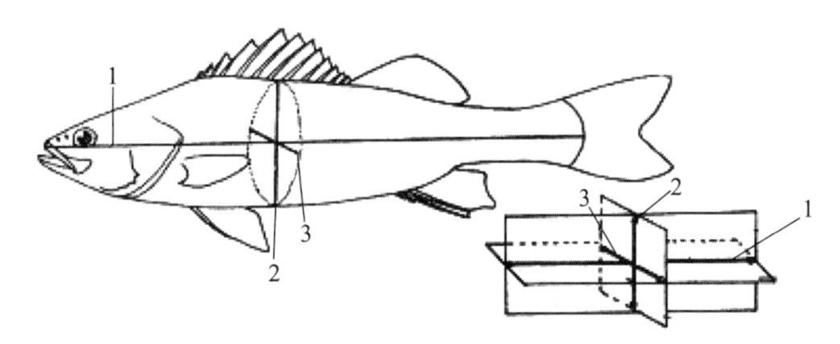

图 1-1 鱼类的体轴（引自李承林，2015）

1—头尾轴；2—背腹轴；3—左右轴

头尾轴：又称主轴或第一轴，是自鱼体头部到尾部贯穿体躯中央的一根轴线。

背腹轴：又称矢轴或第二轴，是自鱼体的最高部通过头尾轴，与头尾轴垂直，贯穿背腹的一根轴线。

左右轴：又称侧轴或第三轴，是贯穿鱼体中心而与头尾轴和背腹轴垂直的一根轴线。

通过以上 3 条轴线，可以看出鱼体有 3 个互相垂直的切面。

纵切面：通过背腹轴将鱼体分为左右两半，每侧的重量和体积几乎相等。

水平切面：纵贯头尾轴，将鱼体分为背腹两部分，背方部分主要是肌肉，腹方部分主要是腹腔和内脏，这两部分是不对称的。

横切面：通过左右轴，将鱼体分为前后两部分，两者在重量、体积及包含的器官组织等方面都不相同。

2. 鱼类的体型与生活水层

鱼类的体型大致可以归纳为下列四种基本类型（图 1-2）。

（1）纺锤型 为最常见的一种体型，从体轴看，头尾轴最长，背腹轴较短，左右轴最短。鱼体头尾稍尖细，中段粗大，横切面为椭圆形，整个身体呈流线型或稍侧扁，利于水中运动前进时减少阻力。这种体型的鱼类可栖息于水体任何水层，常做快速而持久的自由游动，以耗费最小的能量而获取较大的游速，如鲢、鲤、鲐、鲅、鲣、鲔等鱼类。它们的体表润滑，富含黏液，鳞片大多致密细小；具有较尖细的吻部、可以紧闭的口、严密镶嵌的眼、紧紧合拢的鳃盖、强有力的尾柄和上下极端张开的尾鳍，足以保证最快的游速。

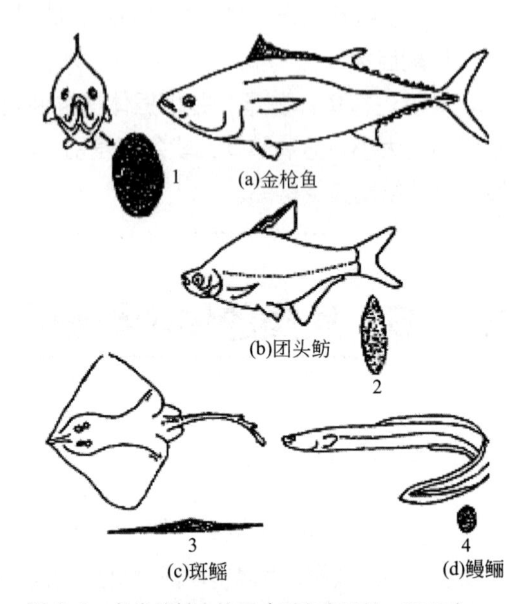

图 1-2 鱼类的基本体型（引自李承林，2015）

1—纺锤型；2—侧扁型；3—平扁型；4—棍棒型

（2）侧扁型 这类鱼的三个体轴中，头尾轴短，左右轴更短，背腹轴相对较长；横切面是柳叶形，形成左右两侧对称的扁平型。这种体型在硬骨鱼类中较普遍，有的呈长刀状，如翘嘴红鲌，有的接近菱形，如鲂、鲳等，常栖于平静的水域，生活于水体的中下层，游泳多不敏捷且较纺锤型差，很少做长距离的迁移。

（3）平扁型 这类鱼的背腹扁平，左右宽阔；左右轴较长，头尾轴一般，背腹轴最短，体型呈上下扁平。多营底栖生活，行动迟缓，如软骨鱼类中的鳐、魟，淡水硬骨鱼类中的爬岩鳅、平鳍鳅等。

（4）棍棒型（鳗型） 又称蛇形。头尾轴特别长，背腹轴和左右轴均等，横切面近乎圆形，整个体型呈棍棒状。其游泳能力较侧扁型和平扁型强，多潜居于水底泥沙中，适于穴居或穿行于岩礁间，如鳗鲡、黄鳝及多种海鳗。

一般鱼类都可以划归为上述四种基本类型中的其中一种，此外，还有一些鱼类为了适应特殊的生活环境和生活方式，而呈现出特殊的体型，常见的有以下几种（图 1-3）。

带型：基本上属于侧扁型，但头尾轴特别延长，形如带状，如带鱼。

箱型：体近似长方形，外部为骨质板所包被，形如一个两端开口的箱子，行动极其迟缓，常依靠鳃孔喷水推动身体前进，如箱鲀。

球型：体近似圆球形，短而圆，游动迟缓，当遇到危险时，立即用口吞入空气或水，使身体膨胀呈气球状而漂浮于水面之上，随水漂流逃离险境，如东方鲀。

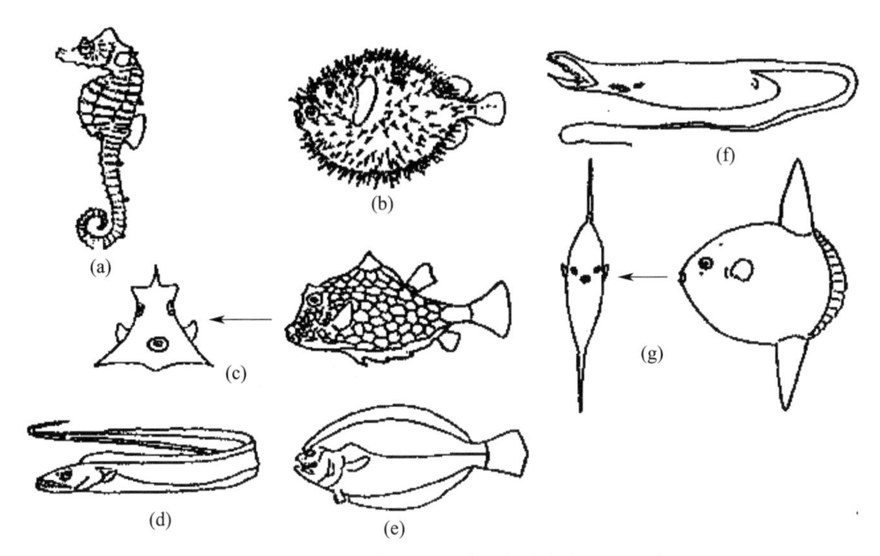

图1-3　鱼类的其他体型（引自叶富良，1993）

（a）日本海马；（b）六班刺鲀；（c）驼背三棱箱鲀；（d）带鱼；（e）牙鲆；（f）囊喉鱼；（g）翻车鲀

海马型：头部和躯干部几乎呈直角相交，头形似马头状，躯干弯曲，尾部细小延长而卷曲，能缠绕在海藻及海草上，活动迟缓，如海马。

箭型：吻部向前延长，头及躯干部亦相对延长，体略呈圆筒状，背鳍及臀鳍位于体后端，且相对称，如颌针鱼、鱵鱼、银鱼。

不对称型：原为侧扁型，但由于长期适应于一侧平卧水底生活，所以形成了非常特殊的体型，即头向一侧扭转，口扁歪，颌齿的强度两侧不等，眼也扭向一侧，甚至身体上的斑纹色泽两侧也不相同，有皮肤侧的色泽往往与环境一致，可避免敌害的侵袭，如鲽形目鱼类中的大菱鲆、牙鲆、舌鳎等。

不同体型的鱼类分布于池塘的不同水层，将不同体型的鱼类混养于同一水体，可利用养殖水体的立体空间。不同体型的鱼类食性往往不同，这是鱼类混养的理论依据。

二、鱼体测量

在研究鱼类分类、生态或渔业资源等时，需要对鱼体各部分进行测量（图1-4）。

鱼体测量

全长：吻端至尾鳍末端的长度。

体长：吻端至最后椎骨末端的长度。

体高：鱼体躯干部最高处的垂直长度。

叉长：吻端至尾叉底部的长度（尾叉明显的种类）。

肛长：吻端至肛门前缘的长度（肛门前移的种类）。

头长：吻端至鳃盖后缘的长度。

吻长：吻端至眼前缘的长度。

眼径：沿体纵轴方向量出的眼的直径，即眼眶的前缘到后缘的直线距离。

眼间距：两眼在头背部的最短距离，从鱼体一边眼眶的背缘量到另一边眼眶背缘的宽度。

尾柄长：臀鳍最后鳍条基部到最末一椎骨（或尾鳍基部）的直线距离。

尾柄高：尾柄最狭处的垂直高度。

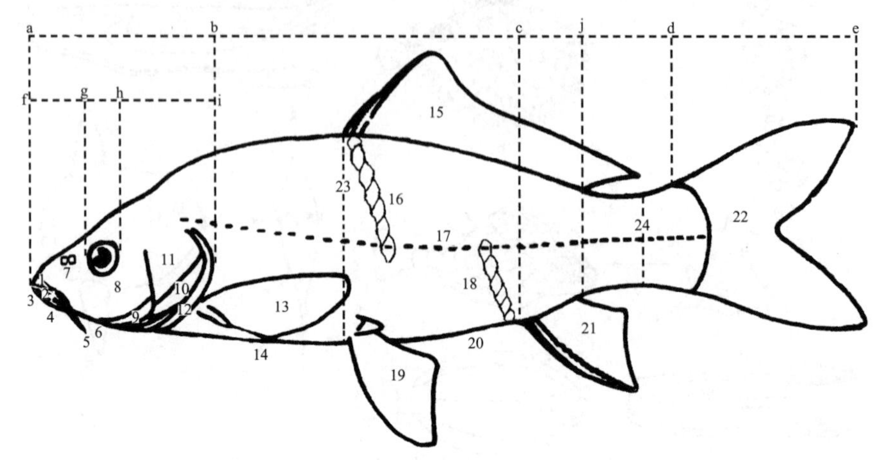

图1-4 鱼体区域划分和测量（引自李承林，2015）

a~b—头部；b~c—躯干部；c~e—尾部；f~g—吻部；g~h—眼径；h~i—眼后头部；a~d—体长；a~e—全长；j~d—尾柄长

1—上颌；2—下颌；3—颏部；4- 峡部；5—须；6—喉部；7—鼻孔；8—颊部；9—前鳃盖骨；10—间鳃盖骨；11—主鳃盖骨；12—下鳃盖骨；13—胸鳍；14—胸部；15—背鳍；16—侧线上鳞；17—侧线鳞；18—侧线下鳞；19—腹鳍；20—腹部；21—臀鳍；22—尾鳍；23—体高；24—尾柄高

对于其他鱼类的鱼体除了上述测量外，还应注意以下几方面。

头长：从吻端到最后一鳃孔的长度（圆口类和鲨类）。

躯干部长：最后一鳃裂（或鳃孔）到泄殖孔后缘（鲨类）或肛门后缘（圆口类）的长度。鳃盖骨后缘至肛门后缘（真骨鱼类）的长度。

眼后头长：眼后缘到最后一鳃孔或鳃盖骨后缘的长度。

背鳍长：背鳍前缘到后缘的直线长度。

背鳍高：背鳍上角到背鳍基的垂直高度。

第二节 鱼体的外部器官

问题导引

1. 生活在水体中的鱼类与陆地上的哺乳动物的生活方式有何不同？
2. 如何区分鱼类的种类？

一、头部

1. 鲤的头部

鲤及其他硬骨鱼类的头部可以区分为以下几个部分。

吻部：头部的最前端到眼的前缘，其最前端叫吻端。

眼后头部：眼后缘到鳃盖骨后缘。

眼间隔：两眼之间的距离。

颊部：眼的后下方到前鳃盖骨后缘的部分。

鳃盖膜：鳃盖后缘的皮褶。

鳃条骨：支持鳃盖膜的细长肋骨状骨。

下颌联合：下颌左右两齿骨在前方会合处。

颏部（颐部）：紧接下颌联合的后方。

峡部：由喉部向前延伸，即颏部的后方。

喉部：两鳃盖间的腹面部分。

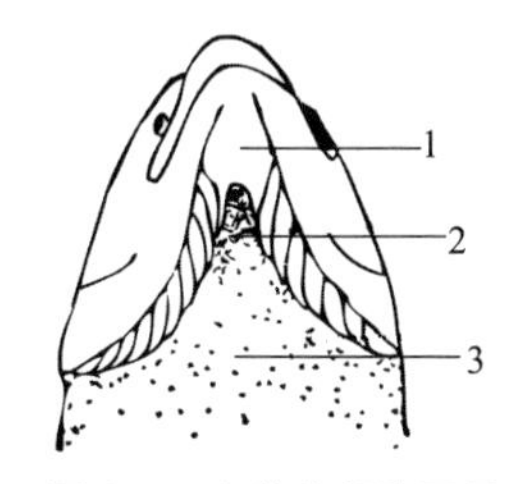

图 1-5　鱼体头部腹面观

（引自李承林，2015）

1—颏部；2—峡部；3—喉部

峡部是否与鳃盖膜连接在一起，在分类学上是一个重要的形态特征。图 1-5 为鱼体头部腹面观。

对于圆口类和板鳃类等没有鳃盖的种类，其头部是自吻端至最后一对鳃裂为界。

2. 鱼类的头部器官

尽管鱼类的头型多种多样，但各种鱼类头部的器官都和鲤类似，基本为摄食、感觉和呼吸器官，主要包括口、唇、须、眼、鼻孔、鳃孔（鳃裂）和喷水孔等。

（1）口　是鱼类捕食、索食、攻击和防御器官，是营巢、求偶、钻洞和呼吸进水的工具。口中的牙齿能使食物得到更好的利用并可防止活的猎物逃脱。口也是鳃呼吸时水流进入鳃腔的通道。

硬骨鱼类的口根据其位置和上下颌长短可划分为：上位口、端位口、下位口（图 1-6）。

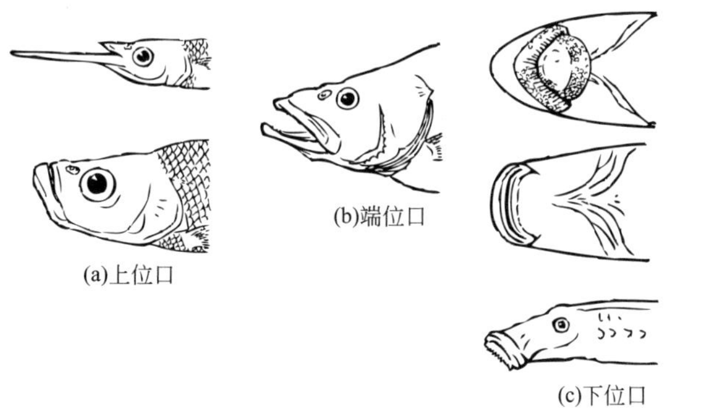

鱼类的头部器官

图 1-6　硬骨鱼类口的位置（引自李承林，2015）

上位口的鱼类下颌长于或稍长于上颌，多生活于水体的表层或中上层，主要以虾及小型鱼类为食，如鳡鱼、翘嘴鲌等，也有个别底栖鱼类，如鮟鱇。

端位口（也称前位口）的鱼类上下颌等长，多为善游泳营捕食性生活的中上层鱼类，如鳜、狗鱼、鲑等。

下位口的鱼类上颌长于下颌，一般多生活于水体的中下层，以底栖生物为食，如鲟鱼、鲴、平鳍鳅等，其口的形状有横裂状、吸盘状等。

鱼类口裂的大小与其捕食习性的关系：凡是口裂大且具有口腔齿的大都是凶猛肉食性鱼类，口裂大但无口腔齿的如鲢、鳙等是滤食性鱼类；口裂较小的一般为温和肉食性和杂食性鱼类。

另外，圆口类无上、下颌，口呈吸盘状，多营寄生生活。板鳃类的口皆在头部的腹面、鼻囊的后方，呈新月形。

（2）唇 是围绕在口边的一层厚皮，鱼类的唇一般不发达，但也有些种类的唇较发达，如鲤、泥鳅等，靠发达的唇帮助摄食（图 1-7）。

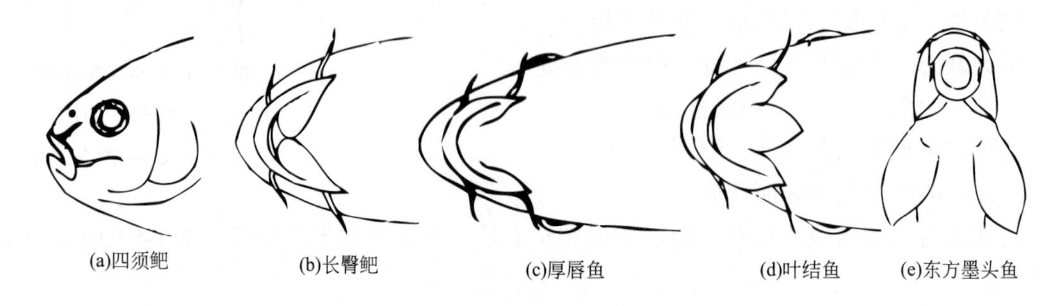

图 1-7 几种鱼的唇（引自李承林，2015）

（3）须 在口或口的周围及其附近着生有一些须，具味觉功能，辅助鱼类觅取食物。根据着生部位分吻须（位于吻部）、颌须（长在颌上）、颏须（生在颏部）以及生在鼻孔周围的鼻须等（图 1-8）。鲤的口两侧有 1 对吻须，1 对颌须，颌须长度为吻须的 2 倍；鲫无须；鳅科及鲶形目均以口须多而著称；深海种类颌下常具一长须，分叉呈树枝状，在一些末梢上可能具有发光器。通常具有须的鱼类生活于水体底层。

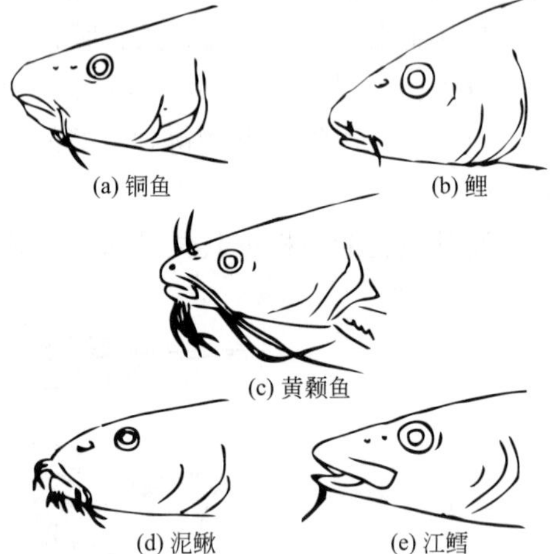

图 1-8 几种鱼的须（引自易伯鲁，1982）

（4）眼 由于鱼类体型的变异或生活方式的改变，鱼类眼的位置和形状也会发生变化。如生活在水底的扁平鱼类鳐、魟等的眼位于头部背面，且两眼相距较近，便于观察来自上方的生物；而鲽形目鱼类，两眼位于体的一侧；弹涂鱼的眼十分突出，且能左右转动观看四方；泥鳅、黄鳝等泥居或穴居的鱼类，其眼非常小，趋向退化；深海鱼类由于光线不能到达，一些鱼类已退化为盲鱼，而有些种类的眼则变得特别大。

部分鲱形目和鲻形目种类，眼的外面大部分或一部分被覆有透明的脂肪体，称为脂眼睑。

通常，鱼类眼的大小与生活的水层、食性有关，生活于水体中上层的鱼类的眼相对要大，快速运动的凶猛肉食性鱼类的眼也较大。

（5）鼻孔 硬骨鱼类在头的两侧各有两个由瓣膜隔开的鼻孔，前鼻孔为进水孔，水流经前鼻孔进入鼻腔与嗅囊接触，能感受外界化学刺激；后鼻孔为出水孔，鼻腔与口腔不通（肺鱼类和总鳍鱼类除外），与呼吸无关。

圆口纲鱼类仅一个鼻孔。极少数鱼类没有鼻孔（鲀形目的少数种类，仅有嗅觉上皮）。

软骨鱼类的鼻孔位于头部腹面口的前方，鼻孔周围有皮肤衍生形成的前后鼻瓣，鼻瓣将鼻孔不完全分割为两个孔，有些鲨类有连接鼻与口隅的鼻口沟。

嗅觉在鱼类摄食中有重要的作用，通过鼻、口的联合作用先感知食物的存在，然后采取行动。

（6）鳃孔（鳃裂） 硬骨鱼类头部两侧各具有一个骨质鳃盖覆盖于鳃的外侧。因此，在外侧只能看到一对鳃孔，是鱼类呼吸时水的流出通道，在鳃盖后缘具有鳃盖膜。鳃盖膜与峡部相连的鱼类鳃孔较小；鳃盖膜不与峡部相连的鱼类鳃孔较大。海龙、海马、鲀形目鱼类的鳃孔很小。合鳃目的黄鳝左右鳃孔愈合为1个。

圆口类的鳃裂均个别开口成圆形，距口较近，如七鳃鳗的鳃裂共7对，盲鳗类为1～14对不等；软骨鱼类的鳃裂为5～7对，鲨类的鳃裂开口于头部的两侧，鳐类则开口于头部腹面。呼吸时水流：口→口腔→鳃（气体交换）→由鳃裂排出。

（7）喷水孔 大部分软骨鱼类和少数硬骨鱼类在眼的后方尚有一孔，称为喷水孔。实质上它是一个退化了的鳃裂，在胚胎时期和其后方的鳃裂没有多大差异，到了成鱼时期，在喷水孔中常常可见遗留的部分鳃丝。

板鳃鱼类的口位于头腹面，当其在水底潜伏时，用头部背面的喷水孔引入水流进行呼吸，可避免泥沙进入鳃腔，当其在水层中游泳时则用口进水。

一般鳐类的喷水孔特别大，用于进水；而鲨类的喷水孔较小或退化；硬骨鱼中，鲟鱼有小喷水孔。

二、躯干部和尾部

1. 躯干部

躯干部是自鳃盖骨后缘至肛门（或泄殖孔后缘）之间的部分；有些鱼类（如鲽形目）肛门前移，则以体腔末端或最前具脉弓的一枚尾椎骨为界。

从鲤的腹面看，躯干部还可以分为胸部（位于喉部之后，胸鳍基部附近区域）和腹部（胸鳍基部之后，臀鳍起点之前部分），两者没有明显的分界。

通常，生活于水底的鱼类如鲟、鲤等腹面相对宽而平。

有些鱼的腹部至肛门前的腹中线有一隆起成尖锐的棱，称为腹棱，腹棱常作为分类依据之一。鲢的腹棱分布是自胸鳍基部至肛门，鳙的腹棱是腹鳍至肛门之间。

2. 尾部

自肛门至尾鳍基部最后一枚椎骨为尾部。肛门紧靠臀鳍起点基部前方，紧接肛门后有一泄殖孔。其中臀鳍基部后缘至尾鳍基部的区域为尾柄，在臀鳍与尾鳍相连的种类中，不存在尾柄。

鱼体外部除了在头部有器官外，在鱼的躯干部和尾部也有器官，主要有鳍、皮肤衍生物。

三、鳍

鱼类的附肢为鳍，是鱼类特有的运动器官，具有游泳和维持身体平衡的功能。有时也有变态适应而形成的功能，如吸盘、取食、呼吸、生殖、爬行、发声、防御、滑翔等。

鱼类的鳍

一般常见的鱼类都具有胸鳍、腹鳍、背鳍、臀鳍、尾鳍等5种鳍。但也有少数鱼的鳍不完整，如黄鳝无偶鳍，奇鳍也退化；鳗鲡无腹鳍；电鳗无背鳍等。

1. 鳍的分类

（1）按结构分 可分为骨质鳍条（也叫鳞质鳍条）和角质鳍条两类。

软骨鱼的鳍，外面都覆盖有皮肤，内面由角质鳍条支持。角质鳍条为一种纤维状的角质物，细长而不分节。名菜中的“鱼翅”就是这种鳍条加工而成。

硬骨鱼的鳍由骨质鳍条支持，鳍条间以薄的鳍膜相连。骨质鳍条系由鳞片衍生而成。骨质鳍条分鳍棘和软条两种类型（图1-9）。

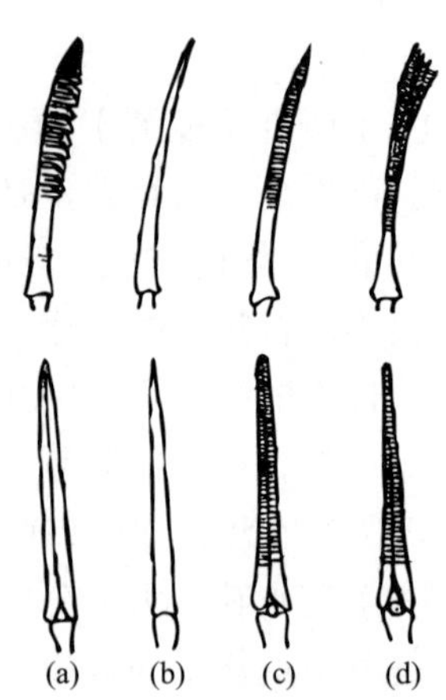

图1-9 骨质鳍条的类型

（引自孟庆闻等，1987）

上为侧面观 下为前面观

（a）假棘；（b）真棘；

（c）不分支鳍条；（d）分支鳍条

鳍棘：是一种由鳍条变形来的既不分支也不分节的硬棘，鳍棘也称真棘，为高等鱼类所具有。

软条：柔软而有节，其远端分支（称为分支鳍条）或不分支（称为不分支鳍条），均由左右两半合并而成。不分支鳍条常是最前面的几根。

低等真骨鱼类，如鲤，其背鳍与臀鳍前方的硬棘，仍保留分节和左右两列合并的痕迹，称为假棘或硬棘，系软条钙化后的变形物，不是真正的棘，因为真正的棘始终为单一的结构而无法分开。假棘用水煮会分成左右两半。

（2）按着生位置分 可分为奇鳍和偶鳍两类。

奇鳍：为不成对的鳍，包括背鳍、臀鳍、尾鳍，分别长在身体的背面、腹面肛门后和尾部，并和身体的横轴垂直。

根据鱼类的尾鳍外形和尾椎骨末端的位置，一般将尾鳍分为3种类型：原尾型、歪尾型、正尾型。

偶鳍：为成对的鳍，包括胸鳍、腹鳍。硬骨鱼的偶鳍呈垂直位，软骨鱼的偶鳍呈水平位。

2. 鳍的功能

背鳍功能是维持鱼体直立和平衡，防止鱼体倾斜和摇摆；臀鳍功能与背鳍功能相似，主要是维持鱼体垂直和平衡；尾鳍具有平衡、推进和舵的作用，尾的扭曲和伸直使鱼体产生前进运动；胸鳍的基本功能为运动、平衡和掌握运动方向；腹鳍作用不及胸鳍大，主要协助背鳍、臀鳍维持鱼体的平衡，并有辅助鱼体升降和拐弯的功能。

3. 鳍式

各种鱼类鳍的组成、鳍条（包括鳍棘）的数目，在鱼类分类学上是主要依据之一，而各种鱼类鳍条数目都有一定的范围，通常用一种方式加以记载，即鳍式。

鳍式记载方式：鳍名称以各鳍的英文名第一个大写字母表示，即“D”代表背鳍（dorsal fin），“A”代表臀鳍（anal fin），“C”代表尾鳍（caudal fin），“V”代表腹鳍（ventral fin），“P”代表胸鳍（pectoral fin）。大写罗马数字代表鳍棘的数目，阿拉伯数字表示鳍条数目，小写罗马数字代表小鳍数目，鳍棘和鳍条数目范围用“~”表示，鳍棘（或假棘）与鳍条连续时用“-”表示，背鳍若分离用“，”表示。书写格式为：鳍的名称，鳍棘或不分支鳍条数，分支鳍条数，小鳍数目。例如，鲤：D 3-17~22；A 3-5~6；P 1-15~16；V 2-8~9。表示鲤有一个背鳍，由

3 根不分支鳍条（假棘）和 17~22 根分支鳍条组成；臀鳍有 3 根不分支鳍条（假棘）和 5~6 根分支鳍条；胸鳍有 1 根不分支鳍条（假棘）和 15~16 根分支鳍条；腹鳍有 2 根不分支鳍条（假棘）和 8~9 根分支鳍条。花鲈：D Ⅻ，Ⅰ-13；A Ⅲ-7~8；P Ⅱ-15~18；V Ⅰ-5。表示花鲈有两个背鳍，第一个背鳍由 12 根鳍棘组成，无鳍条；第二个背鳍包含 1 根鳍棘和 13 根分支鳍条；臀鳍包含 3 根鳍棘和 7~8 根分支鳍条；胸鳍具有 2 根鳍棘和 15~18 根分支鳍条；腹鳍具有 1 根鳍棘和 5 根分支鳍条。

四、皮肤及其衍生物

1. 皮肤

鱼类的皮肤与外界水环境的接触最为密切。皮肤除了由外层的表皮和内层的真皮组成外，尚有许多由其衍生出来的构造即衍生物构成，如黏液腺、珠星、色素细胞、鳞片等（图 1-10）。鱼类皮肤功能：保护、润滑、凝结、沉淀、调节渗透压、修补、辅助呼吸、感觉、吸收等。

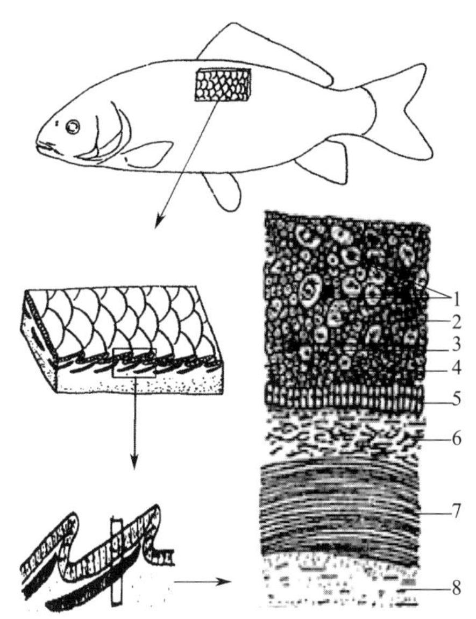

图 1-10　鲤的皮肤结构（引自李承林，2015）

1—棒状细胞；2—黏液细胞；3—颗粒细胞；4—腺层；5—生发层；6—疏松层；7—鳞片；8—致密层

（1）表皮　表皮起源于外胚层，一般可分为生发层和腺层。生发层在基部，由一层柱状细胞构成，细胞具有旺盛的分生能力，可以产生新细胞，母细胞向表层移位，修复损伤。腺层位于生发层上方，细胞层数不等，有各种单细胞腺和多细胞腺。

（2）真皮　真皮起源于中胚层，厚度大于表皮，位于表皮下方，由纵横交错的纤维结缔组织（胶原纤维和弹性纤维）组成，由外向内可分外膜层、疏松层和致密层。

鱼类的皮肤

2. 衍生物

（1）黏液腺　鱼类的表皮内富含单细胞的黏液腺，并由其分泌大量黏液。

① 黏液的功能：保护身体不受寄生物、病菌和其他微小有机体的侵袭；凝结和沉淀水中悬浮物质，这对于栖息在混浊度变化很大的水域中的鱼类具有重大意义；对调节渗透压也有一定作用，使鱼体中的盐类保持适当浓度；减少鱼体与水的摩擦，使鱼体消耗较少的能量，却获得较大的运动速度，而且不易被捕捉，或被捕后易于挣脱滑逃。

② 黏液分泌的多少与鳞被状况关系：无鳞或鳞很细小的种类，黏液分泌多，反之则少。如盲鳗体外无鳞，黏液腺发达，并具有独特的腺细胞分泌黏液，一尾盲鳗在数分钟内分泌的黏液，可将一桶清水变成胶状液体。

（2）珠星　鱼类表皮一般无角质层，但有些鱼类的表皮有时能局部角质化，如有些鲤科鱼类的唇部角质化，便于摄食。还有些鱼类一到生殖季节，由于受到生殖腺激素的刺激，在头部、鳍等处出现一种由表皮角质化形成的圆锥形突起，称为追星或珠星，生殖完毕即行消退。珠星只限于生殖季节出现，或者在生殖期间变得特别明显，雄性个体一般表现得粗壮，数量也多，雌性个体往往缺失，即使出现，也很微细，数量也非常有限。珠星主要存在于在流水或潮间带生活、产卵的一些鱼类，世界上已知有4目115科中的一些鱼类存在这种结构。珠星的出现对于生殖季节亲鱼雌雄性鉴别与成熟度评定具有重要价值。

（3）色素细胞　鱼类色泽的变化，系色素细胞内色素颗粒的扩散与集中所致。鱼类的体色在一定程度上具有保护自己、攻击或迷惑对方、逃避敌害的作用。这对鱼类的生存有着特殊意义。

多数淡水鱼类，背侧深灰色，腹部灰白色，由上往下看，体色与水色一致，由下往上看，则与淡淡的天空近似，这样不易被敌害所发现，还可以利用体色隐蔽自己而达到攻击其他动物的目的。还有一些鱼类具有警戒作用的体色即警戒色，令其他生物望而生畏，使其他敌害不敢侵犯，如鳞鲀、海鳝等。

鱼类的体色一般较为固定，但有些鱼类体色可随年龄、性别、健康状况、环境等因素而变化，如鲑鱼在幼小时，体上具横纹，成鱼则消失。不少鲤科鱼类的雄鱼，在生殖季节体色变得很美丽。鱼类生病时，体色常变淡。黄颡鱼由水清光线良好的环境转到混浊或水草茂密的环境后，体色由青黄变成墨绿色。水库网箱养殖的鲤、鲫体色通常是黑色（与环境一致），把黑色的鲤、鲫转入泥底池塘内养殖2周后，体色转为青黄色，这在生产上具有一定意义。

（4）鳞片　鳞片是鱼类特有的皮肤衍生物，多数鱼类都有鳞片，只有少数鱼类无鳞或少鳞。鳞片比较坚韧，由钙质组成，称为外骨骼，被覆在鱼体全身或一部分，具有保护功能。无鳞的鱼类对药物敏感，生产养殖时需要注意。

① 鳞片类型：根据鳞片形状的不同，可分为3种，即盾鳞（图1-11）、骨鳞（图1-12）和硬鳞（图1-13），分别被覆于软骨鱼类、硬骨鱼类及硬鳞鱼类的体表。由于大部分硬骨鱼类体覆骨鳞，这里重点介绍骨鳞结构。

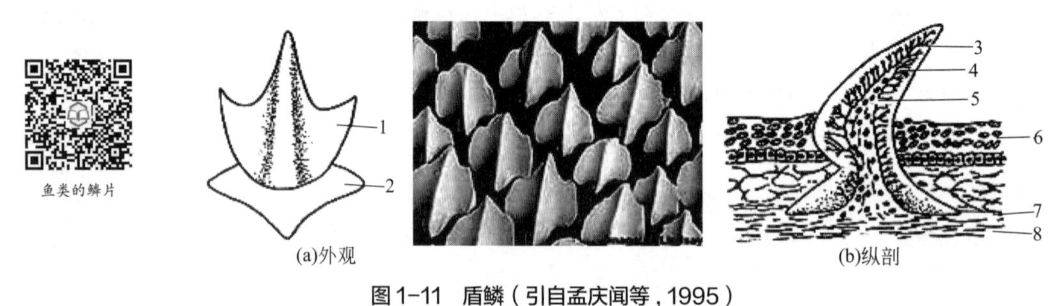

图1-11　盾鳞（引自孟庆闻等，1995）

1—鳞棘；2，7—基板；3—珐琅质；4—齿质；5—髓腔；6—表皮；8—真皮

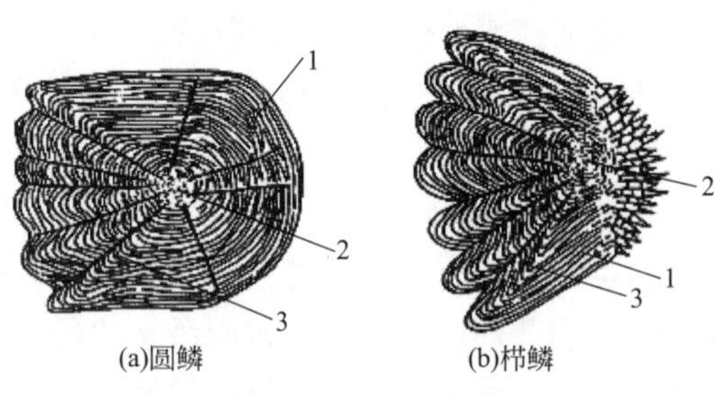

图1-12　骨鳞的两种类型（引自李承林，2015）

1—鳞嵴；2—鳞焦；3—鳞沟

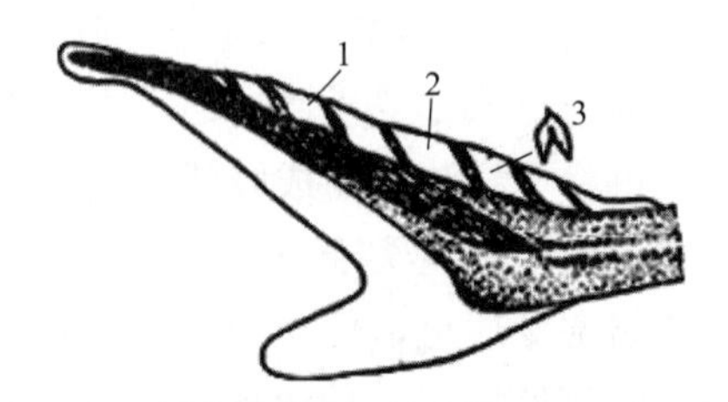

图1-13　白鲟尾部的硬鳞（引自李承林，2015）

1—硬鳞；2—硬鳞（棘状鳞）；3—棘状鳞（前视）

骨鳞由真皮衍生而来，通常是一片圆形或椭圆形，有弹性、半透明的薄骨板。骨鳞柔软

扁薄，富有弹性，露出体外部分的边缘呈现圆滑的被称为圆鳞，如鲱形目、鲤形目等；边缘带有齿突或锯齿的称为栉鳞，如鲈形目。

骨鳞鳞片在增长过程中，下层是一片片地增长，新长的一片叠在原有的那片下面，而且比它长得大些，故下层越是靠近中间则越厚。上层是一环一环地增长，即从原有部分的边缘增加一圈新的，故中央和外缘差不多同样厚薄，而且表面形成许多隆起的同心圆，称为脊或环片。

② 侧线鳞与侧线：在真骨鱼鱼体两侧中央从鳃盖后到尾基有一行有侧线器官穿孔的鳞片，叫作侧线鳞。侧线鳞的数目常作为分类的重要依据之一。

侧线鳞的数目以及侧线上鳞（由背鳍起点的基部至侧线这一段距离上的鳞片）和侧线下鳞（由臀鳍起点的基部至侧线这一段距离上的鳞片）的数目，通常都用鳞式来表示。鳞式是鱼类分类需要记载的数据之一。

侧线鳞有规律地排列成一条线纹，即侧线，侧线内充满黏液。侧线是低等水生脊椎动物（包括水生两栖类）特有的感觉器官，对于鱼类的取食、避敌和求偶具有重要的生物学意义。

③ 鳞式：鳞式是记录鳞片数目的表达式。一般包括三方面：侧线鳞的数目、侧线上鳞的数目、侧线下鳞的数目。

分类时常用鳞式表示：侧线鳞的数目$\frac{\text{侧线上鳞的数目}}{\text{侧线下鳞的数目}}$

鲤的鳞式为34~38$\frac{5}{8}$。这就是说鲤的侧线鳞为34~38片，侧线上鳞为5片，侧线下鳞为8片。

鳞数终生不变，可作为分类依据。少数鱼类没有侧线，这些鱼的鳞片数以体侧纵列鳞数和横列鳞数来记录。

无侧线的鱼的计鳞方法如下所述。

纵列鳞：自鳃盖后方至尾柄末端的一行纵列鳞。

横列鳞：由背鳍起点至腹正中线的一行横列鳞。

思考探索

1. 名词解释：侧线鳞、鳍、软条、侧扁型、平扁型、下位口、鳃孔（鳃裂）、鳍式、鳞式、角质鳍条、生发层、表皮和真皮、盾鳞、骨鳞、栉鳞。

2. 某个养殖池塘要进行鱼种放养，现养殖场内有鲤、草鱼、鲢、鳙、团头鲂、乌鳢、鲶鱼等鱼种，试给该养殖池塘进行鱼种搭配选择。

3. 鱼类的体型主要有哪几种？每种体型与生活习性之间有何关系？

4. 鱼体测量的指标有哪些？如何进行鱼体测量？

5. 简述鱼类各鳍的功能。

6. 如何根据鱼类的不同体型以及口的位置推断其生活习性与水层？

7. 鱼体为什么要分泌黏液？其功能是什么？

8. 如何根据珠星情况初步分辨出鱼类的雌雄？

9. 如何鉴别鱼类鳞片类型？

实验一　鱼体外部形态观察与测量

【实验目的】

鱼类的外部形态观察与测量

① 熟悉各种鱼类的基本体型和特殊体型，了解鱼类体型的多样性。

② 熟悉鱼类头部器官的名称、位置、形态和特点。

③ 熟悉鱼体的测量方法。

④ 熟悉各鳍的名称、功能与生活习性，练习组合鳍式。

【工具与材料】

（1）工具　解剖盘、直尺、分规、尖头镊子。

（2）材料　鲨、鳐鱼、鲤、花鲈、鲢、鳙、鲐、团头鲂、翘嘴红鲌、银鲳、黄鳝、泥鳅、牙鲆、大菱鲆、高眼鲽、带鱼、黄颡鱼等鱼类的标本。

【实验内容】

1. 辨别鱼类的体型

① 测量表 1-1 中各种鱼类的体轴长度（以 mm 表示），并说明其体型。

表 1-1　鱼类的体轴测量与体型观察

种类	头尾轴	背腹轴	左右轴	体型
鲐				
团头鲂				
鳐鱼				
黄鳝				

② 观察带鱼、牙鲆的体型。

2. 观察头部器官

（1）口　口是鱼类的主要捕食工具，其位置、形状随种类而异。

软骨鱼类：口位于头部腹面，鲨类的口为新月状，鳐类的口为裂缝状。

硬骨鱼类：根据其上下颌的长短，可将口分为以下 3 种。

上位口：下颌长于上颌，如翘嘴红鲌。

下位口：上颌长于下颌，如鲟鱼。

端位口：上下颌基本等长，如鲐。

（2）须　着生于口的周缘，根据其着生位置可以分为以下几种。

吻须：如鲤。

鼻须：如黄颡鱼。

颌须：如鲤。

颏须：如鳕鱼。

（3）眼

位于头的两侧：具有纺锤形、侧扁形等体型的鱼类，如鲐、团头鲂等。

位于头部腹面：具有平扁形体型的鱼类，如孔鳐等。

两眼位于头的一侧：不对称体型，如褐牙鲆。

（4）鼻孔

软骨鱼类：1 对鼻孔，位于头的腹面、口的前方，如孔鳐、鲨。

硬骨鱼类：多为 2 对鼻孔，分别位于两眼前方，每侧前后 1 对，多数种类同侧两鼻孔中间仅以瓣膜相隔，如鲤。

（5）鳃孔（鳃裂）

软骨鱼类：5 ～ 7 对鳃裂。

侧孔总目（鲨类）：位于头部两侧。

下孔总目（鳐类）：位于头部腹面。

硬骨鱼类：具有骨质的鳃盖，1 对鳃孔位于头部两侧，如鲤。

（6）喷水孔　为退化的鳃裂，位于眼后方。为大部分软骨鱼类和少数硬骨鱼类具有，如孔鳐。

3. 鱼体外部分区

① 找出鲤、牙鲆的头部、躯干部、尾部的分界线。

② 观察鲤各部，吻部、峡部、下颌联合、颏部、眼间隔等头部各部的分区。

4. 鱼体各部测量

① 测量鲤或花鲈的全长、体长、吻长、头长、眼径、眼间距、体高、尾柄长、尾柄高。

② 测量鲐的叉长。

③ 测量方法及要求：测量时要将鱼体伸展，若是固定标本体形弯曲，需将鱼体伸直。将口闭合，吻端对准直尺起点。全长、体长、叉长等较长量度可用直尺直接量取，吻长、头长、体高、尾柄长、尾柄高、眼径等较短的量度可用分规测量，然后用直尺读数。

鲫鱼的生物学测量

5. 观察鱼鳍

① 观察鲨、鳐鱼各鳍的位置、形态及鳍的性质。

② 认识鳞质鳍条的不同类型。

软条：柔软分节，由左右 2 根组成，依末端分叉与否，分为分支鳍条和不分支鳍条。

鳍棘：坚硬，不分支不分节，经水煮不可分为 2 根。

假棘：坚硬而分节，经水煮可分为 2 根。

③ 比较鲤和花鲈背鳍和臀鳍硬棘有何不同，是否分节，由几根组成，腹鳍位置有何差异？

④ 观察凤鲚的胸鳍。

⑤ 观察鲐的小鳍及黄颡鱼的脂鳍。

⑥ 组合鳍式：鲤的背鳍、臀鳍；花鲈的背鳍、臀鳍等；鲐的背鳍。

6. 重点观察几种鱼类的鱼体外部形态

（1）鲨　口的位置、形状，上下颌有无齿，鼻孔的位置、形状和数目，眼有无瞬褶或瞬膜，眼后方有无喷水孔，头部两侧是否具有鳃盖、各有几个鳃孔，背鳍、臀鳍的位置和数目。

（2）鲤　有无颌齿，须几对、位于何处、名称是什么，背鳍、臀鳍的硬棘与花鲈背鳍的硬刺有何区别，背鳍和臀鳍的鳍式如何表达。

（3）花鲈　有无颌齿，背鳍、臀鳍的硬刺性质如何，背鳍和臀鳍的鳍式如何表达。

（4）翘嘴红鲌　口属于何种类型，有无颌齿，腹鳍位于何处，背鳍、臀鳍有无硬棘。

（5）鲐　眼的位置及大小，有无脂眼睑，有几个背鳍，背鳍、臀鳍的后方有几个小鳍，胸鳍、腹鳍的位置和形态，背鳍的鳍式。

（6）牙鲆　注意两眼的位置，颌齿、腹鳍等是否对称，背鳍、臀鳍的大小及鳍条性质，左右侧的体色是否相同。

【作业】

1. 记录观察鲨、鲤、花鲈、翘嘴红鲌、鲐、牙鲆的内容。
2. 绘制鲤或花鲈简图，标出主要分区和测量数据。
3. 记录鲤和花鲈的鳍式。
4. 分析鱼类体型、头部器官及鳍与其生活习性的相互关系。

实验二　鳞片和色素细胞的观察

【实验目的】

① 通过对不同类型鳞片的观察，认识盾鳞和骨鳞，了解骨鳞的基本结构。
② 掌握鳞式的记载方法。
③ 通过对鲫皮肤色素细胞的观察，了解鱼类体色的形成机制。

【工具与材料】

（1）工具　解剖盘、烧杯、低倍显微镜、解剖镜、载玻片、电炉。
（2）材料　鲨、鲤、鲢、蓝圆鲹、马面鲀、花鲈、鲫（鲜活标本）等。

【实验内容】

1. 鳞片的观察

（1）盾鳞的观察　用手沿鱼体头尾方向来回轻抚鲨体表，由头至尾轻摸不刺手，而由尾至头轻摸有刺手感。

取浸制鲨标本，在背鳍下方切割一小片皮肤，放入盛有氢氧化钠或氢氧化钾溶液的烧杯中，放在电炉上加热煮沸，直到皮肤溶解，此时盾鳞从皮肤上脱落下来，沉于溶液底部；倒去上层碱液，加入清水，反复冲洗几次，放入甘油∶水 =1∶1 的溶液中进行保存；用吸管取几片盾鳞，放置于载玻片上，用低倍显微镜进行观察。区分棘突、基板等结构。

（2）骨鳞的观察　骨鳞分为圆鳞和栉鳞。

取鲤（鲢）和花鲈的鳞片，洗干净后放在解剖镜的载玻片上观察，区分圆鳞和栉鳞。详细观察骨鳞上鳞嵴、鳞焦、鳞沟等结构。

（3）观察侧线鳞

（4）观察变异鳞　蓝圆鲹、马面鲀。

（5）组合鳞式　记录鲤、花鲈的鳞式。

2. 色素细胞的观察

取活鲫的鳞片放在载玻片上，置于解剖镜下观察。在鳞片的后区，识别几种色素细胞。

【作业】

1. 记录鲤和花鲈的鳞式。
2. 绘制鲤和花鲈的鳞片。
3. 绘制鲫的色素细胞。

第二章　鱼体内部结构

知识目标：

了解鱼类骨骼系统、肌肉系统、消化系统、呼吸系统、循环系统、生殖系统、排泄系统、神经系统、感觉器官和内分泌系统的基本组成；掌握鱼类主要器官的结构和功能。

技能目标：

能够进行鱼类的系统解剖，分辨出鱼类的主要器官；能够通过观察鱼类的齿、鳃耙、幽门盲囊、胃、肠的结构，推断鱼类的食性；能够在显微镜下分辨鳃丝、鳃小片；能够识别胡子鲇、鳢、攀鲈、叉尾斗鱼等鱼类的鳃上器官；能够识别鱼类生殖腺，辨别鱼类的雌雄；能够找到并取出脑垂体，摘取、制作与保存鱼类干制脑垂体。

第一节　骨骼系统

问题导引

1. 鱼体骨骼的类型有哪些？它们是如何形成的？
2. 鱼类骨骼系统的构成及鳃盖骨系的组成是怎样的？
3. 什么是鱼类的韦伯器？它具有什么功能？

骨骼是支撑身体，保护内脏器官，与肌肉协作完成运动的器官。鱼类的骨骼多埋在肌肉内，受外部环境影响较小，故在形态上比较稳定，所以常利用骨骼研究鱼类的演化和分类。又因为鱼类在生长过程中，骨骼的某些部分会留下痕迹，故可用来鉴定年龄。

一、骨骼类型

鱼类骨骼按性质可分为软骨与硬骨两类。

1. 软骨

软骨由软骨组织构成。圆口类、软骨鱼类的生骨区产生软骨细胞，形成软骨，并终生保持。软骨中有石灰质的沉积物，所以叫钙化软骨。

2. 硬骨

根据发生过程的不同硬骨可分为两种类型。

软骨化骨：硬骨细胞侵入软骨区，经骨化作用形成的硬骨，如脊椎骨、耳骨、枕骨。

膜骨：由真皮和结缔组织直接骨化而成的硬骨，如额骨、顶骨、鳃盖骨等。

二、骨骼组成

鱼类骨骼组成如下。

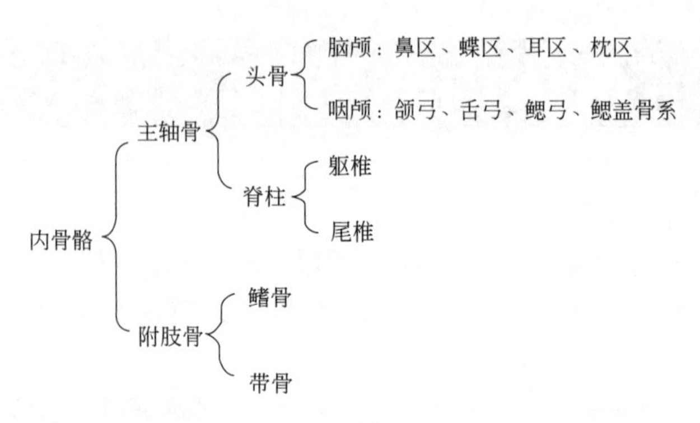

以鲤的骨骼系统为例（见图 2-1）。

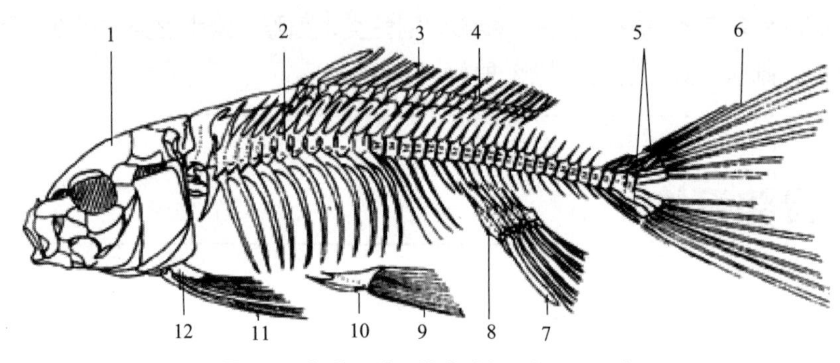

图 2-1　鲤的骨骼系统（引自秉志，1960）

1—头骨；2—脊柱；3—背鳍鳍条；4—背鳍支鳍骨；5—尾鳍支鳍骨；6—尾鳍鳍条；7—臀鳍鳍条；8—臀鳍支鳍骨；9—腹鳍鳍条；10—腰带；11—胸鳍鳍条；12—肩带

1. 头骨

头骨的前端背方有一凹陷的鼻腔，两侧中央有眼眶。可分为脑颅和咽颅两大部分来观察。

（1）脑颅　骨片数目很多。由前向后可分成 4 个区来观察。

鼻区：位于最前端、环绕着鼻囊的区域。主要由各种筛骨构成。

蝶区：紧接鼻区之后，环绕眼眶四周。主要由各种蝶骨构成。

耳区：前接蝶区，围绕耳囊四周。主要由各种耳骨构成。

枕区：脑颅的最后部分。主要由各种枕骨构成。

（2）咽颅　位于脑颅下方，环绕消化管的最前端，由左右对称并分节的骨片组成，包括颌弓、舌弓、鳃弓以及鳃盖骨系。

颌弓：构成上、下颌的骨片。上颌部分有前颌骨，下颌部分由齿骨、关节骨和隅骨构成。

舌弓：位于颌弓后边。主要由舌颌骨、续骨、间舌骨、上舌骨、角舌骨、下舌骨、基舌骨和尾舌骨等组成。

鳃弓：支撑鳃的骨片。观察鳃弓标本，鲤（或鲫）具 5 对鳃弓。第一鳃弓从背到腹依次分为咽鳃、上鳃、角鳃、下鳃和基鳃等 5 个骨段。第五鳃弓特化为咽骨，其内缘有 3 列咽齿。图 2-2 为鲤鳃弓背面，图 2-3 为鲤鳃弓腹面。

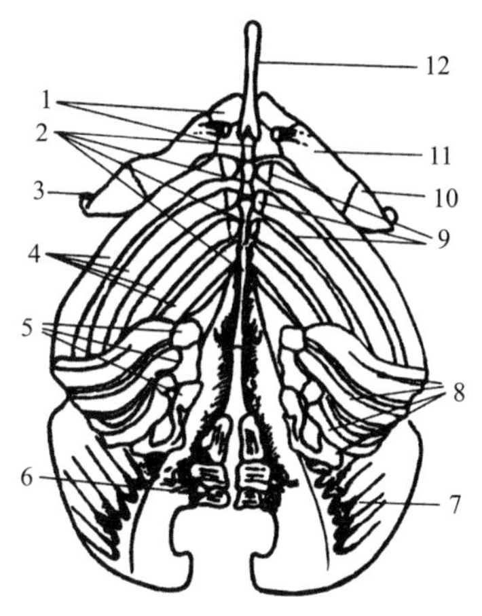

图 2-2　鲤鳃弓背面（引自秉志，1960）

1—下舌骨；2—基鳃骨；3—向舌骨；4—角鳃骨；
5—咽鳃骨；6—咽齿；7—咽骨；8—上鳃骨；
9—下鳃骨；10—上舌骨；11—角舌骨；12—基舌骨

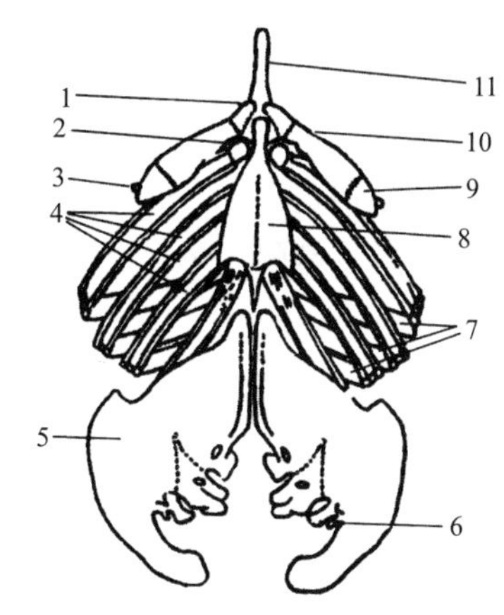

图 2-3　鲤鳃弓腹面（引自秉志，1960）

1—下舌骨；2—下鳃骨；3—间舌骨；4—角鳃骨；
5—咽骨；6—咽齿；7—上鳃骨；8—尾舌骨；
9—上舌骨；10—角舌骨；11—基舌骨

鳃盖骨系：位于头骨后部两侧，主要由鳃盖骨和鳃条骨组成，图 2-4 所示为鲤的围眶骨与鳃盖骨系。

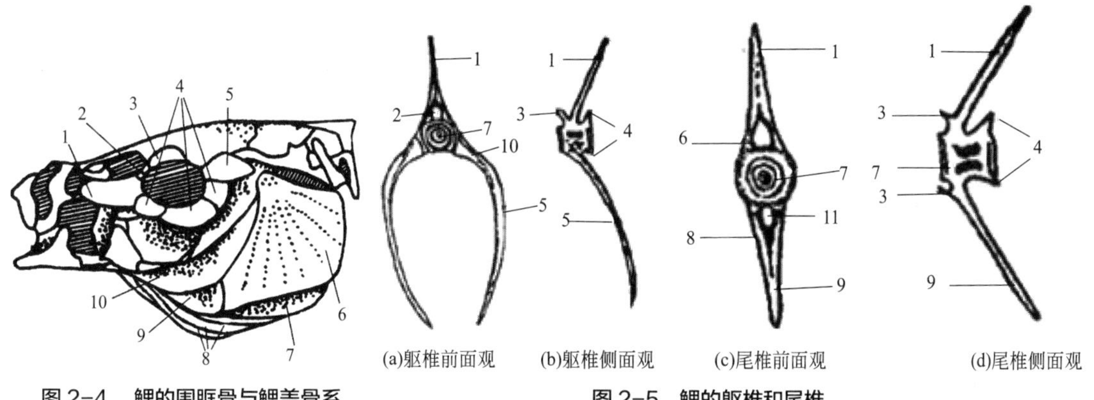

图 2-4　鲤的围眶骨与鳃盖骨系（引自秉志，1960）

1—眶前骨（泪骨）；2—前额骨；3—眶上骨；4—眶下骨；
5—眶后骨（后额骨）；6—主鳃盖骨；7—下鳃盖骨；
8—鳃条骨；9—间鳃盖骨；10—前鳃盖骨

(a)躯椎前面观　(b)躯椎侧面观　(c)尾椎前面观　(d)尾椎侧面观

图 2-5　鲤的躯椎和尾椎（仿李承林，2015）

1—髓棘；2—椎管；3—前关节突；4—后关节突；5—肋骨；6—髓弓；
7—椎体；8—脉弓；9—脉棘；10—椎体横突；11—脉管

2. 脊柱

脊柱由一系列脊椎骨组成，分躯椎和尾椎两部分。一个典型的躯椎由椎体、髓弓、髓棘、椎管、椎体横突、关节突构成。一个典型的尾椎具有椎体、髓弓、髓棘、椎管、前关节突、脉弓、脉管、脉棘，图 2-5 所示为鲤的躯椎与尾椎。

3. 附肢骨

（1）肩带和胸鳍支鳍骨

肩带：略呈弓形，与头骨连接，主要由匙骨、乌喙骨、肩胛骨组成。

胸鳍支鳍骨：胸鳍内的支鳍骨为鳍担骨，前端与乌喙骨、肩胛骨相连，后端与胸鳍条相连。

（2）腰带和腹鳍支鳍骨 腰带由 1 对无名骨构成。腹鳍的支鳍骨仅有 1 对细小的基鳍骨。

（3）奇鳍骨 背鳍和臀鳍的鳍条中，前 3 个鳍条形成刚硬的鳍棘，前 2 棘短小，第一棘尤其小，第三棘特别大，其后缘有锯齿。每一鳍条由一鳍担骨支撑。

（4）尾鳍的支鳍骨 依尾椎末端的位置和尾鳍上下叶是否对称，可将鱼类尾鳍分成以下 3 种类型。

原型尾：椎骨的末端平直地伸入尾鳍中央，将尾鳍分为完全相同的上、下两叶，无论外部形态还是内部结构都是对称的。这种原始的尾鳍类型多见于古代鱼类，现生鱼类无真正的原型尾。圆口类的尾鳍与原型尾相似，故称为拟原型尾。

歪型尾：尾接近末端的一段椎骨向上翘，弯向尾鳍的背上方，将尾鳍分为上下不相等的两叶，上叶长而尖，下叶短而大，下叶全部在上翘的椎骨下面生长，外形和内部骨骼构造均为上下不对称。板鳃鱼类和鲟鱼类是典型的歪型尾。

正型尾：真骨鱼类的尾鳍为正型尾。尾鳍的外观是上下叶对称，但内部的骨骼上下不对称。尾鳍上叶的支鳍骨大部分退化，下叶则十分发达，鳍条由特别扩大的数块支鳍骨（尾下骨）支撑，鲤属于此种类型。

此外还有一种特殊的尾鳍类型——等型尾。鱼的椎骨末端和原来的尾鳍都消失了，由背鳍及臀鳍的一部分向后延伸扩充而成第二尾鳍，其外形和内部结构完全对称。图 2-6 所示为不同鱼类尾鳍的类型。

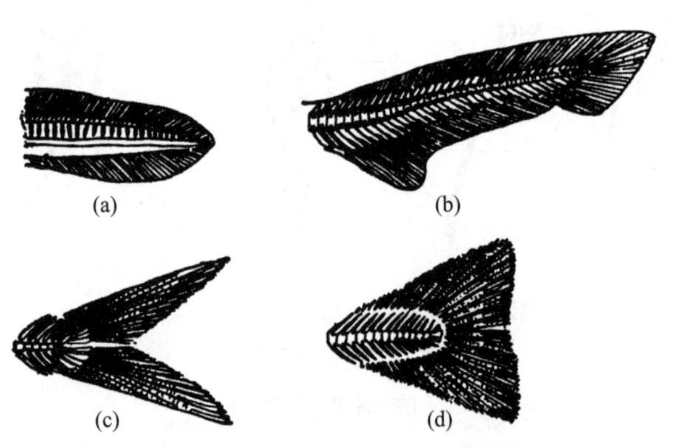

图 2-6 不同鱼类尾鳍的类型（引自苏锦祥，2000）

（a）拟原型尾：七鳃鳗；（b）歪型尾：灰星鲨；

（c）正型尾：海鲢；（d）等型尾：鳕

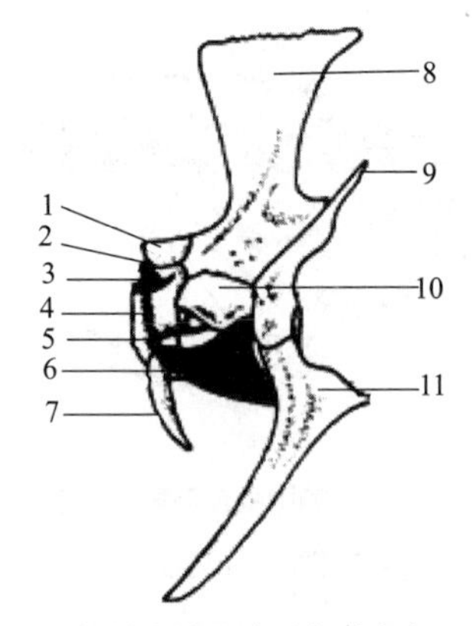

图 2-7 鲤的韦伯器（引自叶富良，1993）

1—第二椎骨髓弓；2—带状骨；3—舶状骨；4—韧带；

5—间插骨；6—三角骨；7—第二椎骨椎体横突；

8—第三椎骨髓棘；9—第四椎骨髓棘；

10—第三椎骨髓弓；11—第四椎骨椎体横突

三、韦伯器

如图 2-7 所示，鲤形目和鲇形目鱼类的前几块脊椎的一部分演变成韦伯器，包括三角骨（捶骨）、间插骨（砧骨）、舶状骨（镫骨）和带状骨，三角骨的后端和鳔壁相接触，带状骨和内耳的围淋巴腔接触。水中的声波引起鳔内气体产生同样振幅的波动，通过韦伯器传导到内耳，从而使鱼能感觉高频率、低强度的声波，类似于陆生脊椎动物的听觉。

思考探索

1. 鱼类骨骼的类型有哪些?
2. 鱼类尾鳍的类型有哪些?

第二节 肌肉系统

鱼类的肌肉系统

问题导引

1. 鱼类肌肉分为哪几种类型,是如何命名的?
2. 你知道会发电的鱼吗?这些发电器官是如何演变而来的?

鱼类在生命过程中,一刻不停地运动着,游泳、摄食、呼吸、繁殖等活动,都是通过较大范围的组织器官的运动来进行的,而产生各种动作的基础就是肌肉,一条鲤的肌肉就有三百多条。肌肉的基本单位是肌细胞,通常为长形,呈纤维状,又称肌肉纤维。图 2-8 所示为鱼体浅层肌肉侧面。

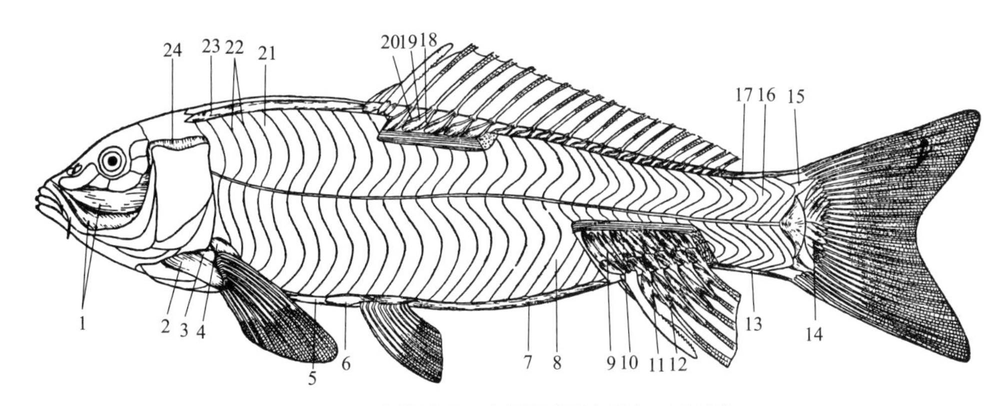

图 2-8 鱼体浅层肌肉侧面(引自秉志,1960)

1—下颌收肌;2—肩带浅层展肌;3—肩带伸肌;4—肩带浅层收肌;5—腰带牵引肌;6—腰带浅层展肌;7—腰带退缩肌;8—下轴肌;9—臀鳍竖肌;10—臀鳍降肌;11—臀鳍倾肌;12—臀鳍条间肌;13—臀鳍退缩肌;14—尾鳍条间肌;15—侧肌浅层肌腱;16—上轴肌;17—背鳍缩肌;18—背鳍降肌;19—背鳍倾肌;20—背鳍竖肌;21—肌节;22—肌隔;23—背鳍牵引肌;24—鳃盖提肌

一、肌肉的命名

① 依肌肉的形状和大小而得名 如斜方肌。

② 依所附骨骼而得名 如基枕骨咽骨肌,起点在基枕骨,止点在咽骨背面。

③ 依所在位置而得名 如附于前后鳃弓间的鳃弓连肌。

④ 依肌肉不同的作用结果而得名 如收肌、展肌、伸肌、屈肌、提肌、降肌和缩肌等。

二、肌肉的类型

按组织结构、分布特点、生理作用，肌肉可分为 3 类。

平滑肌：构成血管、消化管、泌尿生殖管的管壁，受交感神经与副交感神经支配。

横纹肌：又称骨骼肌，构成鱼体体壁、附肢、食道、咽部以及眼球等部位的肌肉，受脑神经或脊神经支配，为随意肌。

心肌：肌肉丝上也有横纹，构成心脏肌，受交感神经与副交感神经支配，为非随意肌（内脏肌）。

鱼类的横纹肌（骨骼肌）按其着生位置和生理作用，可分为以下几类。

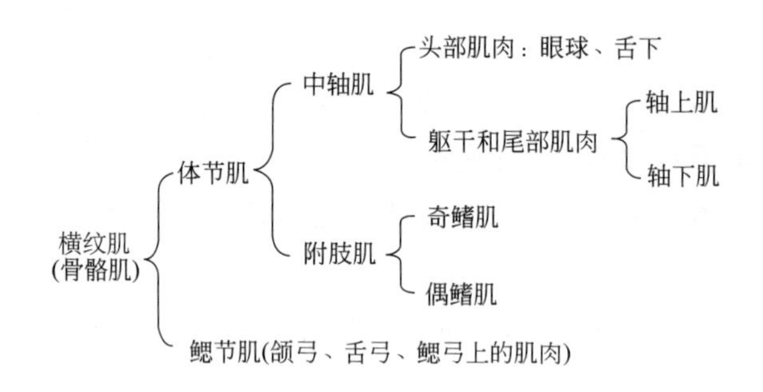

三、发电器官

有些鱼类（鳐科、电鳐科、裸臀鱼科、电鳗科、瞻星鱼科等）具有发电器官，该器官与御敌避害、攻击捕食、探向测位及求偶等活动有关（图 2-9）。

鱼类的发电器官是由许多电细胞（由肌细胞特化而成）一个个叠成柱状结构集合而成的。每一个电细胞的电位差约为 0.1V，发电器官产生的电位取决于每柱电细胞的数目，而电流强度则取决于每柱电细胞横切面的总面积。

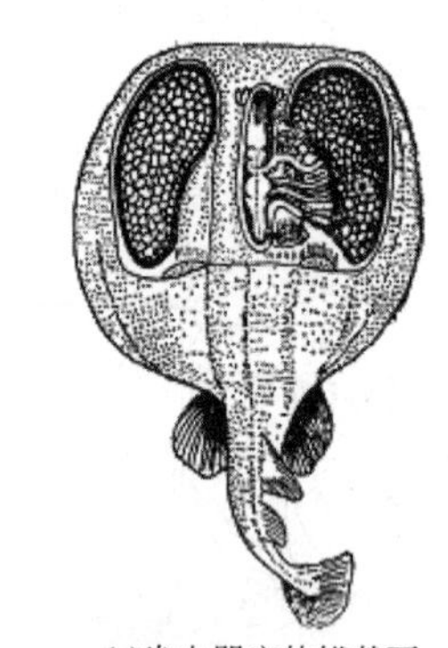

(a)发电器官的横截面

(b)发电细胞的堆积方式

图 2-9　电鳐发电器官的背面观

（仿李承林，2004）

发电器官的来源大致有如下几种情况。

（1）由尾部肌肉变异而成　如电鳗、鳐属、裸背鳗等。

（2）由鳃肌变异而成　如电鳐。

（3）由眼肌变异而成　如电瞻星鱼。

（4）由真皮腺体组织特化而成　如电鲇。

鱼类的肌肉变异与鱼类的运动方式

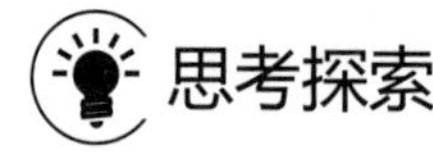

思考探索

1. 鱼类肌肉的类型有哪些，有何特点？

2. 具有发电器官的鱼类有哪些？其主要结构是什么？如何防范与利用？

实验三　骨骼、肌肉系统的解剖与观察

【实验目的】

① 掌握鱼类骨骼和肌肉系统的解剖方法和观察方法。

② 了解鱼类的骨骼系统和肌肉系统的基本构造。

【工具与材料】

（1）工具　解剖盘、解剖刀、解剖剪、尖头镊子、解剖针、解剖镜、载玻片。

（2）材料　鲤（或鲢）的新鲜标本。

【实验内容】

1. 肌肉系统的解剖与观察

（1）解剖方法　用解剖刀沿鱼体背部正中划开一个口子，用尖头镊子、解剖刀将皮肤与肌肉分离，小心将鱼体的皮肤慢慢除去。

（2）观察内容　眼肌和大侧肌。

2. 骨骼系统的解剖与观察

（1）解剖方法

① 分离头骨——脑颅和咽颅。脑颅和咽颅的联系有 3 处：前端咽颅的腭骨与脑颅的鼻骨等的联系；中部咽颅的舌颌骨上端与脑颅的蝶耳骨、前耳骨及喉部肩带中上锁骨的联系；肩带的前面又与咽颅的第五对鳃弓密切联系，故肩带起着间接联系脑颅和咽颅的作用。将要剥制的鱼洗净后置于解剖盘内，为方便识别各骨，可把取下来的骨骼按顺序有规律地放好，或做成标本。

取围框骨：用解剖刀轻轻触压眼四周的围框骨，确定围框骨的位置及轮廓边缘，在骨的边缘进刀，然后取下围框骨。围框骨为薄片状骨，因此刀片不要刺入肌肉过深，以刀片与鱼体呈 15° 的夹角进刀即可。

取鳃盖骨系：用解剖刀沿鳃盖骨系的各骨缝轻轻划开，分离主鳃盖骨与下鳃盖骨、间鳃盖骨、前鳃盖骨及各鳃条骨，然后手持主鳃盖骨缓慢用力使其按逆时针方向朝后上方扭转，拉断主鳃盖骨上角前缘与舌颌骨、后背角与上锁骨连接的韧带，使主鳃盖骨与鱼体脱离。

取舌颌骨：在前鳃盖骨内侧稍上方位置可见舌颌骨，用手捏住舌颌骨的下端缓慢用力向稍后上方拉，可使舌颌骨与脑颅的蝶耳骨、前耳骨连接的韧带断开，分离后即可取下。

分离脑颅与咽颅：在头骨前端除了前筛骨外，能活动的骨都属咽颅，不能活动的均属脑颅。分离此处骨，即可将脑颅与咽颅彻底分开。因为此处腭骨与鼻骨间错合连接，加之翼骨、后翼骨均为薄片状骨，故不易用刀做切割分离，可在找到骨缝结合部后，用尖头镊子夹小块药棉浸蘸开水做局部敷烫，糊化肌肉和结缔组织，此时就可以比较容易地分离开脑颅和咽颅。

分离鳃弓和脑颅：5 对鳃弓与脑颅之间无特殊关节，仅以固有结缔组织与肌肉疏松地连接于脑颅底壁下方。用解剖刀紧贴脑颅底壁，沿犁骨、副蝶骨、基枕骨的腹面由前向后割断与软组织的联系，即可彻底分离脑颅和鳃弓。

② 分离脊柱。用解剖刀沿背部中线与背鳍两侧分别做两个纵向垂直切口（切口深达

脊柱即可，切勿割断肋骨），此切口自脑颅后方延伸至尾鳍基部。再用刀在鱼体两侧沿脑颅后方向下经肩带后方划开腹腔做横切（勿伤及脊柱）。此后用解剖刀沿脊柱两侧自上而下地刮剥肌肉，剥除大部分肌肉后，紧贴骨骼的少量肌肉，可用开水敷烫的方法剔除干净。

（2）观察内容　脑颅、咽颅、脊柱、韦伯器、肋骨、肌间骨和附肢骨骼。

【作业】

1. 制作鲤的骨骼标本。
2. 绘制鲤一节躯椎和尾椎正面观图，并标明各骨骼名称。
3. 识别鱼的眼肌。

第三节　消化系统

问题导引

1. 鱼类的消化系统对食性是如何适应的？
2. 养殖过程中，从能量利用的角度考虑，养殖草食性鱼类或肉食性鱼类哪种经济？

鱼类的消化系统由消化管及附于消化管附近的各种消化腺两部分组成。鱼类消化系统的生理机能是直接或间接负责食物的消化和吸收，以供应组织的生长和提供生命活动所需要的能量。

消化管包括口咽腔、食道、胃、肠等部分，每部分功能各不相同（表 2-1）。消化管的这几部分在有些鱼类中界线不明显，但可凭借不同的管径、不同性质的上皮组织及特殊的括约肌或一定腺体导管的入口来区别。消化腺由胃腺、肠腺、肝脏、胰脏等组成。图 2-10 为鲤的消化系统。

表 2-1　消化管各部位与机能

部位	口咽腔	食道	胃	肠	肛门
功能	捕食	选择食物，扩大容积	贮存、消化食物	消化食物，吸收营养	排出食物残渣

鱼类摄取的食物都要在消化管内进行消化和吸收。食物进入消化管后，经消化液中酶的作用，被分解为最简单的分子状态，然后由肠道吸收，蛋白质、糖类由渗透作用进入肠壁的血管内，被分解的脂肪类则由肠壁内的淋巴管所吸收，血管和淋巴管将营养物质传送到身体各部分。

一、口咽腔

鱼类的口腔和咽没有明显的界线，鳃裂开口处为咽，其前即为口腔，故一般统称为口咽腔。口咽腔内有齿、舌及鳃耙等结构。

（1）口裂　鱼类口裂、口咽腔的形态和大小与摄取食物大小、摄食方式相关。

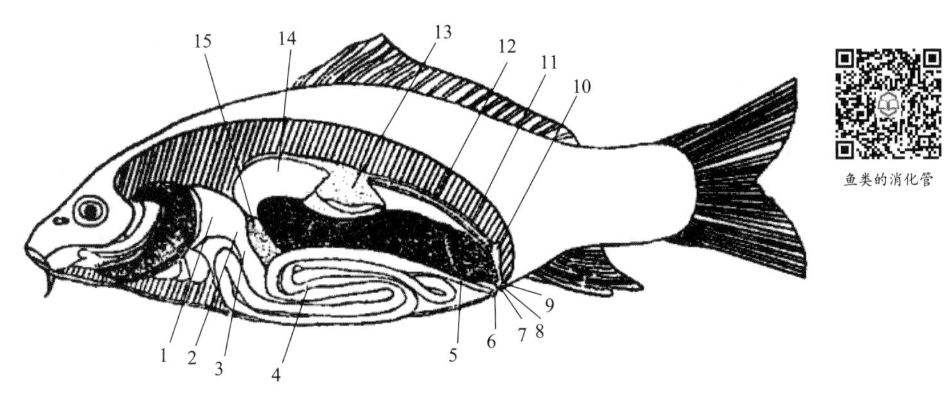

图 2-10　鲤的消化系统（仿李承林，2015）

1—咽喉；2—食道；3—肠前部；4—肠；5—直肠；6—肛门；7—输卵管；8—泄殖孔；9—泄殖窦；10—膀胱；11—输尿管；12—中肾；13—肾脏；14—鳔；15—肝

凶猛的肉食性鱼类口咽腔较大，便于吞食大的食物，如鳜、花鲈、带鱼、鱤、鲇等。

有些专食微小浮游生物的滤食性鱼类口咽腔也较宽大，如鲢、鳙等，这与它们不停地滤取水中食物的习性相适应；杂食性和植食性鱼类则口咽腔相对较小。

（2）齿　鱼类的牙齿在口咽腔中分布很广，齿的形状、大小、排列及锋利与否，均因鱼的种类而异，这与鱼类生活的水环境、食物的多样性有关。

鱼类的牙齿主要用于捕食，咬住食物免于逃脱。有些鱼类的牙齿有撕裂和咬断食物的作用，但一般都没有咀嚼作用。

① 软骨鱼类的齿

分布：软骨鱼类的齿借结缔组织附在软骨上。

形状：食甲壳类、贝类等温和食性的板鳃类，齿一般呈铺石状，如星鲨、何氏鳐等。凶猛的肉食性板鳃类，齿尖锐，边缘常有小锯齿。

② 硬骨鱼类的齿

分布：上下颌（颌齿）、犁骨（犁齿）、腭骨（腭齿）、鳃弓（咽齿）、舌（舌齿）。图 2-11 为硬骨鱼类口腔齿和咽齿着生位置。

硬骨鱼类的牙齿不仅在上下颌上生长，甚至在口咽腔周围的一些骨骼，如犁骨、腭骨、舌骨、鳃弓上均能生长。着生在上下颌骨上的齿称颌齿；着生在口腔背部两侧腭骨上的牙齿称为腭齿；着生在口腔背部前方中央犁骨上的齿称犁齿；着生在鳃弓上的齿称为咽齿；着生在舌骨上的齿称舌齿。所有这些着生在口腔不同部位的牙齿，统称为口腔齿。

鲤科鱼类无颌齿，而第五对鳃弓的角鳃骨特别大，特称为咽骨或下咽骨，上生牙齿，即咽齿，也称咽喉齿（图 2-12），与基枕骨下的角质垫（咽磨）形成咀嚼面，其形态、数目、排列状态是分类的重要依据。

口腔齿的形态、数目、分布状态常作为分类标志之一，其中犁齿和腭齿的有无、左右下咽齿是否分离或愈合等用得较多。

齿式是用来表示鲤科鱼类齿的数目、排列方式的式子。

鲤的齿式为 1, 1, 3 / 3, 1, 1。草鱼为 2, 4/5, 2 或 2, 5 /4, 2。鲢为 4 /4。以鲤的齿式为例，“/”左右三位数表示左右各有三列齿，左右内列（第一列）均 3 枚齿，中间一列（第二列）均 1 枚齿，左右外列（第三列）均 1 枚齿。

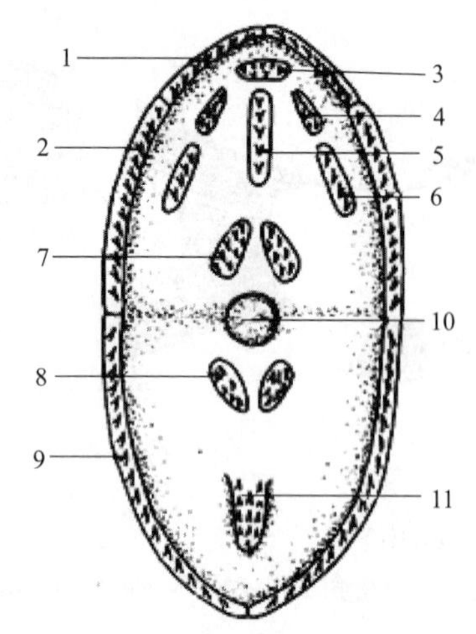

图 2-11　硬骨鱼类口腔齿和咽齿着生位置

（引自叶富良，1993）

1—前颌齿；2—上颌齿；3—犁骨齿；4—腭骨齿；5—副蝶骨齿；6—翼骨齿；7—上咽齿；8—下咽齿；9—下颌齿；10—食道开口；11—舌齿

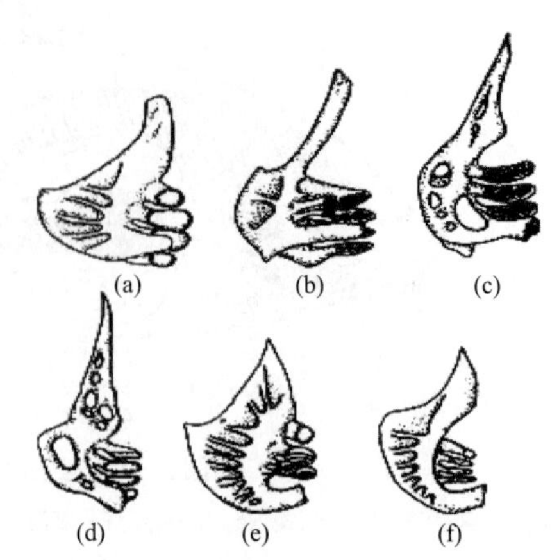

图 2-12　几种鲤科鱼类的咽喉齿

（引自易伯鲁，1982）

（a）青鱼；（b）草鱼；（c）鲢；（d）鳙；（e）鲤；（f）鲫

1，	1，	3 /	3，	1，	1
第三列	第二列	第一列	第一列	第二列	第三列

形状：硬骨鱼类牙齿的形态，与食性密切相关，大致可分为以下几类。

犬齿状（犬牙状齿），齿尖而锋利，有时齿端有钩状缺刻，如狗鱼、鳜、带鱼等的齿，具这类齿的鱼类往往以其他水生动物为主要食物。

圆锥齿状（圆锥状齿），齿呈圆锥状，细长而尖，有的鱼类发达，有的则不甚发达，如大麻哈鱼、鳕鱼等的齿，这类鱼以小鱼和无脊椎动物为食。

臼齿状（臼状齿），齿宽扁，适于压碎食物，如鲤、青鱼、真鲷等的齿，它们常食螺类、蚌类等坚硬的食物。

门齿状（门牙状齿），如平鲷、香鱼、河鲀等的齿，适于摄取固着岩礁上的生物。

（3）舌　鱼类的舌一般比较原始，位于口腔底部，没有弹性，不能活动，肌肉不发达，仅仅是其基舌骨外面的一层黏膜。一些鱼类的舌上有味觉细胞——味蕾，但不如高等脊椎动物发达。舌真正作用还不是十分清楚，已知能将食物导向食道，对鱼类觅取食物有一定的作用。

（4）鳃耙　鱼类鳃弓朝口腔的一侧长有鳃耙，一般每一个鳃弓长有内外两列鳃耙，其中以第一鳃弓外鳃耙最长。多数鱼类在鳃耙的顶端、鳃弓的前缘具味蕾。鳃弓具滤食、选择食物（鳃弓前缘具味蕾）和保护鳃丝的作用。

① 鳃耙的类型。大多数鱼类的鳃耙为瘤状和杆状，但在各类别中差别很大。

板鳃类的鳃耙一般不发达，但以浮游生物为主要食物的姥鲨、鲸鲨等有密生而长的鳃耙。

硬骨鱼类的鳃耙有以下几类。

无鳃耙：如鳗鲡科、海鳗科、康吉鳗科、海龙科、烟管鱼科、颌针鱼科、鲟科等。

有鳃耙：如鳅科、六线鱼科、鲽科等。

长鳃耙：如鲱科、银汉鱼科。

鳃耙变异：鳃耙呈簇状刺，如乌鳢；鳃耙呈叉状，如蓝子鱼；叉状鳃耙间有簇状刺，如带鱼；鳃耙连成海绵状，如鲢、鳙（图 2-13）。

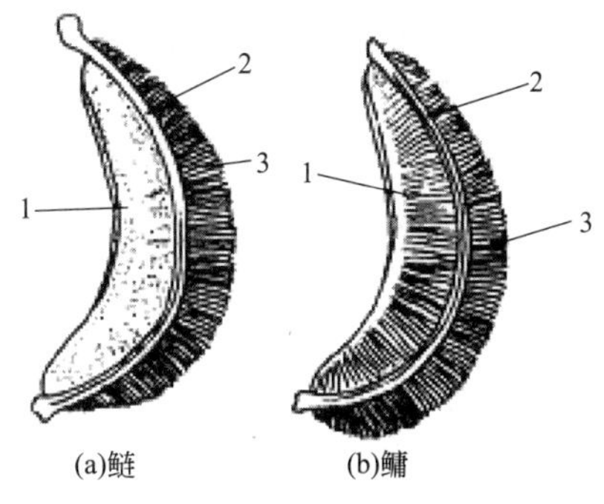

图 2-13　鳃耙（引自李承林，2004）

1—鳃耙；2—鳃弓；3—鳃片

② 鳃耙的数目。鳃耙的数目在鱼类分类学上也常作为重要的形态特征之一，常以第一鳃弓的外列鳃耙数代表某鱼的鳃耙数，即把上鳃耙数（咽鳃骨、上鳃骨上附生的鳃耙数）和下鳃耙数（角鳃骨、下鳃骨上附生的鳃耙数）加在一起，作为某种鱼的鳃耙数，也有不分上下鳃耙数记载的。如鲈鱼的鳃耙 5 ～ 9+13 ～ 16。

③ 鳃耙的数目、形状、疏密排列等与鱼类食性的关系。

滤食性鱼类：以浮游生物为食的鱼类鳃耙一般数目多，致密细长，排列整齐，便于滤取食物，如鲢、鳙（表 2-2）。遮目鱼鳃耙数目为 152 ～ 163 枚，鲻鱼有 100 枚，斑鰶为 135 ～ 150 枚。但海龙科、烟管鱼科的鳃耙退化，而它们是以浮游生物为食的。

表 2-2　鲢、鳙鳃耙的比较

种类	鲢	鳙
鳃耙	数多。体长 66cm 时约 1700 枚。 鳃耙长，鳃耙长：鳃丝长 =1：0.78。 鳃耙彼此连成一片，呈海绵状	数少。体长 65cm 时约 680 枚。 鳃耙较长，鳃耙长：鳃丝长 =1：1.4。 鳃耙彼此不相连，具宽窄 2 种鳃耙

肉食性鱼类：肉食性和以大型食物为食的鱼类鳃耙短而疏，具刺，数目较少，如鳜鱼鳃耙为 13 ～ 15 枚，花鲈 18 ～ 25 枚，石斑鱼 22 ～ 25 枚，鲇 13 ～ 15 枚，鳡 5 ～ 7 枚。

鱼类虽有各种类型的齿，但一般均无咀嚼功能，只用于捕捉、撕裂和磨碎食物。鱼类无吞咽动作，口腔内的食物移动主要靠水流，取食时水和不需要的物质与食物相混，水与泥沙等经鳃耙滤过，食物则被挡住，向前转运，进入食道。鱼类口腔无唾液腺，无化学消化功能。

二、食道和胃

（1）食道的形态结构　鱼类食道短而宽，管壁较厚。食道从外到内分别由浆膜层、肌肉层和黏膜层三层结构组成。大多数鱼类的食道内壁具纵行黏膜褶，褶数为 6 ～ 50，当吞食大型食物时可用以扩大食道容积。食道壁的黏膜层有丰富的黏液分泌细胞，能分泌黏液以辅助食物吞咽。

味蕾：食道黏膜层中有味觉细胞味蕾分布，食道因有味蕾及发达的环肌，具有选择食物的作用，当环肌收缩时，可以将异物排出口外。食道后方与胃交界处有括约肌。

环肌：由于食道环状肌肉的收缩，当鱼呼吸而大量水进入口咽腔时，不会将水吞入胃肠内。

（2）食道特殊结构——气囊　河鲀的食道有一气囊，遇危险时吸入空气或水使气囊膨大，腹部突出，体呈球状，鱼体腹部朝上，随波逐浪如死鱼。

（3）胃的形态构造 胃位于食道的后方，是消化管最膨大的部分，其接近食道的部分称为贲门部，胃体的盲囊状突出部分称盲囊部，连接肠的一端称为幽门部。

通常，肉食性鱼类有胃，如大口鲇、鲑、虹鳟、鳗等，杂食性的鲤科鱼类无胃，如鲤、鲫等。

胃的大小与食性有关。吞食大量食物和一次消耗大量食物的种类胃膨大。

硬骨鱼类的胃从外形看可以分为五大类型，见图 2-14 和表 2-3。

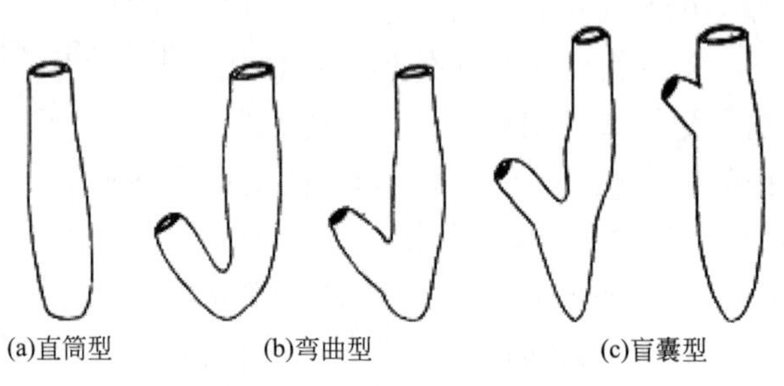

图 2-14 鱼胃的几种类型（引自李承林，2004）

表 2-3 硬骨鱼类胃的比较

类型	形态特征	代表种类
I 型	圆筒形，贲门部不弯曲，幽门部不明显，无盲囊部	银鱼科、烟管鱼科、鲀科鱼类
V 型	贲门部与幽门部之间弯曲成锐角，盲囊部不发达	鲑鳟类、香鱼、蓝子鱼、鲷科等鱼类
U 型	贲门部与幽门部间和缓呈 U 形弯曲，盲囊部不明显	斑鰶、银鲳、池沼公鱼、白点鲑等鱼类
Y 型	盲囊部外突延长，各部分均明显	大多数鲱科鱼类、星鳗、日本鳗鲡等鱼类
卜型	贲门部与盲囊部很明显，幽门部短小	蛇鲻、鲭科等鱼类

三、肠道和肛门

1. 肠道的形态结构与特性

鱼类的肠道可区分为前肠、中肠和后肠三个节段，三段之间没有明显的分界。

（1）软骨鱼类的肠 软骨鱼类板鳃亚纲的肠可明显地分出小肠和大肠，小肠又分为十二指肠及回肠，大肠又分为结肠和直肠。

十二指肠：内壁无突起，管径较细，胰管开口于此。

回肠：管径较粗，内具螺旋瓣，胰管开口于此。

结肠：肠后面突然变细的部分，后面附有直肠腺，有分泌黏液、排盐的作用。

直肠：直肠腺后方的大肠部分，末端开口于泄殖腔。

螺旋瓣：由肠壁黏膜层及黏膜下层突出于管腔的褶膜形成，一般排列成螺旋状，有增加吸收面积的功能（图 2-15）。

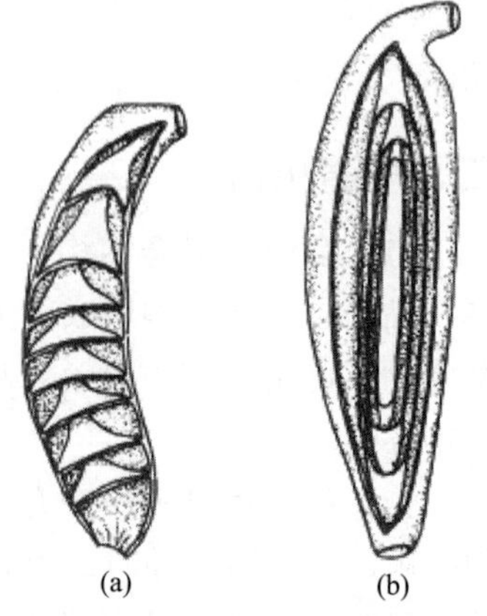

图 2-15 板鳃鱼类的螺旋瓣（引自叶富良，1993）
（a）螺旋型；（b）画卷型

（2）硬骨鱼类的肠 硬骨鱼类的肠无大小肠之分。肠的长度及盘曲程度，因种类及食性而异。

幽门盲囊（幽门垂）：大部分硬骨鱼类在肠开始处有许多盲囊状突出物，称为幽门盲囊（或称幽门垂）。它的数目、大小及排列情况因种而异，常作为分类特征之一。有些鱼类幽门垂数目较多，如脂眼鲱约1000条，银鲳约600条，鳜300条左右；有些种类的数量较少，如鲻鱼2条，玉筋鱼1条，鲷科及大多数鲟科鱼为4条。

幽门盲囊的排列方式大致有两种：一种为直线型，如青鱼、带鱼等；另一种为环型，如鲻鱼、松江鲈鱼等。幽门盲囊均开口于小肠。

有些硬骨鱼没有幽门盲囊，如银鱼科、鲤科、鲇科、鳅科、鳗鲡科、鳉科、鲀科等。

幽门盲囊的组织结构与肠壁组织相似，其作用一般认为是用来扩充肠道的吸收面积，同时又能分泌与肠壁相同的分泌物。

（3）肠长与食性的关系

肉食性鱼类：肠管较短，短于体长，多为直管或有一两个弯曲，如鳜、乌鳢等。

植食性与滤食性鱼类：以植物及浮游生物为食的鱼类肠管较长，在腹腔中盘曲较多，一般为体长的5～15倍。如鲻鱼、棱鱼、草鱼等。

杂食性鱼类：肠管短于草食性鱼类而长于肉食性鱼类的肠管。一般为体长的2～5倍。

2. 肛门

肠道最后开口处为肛门，消化管中的残渣经此排出体外。

软骨鱼类和一些低等的硬骨鱼类肠末端开口于泄殖腔（排泄、生殖管末端开口的共同腔），然后排出体外，其他大多数鱼类肛门单独开口于体外。

肛门通常位于臀鳍与尿殖孔前方，但也有特别前移的，有的接近腹鳍，如江河上游的船丁鱼，个别种类还移至喉部，如前肛鳗。

四、消化腺

鱼类的消化腺由上皮组织分化而成，有大小两种类型：小型消化腺埋藏于消化管壁内，如食道腺、胃腺和肠腺等；大型的消化腺为肝脏和胰脏，由一输出导管通入消化管腔。所有鱼类均无唾液腺，只有黏液腺。多数鱼类缺乏真正的肠腺。这里主要介绍肝脏和胰脏。

鱼类的消化腺

1. 胰脏和胰液

胰脏是一个兼有内分泌和外分泌机能的腺体器官。其外分泌物是胰液，与消化有关。

鱼类胰脏分布较为复杂，软骨鱼类的胰脏是致密型器官，硬骨鱼类的胰脏一般为散在型或弥漫型，只有少数硬骨鱼是致密型的，弥漫型胰分散在肝、幽门垂、脾和肠附近。分布在肝的称为肝胰脏，两种组织混在一起，但是各自为独立器官，又各自有导管分别开口于肠，如鲤、鲫等。

胰液：胰液由胰腺分泌，由胰导管入肠。胰液为无色、透明、呈碱性的液体，pH值为7.8～8.4；主要成分是碳酸氢盐、消化酶等，消化力极强。胰液中含有消化食物的3种主要酶类，因而是最重要的消化液。

胰淀粉酶可将食物中的淀粉分解为麦芽糖。胰淀粉酶一经分泌，不需要激活就具有活性。胰脂肪酶可将脂肪分解为甘油和脂肪酸。

胰蛋白酶和糜蛋白酶都是以不具活性的酶原形式存在于胰液中。肠液中的肠激活酶可激活胰蛋白酶原，使之转变为具有活性的胰蛋白酶。

2. 肝脏和胆汁

肝脏是一个复杂的器官，具有消化、吸收、代谢、清除、解毒、造血、排泄等多种功能。在消化吸收功能方面，主要是肝细胞分泌胆汁，对脂肪消化和吸收起重要作用。

肝脏是鱼体内最大的消化腺，其前端借系膜悬挂在心腹隔膜上，后端游离在腹腔中。硬骨鱼肝脏通常靠近胃，一叶至多叶。肝管从肝脏接收胆汁贮存于胆囊内，然后由胆管排入肠腔。肝脏的大小、形状、颜色及分叶程度有很大变化。

胆汁呈黄绿色、味苦、呈强碱性（在胆囊中为弱酸性），其主要成分是水、胆盐、胆酸、胆色素、胆固醇、脂肪酸、卵磷脂和无机盐。胆盐、胆固醇和卵磷脂均可作为脂肪乳化剂，使脂肪乳化成微滴，分散于水溶液中，增加胰脂肪酶作用面积，促进脂肪消化；胆汁酸与脂肪酸结合形成水溶性复合物，促进脂肪酸吸收。胆汁能激活胰脂肪酶，促进脂溶性维生素（维生素 A、维生素 D、维生素 E、维生素 K）的吸收。

思考探索

1. 鱼类消化系统具体由哪些部分组成？
2. 硬骨鱼类牙齿的形态与食性密切相关，硬骨鱼类的牙齿有几种形态，食性如何？
3. 硬骨鱼类的胃有几种类型？代表种类是什么？
4. 鱼类的肠长与食性有何关系？
5. 鱼类的主要消化腺分别有何功能？

实验四　不同食性鱼类消化系统的解剖与比较

【实验目的】

① 熟练掌握鱼类消化系统的解剖方法。

② 通过解剖与观察，掌握鱼类取食器官、消化器官的位置、形态、构造和功能。

③ 比较不同食性鱼类消化器官的差异，并分析与食性的相互关系。

【工具与材料】

（1）工具　解剖盘、解剖剪、尖头镊子、圆头镊子、解剖刀、解剖针、皮尺等。

（2）材料　鲤、鲫、鲢、鳙、草鱼、花鲈等。

【实验内容】

鲫鱼解剖——体腔打开过程

1. 解剖方法

取标本，使鱼腹部朝上。左手握鱼，右手持解剖剪，在肛门前方剪一小的横切口，然后将解剖剪插入，沿腹中线向前剪开直至鳃盖下方，进入体内的剪尖稍向上挑，贴内壁剪，注意不要损伤内脏器官。然后自臀鳍前缘向左侧背方体壁剪上去，沿脊柱下方向前剪至鳃盖后缘，将左侧体壁全部剪去，显示出内脏，即可观察内脏器官。内脏器官由系膜相连，悬挂于体腔内。用解剖剪从下颌中央向后剪至鳃孔后方，再沿鳃孔上方经眼下缘向前剪至口缘，去掉鳃盖，除去口咽腔侧壁，观察口咽腔。

2. 观察内容

（1）消化管 包括口咽腔、食道和肠等。

① 口咽腔（图 2-16）。口咽腔内具有齿、舌及鳃耙等结构。

齿：鲤、鲫、鲢、鳙、草鱼的口咽腔内无颌齿、腭齿、犁齿，具有发达的咽齿。咽齿着生在第五对鳃弓的角鳃骨扩大形成的咽骨上。注意观察咽齿与基枕骨下的咽磨相对研磨的情况。鲤具有臼状齿，鲢、鳙具有绒毛状齿，草鱼具有栉状齿。

鲤的齿式：1,1,3 / 3,1,1。草鱼的齿式：2,4/5,2 或 2,5 /4,2。鲢、鳙、鲫的齿式：4/4。

花鲈具有发达的口腔齿及咽齿，在上下颌、犁骨、腭骨及鳃弓上都有发达的尖齿，呈犬齿状。花鲈口咽腔底部具有舌。

鳃耙（图 2-17）：口咽腔后方，着生于鳃弓内缘。鲢、鳙的鳃耙数目多，细长致密。鲢的鳃耙比鳃丝长，鳃耙彼此连成一片，呈海绵状，形成鳃耙过滤器。鳙的鳃耙略短于鳃丝，鳃耙彼此不相连。花鲈鳃耙短而疏，具刺，数目较少。观察鳃耙形状、数目、排列状态，并分析与食性的相互关系。

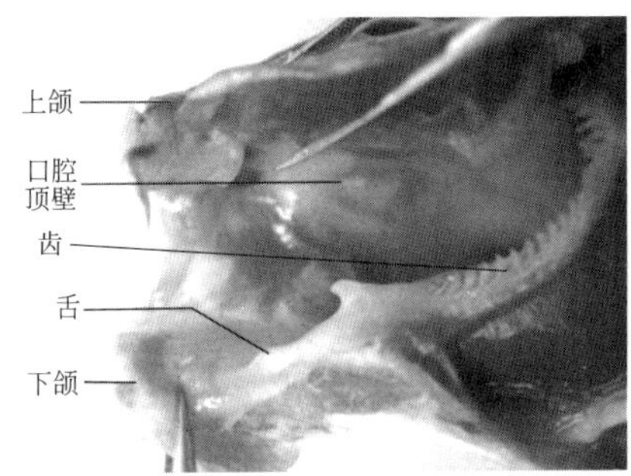

图 2-16 口咽腔

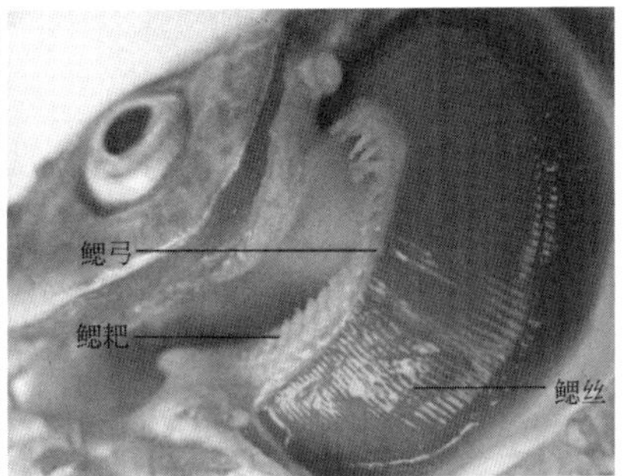

图 2-17 鳃耙

各种食性鱼类的鳃耙观察

② 食道。位于口咽腔之后，短而粗，后方与胃或肠相连接，剖开食道，可见内部具有纵褶，在食道与胃或肠相接处具有括约肌，以此为分界（图 2-18）。

③ 胃。鲤、鲫、鲢、鳙、草鱼都没有胃，食道与肠直接相接。花鲈具有盲囊型的胃。

④ 肠。肉食性的花鲈肠管较短，短于体长，为直管。滤食性和草食性的鲢、鳙、草鱼等鱼类肠管较长，在腹腔中盘曲较多，一般为体长的 5 倍以上。杂食性的鲤、鲫的肠一般为体长的 2 ～ 5 倍（图 2-19）。

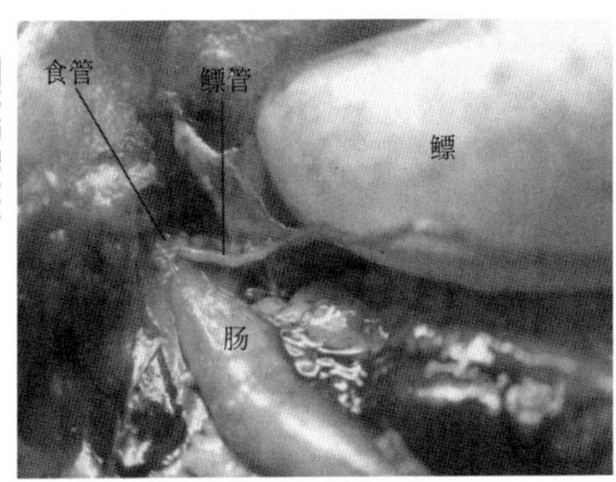

图 2-18 食道

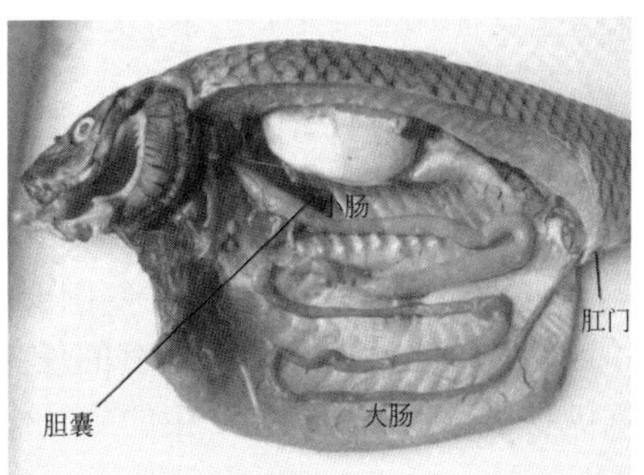

图 2-19 肠

各种食性鱼类的肠道观察

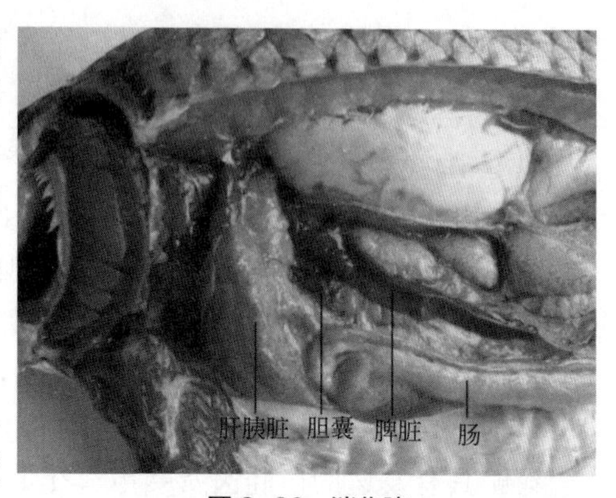

图 2-20 消化腺

用皮尺测量鱼类的肠道长度和体长，分别记录为 A、B，通过公式 N（肠体比）$=A/B$ 来比较不同食性的鱼类消化道长度。

⑤ 幽门盲囊。鲤、鲫、鲢、鳙、草鱼都没有幽门盲囊。花鲈在胃与肠交界处有幽门盲囊，从肠开始处突出 13 ～ 15 条，呈环状排列。

（2）消化腺（图 2-20）

① 肝脏：呈黄褐色，为最大的消化腺。鲤、鲫、鲢、鳙、草鱼等的肝脏呈不规则形，体积较大，散布在肠管周围的系膜上。花鲈的肝脏明显地分为左右两叶，胆囊位于右叶处。

② 胆囊：为椭圆囊状，深绿色，位于肠前方肝脏右叶处，被肝脏包盖。肝脏分泌的胆汁经细小胆管输入胆囊贮藏，然后以粗短的胆管开口于肠的后背方。

③ 胰脏：花鲈的胰脏呈弥散型。鲤、鲫、鲢、鳙、草鱼等的胰脏分散在肝脏中，称为肝胰脏。

思考探索

1. 绘制鲤和花鲈的消化系统图，并标出各器官的名称。
2. 绘制鲢和鳙的鳃耙，并标注主要部分的名称。
3. 比较鲢和花鲈消化系统的异同，并分析其与食性的关系。

第四节　呼吸系统

问题导引

1. 我们都知道“鱼儿离不开水”，但黄鳝和黑鱼等往往离开水很长时间还能存活，你知道是什么原因吗？

2. 你知道鱼类在水中是如何上下活动的吗？鲨是否也一样？如果不是，它又是如何活动的？

有机体进行生命活动时所利用的能量来自从外界摄取的营养物质，这些营养物质由血管输送到各组织细胞之间，在组织内经过氧化作用，将能量释放出来。如果动物体各组织不进行氧化，就不能长久地生存，而呼吸器官的任务就是执行血液和外界气体的交换，从外界吸取足够的氧气供物质氧化，同时将产生的二氧化碳排出体外。

一、鳃

鳃是鱼类的呼吸器官。鱼类的鳃必须具备以下三个条件：具有十分丰富的血管；介于血液与外界呼吸媒介物质之间的壁膜必须极薄，使氧气能迅速通过；要有一个正当的“机械装置”，使水持续不断的通过鳃。

鱼类鳃的结构

鳃是由咽部后端两侧发生而成的，由鳃弓、鳃耙、鳃片组成，鳃间隔退化。鳃的外部有鳃盖骨片，鳃盖骨可以活动，腹面各鳃盖条骨也能活动，鳃盖开关之口，称外鳃孔。鳃盖内面有薄皮，称鳃盖膜，沿鳃盖后缘有相当的伸展，鳃盖关闭时，该膜可以使外鳃孔封闭较紧。图 2-21 为鳃左侧面。

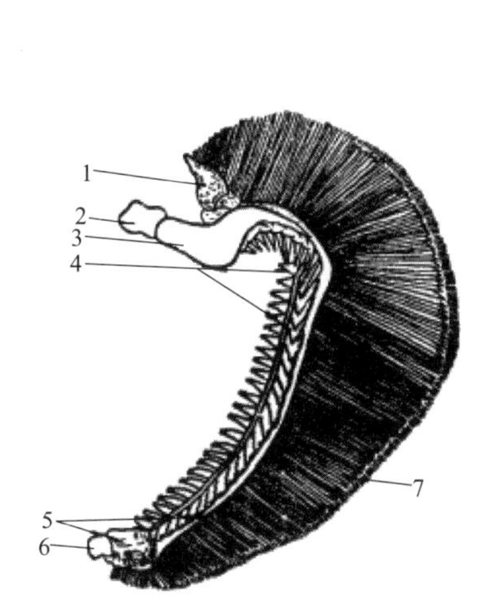

图 2-21　鳃左侧面

（引自李承林，2015）

1—结缔组织；2—咽鳃骨；3—上鳃骨；4—鳃耙；5—角鳃骨；6—下鳃骨；7—鳃片

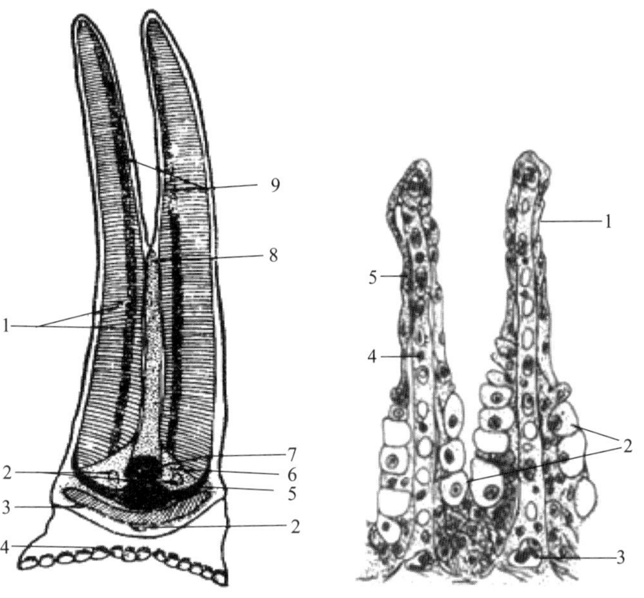

图 2-22　鳃弓横切面

（引自李承林，2004）

1—鳃片；2—神经；3—角鳃骨；4—鳃耙；5—出鳃动脉；6—结缔组织；7—入鳃动脉；8— 鳃间隔；9—入鳃动脉毛细管

图 2-23　真骨鱼类的鳃小片及泌氯细胞

（引自孟庆闻，1989）

1—鳃小片；2—泌氯细胞；3—红细胞；4—支持细胞；5—上皮细胞

1. 鳃弓

鳃间隔的基层，支撑鳃间隔的骨骼组织为鳃弓。鳃弓位于鳃盖之内，咽的两侧，共 5 对。鳃弓主要起支撑作用，进鳃和出鳃血管都在鳃弓上通过。图 2-22 为鳃弓横切面。

2. 鳃耙

鳃耙为鳃弓内缘凹面上成行的三角形突起。第 1 ～ 4 鳃弓各有 2 行鳃耙，左右互生，第一鳃弓的外侧鳃耙较长。第五鳃弓只有 1 行鳃耙。

鳃耙是鱼类的一种滤食器官，亦有保护鳃丝的作用。鳃耙能使食物不致由鳃孔漏出，其长短、疏密、形状和鱼的食性相关，与呼吸作用没有关系。

3. 鳃片

第 1 ～ 4 鳃弓，都有 2 列鳃片，并排长在每一鳃弓的外凸面上，薄片状，鲜活时呈红色。

第五鳃弓没有鳃片。鳃弓上的每列鳃片称半鳃，长在同一鳃弓上的两个半鳃合称全鳃。

每一个鳃片由许多鳃丝组成，每一根鳃丝两侧又有许多突起状的鳃小片，鳃小片上分布着丰富的毛细血管，是气体交换的场所。横切鳃弓，可见2个鳃片之间退化的鳃隔。

在鳃小片上还分散着一些黏液细胞及其他腺细胞。在鳃丝中尚有一些承担氯离子运转任务的泌氯细胞（也称泌盐细胞）（图2-23），属于嗜酸性细胞，分布于鳃丝的外侧，有血管相联系。在海水鱼类中，泌氯细胞的游离面还存在着排泄小泡，而在淡水鱼类中都不存在。泌氯细胞具有排出氯离子的生理机能，与渗透压的调节密切相关。

二、辅助呼吸器官

鱼类的辅助呼吸器官

鳃是鱼类的主要呼吸器官，大多数鱼类一离开水就要死亡，通常鳃孔大的鱼类比鳃孔小的鱼类死得快。有少数鱼类可以暂时离开水或者在含氧量极少的水中生活，或在水中利用其他器官构造进行气体交换，这些鱼往往是除了鳃以外，还有一些能直接呼吸空气的特殊结构，如皮肤、肠、咽喉壁、鳃上器官等，这种兼有呼吸作用的构造，称为辅助呼吸器官。常见种类如鳗鲡的皮肤、黄鳝的口咽腔、泥鳅的肠腔、弹涂鱼的尾鳍等。

1. 皮肤

不少鱼类的皮肤表面布满血管，能进行气体交换。例如，鳗鲡离开水可生活相当长的时间，常在夜间从水中游上陆地，经过潮湿的草地，移居到别的水体中，其在离水期间，就是利用其潮湿的皮肤来呼吸的，血液透过极薄的皮肤，直接进行气体交换。特别是降河入海产卵的亲鳗，在由内陆沟渠池塘向河口移动的过程中，依靠这种辅助呼吸器官从一个水团转移到另一个水团。据研究，在7～8℃的低温情况下，鳗鲡皮肤的呼吸作用能达到整个呼吸量的3/5，其他如鲇、弹涂鱼、黄鳝等鱼的皮肤血管较多，它们无论在水中还是空气中，几乎均以同样的强度进行皮肤呼吸。

2. 肠管

鳅科的花鳅、泥鳅，美鲇科的刺胸美鲇等的肠管都有呼吸作用。例如，泥鳅的消化管比较直，肠管很薄，血管丰富，每当夏季水温升高、水体含氧量很低时，它就会游到水的表面，把口伸出水面，吞下一口气后再潜入水下，水中含氧量越少，这种吞取空气的动作次数越多。泥鳅直接吸取空气的能力主要依靠其肠的特殊作用。每当夏季，泥鳅肠壁的柱状上皮细胞变为扁平上皮细胞，细胞间出现微血管，它所吞取的空气可以透过很薄的肠壁与血液进行气体交换，多余的空气以及从血液中放出的二氧化碳一起从肛门排出体外。泥鳅在其他季节不进行肠呼吸。

一些鲇类也用肠呼吸，它们在黏膜层生出许多褶丝和突起，以助呼吸。

3. 口咽腔黏膜

黄鳝居住在稻田里，秋后的田里水放干后，能钻入泥底的洞穴中，经几个月而不死。这是由于黄鳝口咽腔内壁的扁平表皮细胞下面布满血管，可以利用其呼吸空气。黄鳝的鳃较退化，平时也依靠口咽腔黏膜协助呼吸，它也能在水中呼吸。弹涂鱼、电鳗的咽喉表皮，亦有呼吸作用。

4. 鳃上器官

胡子鲇、乌鳢、攀鲈及斗鱼等鱼的鳃弓一部分骨骼特化成一种鳃上器官，可以直接利用空气中的氧气进行气体交换，是辅助呼吸器官中最重要的一种，可分四种类型：树枝状鳃上器官、片状鳃上器官、花朵状鳃上器官、T 形鳃上器官。图 2-24 为几种鱼的鳃上器官。

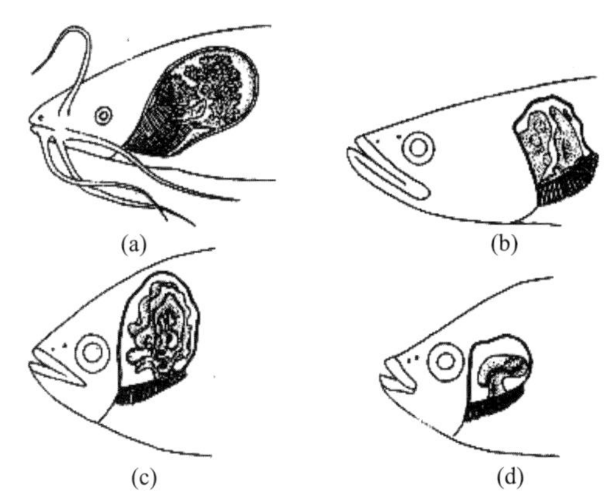

图 2–24　几种鱼的鳃上器官（引自孟庆闻，1987）

（a）胡子鲇；（b）乌鳢；（c）攀鲈；（d）圆尾斗鱼

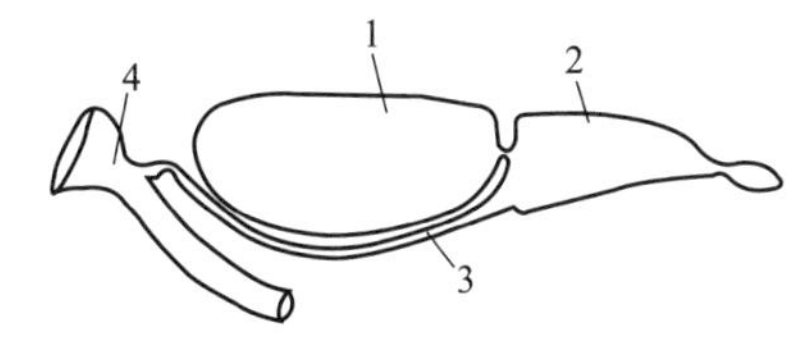

图 2–25　鲢的鳔（引自李承林，2004）

1—鳔前室；2—鳔后室；3—鳔管；4—食道

（1）树枝状鳃上器官　胡子鲇属此类型。胡子鲇在干燥的季节时，可营穴居生活，依靠这种辅助呼吸器官可以数月不死。

（2）片状鳃上器官　鳢科鱼属此类型。乌鳢依靠这种鳃上器官，在炎热干燥的季节，可以钻进泥里变成蛰伏状态，靠气呼吸而生存，较长时间离水而不致死亡。它们平时多居住在河流、池塘、沼泽中，出水后很不容易死，只要保持潮湿，可以迁移到很远的地方。

（3）花朵状鳃上器官　攀鲈的鳃上器官属此类型。当旱季水涸时，它能埋在泥内数月之久。平时可以离水到陆上觅食，或到相当远的地方寻找适宜的生活场所。

（4）T 形鳃上器官　攀鲈科的叉尾斗鱼、圆尾斗鱼的鳃上器官与攀鲈类似，骨质瓣边缘稍波曲，盘旋成简单的 T 形，它突出在鳃腔的背方，血管丰富。

鱼类的鳔

三、鳔

鳔是胚胎发育时从消化管区分出来的突起，是位于腹腔上部、消化管与脊柱之间的大而中空的囊状器官，囊内充满氧气、二氧化碳及氮气等气体。圆口类及软骨鱼类无鳔，硬骨鱼类多数有鳔，大多数鱼类的鳔连于食道背面。有些鱼的鳔从腹腔伸入尾部，甚至伸入脉弓内。

1. 鳔的结构

根据鳔管的有无，可将鱼类分为两大类：一种是鳔有鳔管，与食道相通，以吞咽或吐出空气来调节，这类鱼称开鳔类（喉鳔类），如鲱形目、鲤形目等鱼类，图 2-25 为鲢的鳔；另一种是鳔不具鳔管，为闭鳔类，它们依靠鳔的红腺产生气体，通过卵圆窗（卵圆区）将鳔内气体渗入邻近

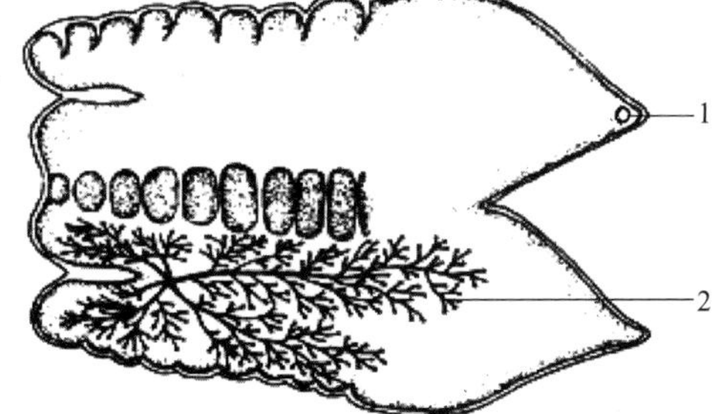

图 2–26　花鲈鳔的水平剖面（引自李承林，2004）

上半为背面，下半为腹面

1—卵圆窗；2—红腺

血管而排出，如鲈形目等鱼类，图 2-26 为花鲈鳔的水平剖面。

2. 鳔的功能

真骨鱼类的鳔是一种重要的密度调节器官，同时在感压、发声方面也有一定作用，少数鱼类的鳔有肺的作用。

（1）调节密度 鱼类在不同深度借放气或吸气来调节鱼体密度，使自身和周围水的密度一样，这样鱼可以不费力地停留在不同水层。如当一条鱼从深水游到浅水时，水的压力减小，鳔内气体膨胀，身体密度减小，并接近外界环境的水密度，使鱼停留在新的水层；相反，当鱼由浅水游向深水时，水的压力增大，鳔内排出气体，使鱼体密度增大，并接近外界水的密度，使鱼能停留在这一水层。调节鳔内气体来适应其在不同深度的水层中生活，对缓慢上升或下降比较有用处，而对于急剧的上升或下降则反而成为一个障碍，因而一些快速游泳的鱼类无鳔。

鳔是一个密度调节器官，但不是升降沉浮的运动器官，它仅能帮助升降，鱼的升降运动主要还是靠鳍和肌肉。

（2）呼吸作用 低等硬骨鱼类，如肺鱼、多鳍鱼、弓鳍鱼等的鳔具有肺的作用，可以直接呼吸空气。

肺鱼的鳔被纤维隔成许多对称的小气室，每个小气室又被网状纤维隔成许多小泡（肺小泡），鳔管以小型的喉门开口于食道的腹面，这些构造与肺已经十分相似。

（3）感觉作用 起测压计和传声器的作用。

鱼只要感受到外界压力发生变化，鳔中的气体就会膨胀或压缩，它能感知外界水环境的压力,起到了测压计的作用。

另外有些鱼的鳔与内耳有不同程度的联系，这些鱼往往有较灵敏的听觉和感觉压力的能力，外来的声音传到鱼体，鳔能加强这种声波的振幅，再将它传到内耳，在行动上较机警。例如，鲤形目鱼类的鳔经韦伯器与内耳相连，当外界振动变化时，经鳔、韦伯器传入内耳，可感受高频声波，鲤形目可感知 2750Hz 以上的振动频率，而一般的鱼只能感受 340 ～ 690Hz 的振动频率。

（4）发声作用 鳔在产生声音方面起着重要作用，鳔对附近器官所产生的声音起共鸣器的作用，如鳞鲀科鱼类肩带中的匙骨和后匙骨摩擦，以及咽齿摩擦而发声，鳔就起共鸣器的作用，使声音扩大。

鳔管放气时往往会发出声音，如欧洲鳗鲡及一些鲤科鱼类。

鳔发声另一重要原因是有些鱼类具有特殊的发音肌，如大小黄鱼鳔外面附有 2 块长条状色稍深的肌肉，称为鼓肌，中间有韧带与鳔相连，此肌收缩时，则使鳔发出“咕咕”声，有经验的渔民能依声音的强弱确定鱼群的大小及距离的远近，甚至能区别雌雄。

思考探索

1. 简述鱼类鳃的构造。
2. 鱼类的辅助呼吸器官有哪几种？请举例。
3. 作为鱼类的呼吸器官，必须具备哪些条件？
4. 简述鱼类鳔的作用。

第五节　循环系统

鱼类的心脏和血管

问题导引

1. 鱼类循环系统的作用有哪些？鱼类循环系统具有哪些特点？
2. 你知道鱼类的心脏构成吗？鱼类心脏各部分有什么特点？
3. 鱼类的血液构成与人类血液有什么不同？鱼类的血细胞有哪些？

循环系统具有体内物质运输的作用。鱼类的循环系统将通过鳃进行气体交换得到的氧气、肠吸收的营养物质以及内分泌腺所产生的激素运送到体内各器官和组织内，并把体内新陈代谢产生的废物排出到体外。

循环系统包括血液循环系统和淋巴系统两部分，主要由心脏、血管（淋巴管）、血液（淋巴液）组成。有如下两个特点。

（1）全封闭　鱼类的循环系统为封闭型，血管即使分支到最细的毛细血管，末端亦不开口。这个系统借助心脏有节律的搏动，使血液或淋巴在管道内的流动能周而复始循环不已地进行。

（2）单循环　鱼类的血液循环与鳃呼吸密切相关，为单循环，即由心室压出的缺氧血经入鳃动脉在鳃部进行气体交换，出鳃的多氧血经出鳃动脉直接沿背大动脉流到全身，从各组织器官返回的缺氧血经主静脉系统再流回心脏，形成一个大圈。血液在全身循环一周只经过心脏一次，为单循环。

一、心脏

心脏是血管网的中心，是推动血管循环的中心泵站，动脉由此发出，静脉和淋巴管则最终汇集到此地。心脏组织由三层构成：心外膜、心肌层及心内膜。心外膜在心脏组织的最外层；心肌层位于心外膜里面，厚而富有弹性；心内膜是心脏的衬里，可形成心脏内的一些瓣膜，防止血液倒流。

沿着鲤体腹面正中由后向前剪，剪至胸鳍，就可以暴露出完整的心脏。心脏位于腹腔前部，鳃弓的后方和腹面。隐藏在囊状的围心囊内（或称心包），与腹腔完全隔离。围心囊与心脏之间的空腔是围心腔。心脏由一心室、一心房和静脉窦等组成。图 2-27 为鲤的心脏外形及纵切面。

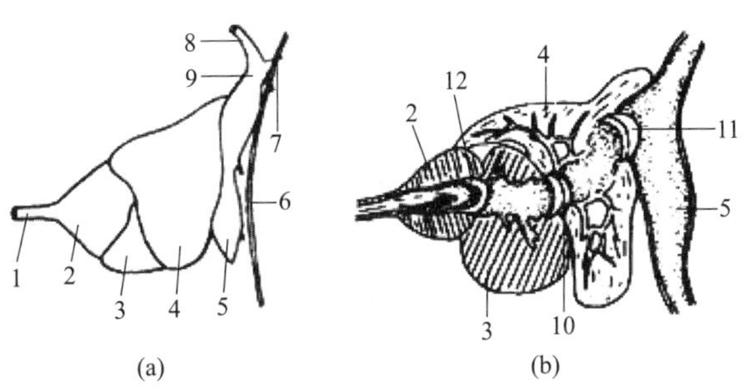

图 2-27　鲤的心脏外形及纵切面（引自李林春，2007）

（a）左侧外形；（b）纵切面

1—腹主动脉；2—动脉球；3—心室；4—心耳；5—静脉窦；6—心腹腔隔膜；7—后主静脉；8—前主静脉；9—古维尔氏管；10—耳室瓣；11—窦耳瓣；12—半月瓣

（1）静脉窦　静脉窦是心脏开始部分，所有的静脉都汇入静脉窦。它位于心脏的后背侧，是接收身体前后各部分的静脉血回心脏的场所，在静脉窦的后背方可以看到两条粗大的管子，称古维尔氏管，连在静脉窦上，所有静脉先集中到这个导管后，再通到静脉窦，所以此导管有主静脉之称。另有一些较小的静脉如肝静脉开口于静脉窦。

（2）心耳 心耳（或心房）位于静脉窦的腹下方，心耳腔很大，但没有隔。心耳壁比较薄，但比静脉窦厚，肌肉不多，微呈网状，心耳与静脉窦之间有两个瓣膜，称为窦耳瓣，可以防止血液逆流。由静脉窦来的血液经过心耳流入前方的心室中。

（3）心室 心耳的前方为心室，外形上比心耳小些，肌肉壁很厚。在心室的后方有一大孔与心耳相通，此孔称为耳室孔。在此孔周围长有两个袋状瓣膜，袋口对着心室，这对袋状瓣膜称为耳室瓣，也是防止血液逆流的装置。在瓣膜的边上有细丝状的腱，牵住瓣膜，以加强其作用。

（4）动脉球 动脉球位置紧接在心脏前面，由腹侧主动脉基部扩大形成，无搏动能力，不属于心脏部分。动脉球形状为圆锥形，新鲜标本呈粉红色，外形上比心室稍微小些。在心室和动脉球交界处有两个瓣膜，即半月瓣；动脉球的肌肉相当厚，其前方即为腹侧主动脉。

二、血管

鱼类的血管可分为动脉、静脉。

（1）动脉 动脉是引导血液离开心脏的血管，其管壁一般比静脉管壁厚。动脉管的分支复杂，由粗到细，最后以毛细血管与静脉相连接。动脉主要由腹大动脉、入鳃动脉、出鳃动脉以及背大动脉组成。动脉的观察方法是在鱼体的血管注射洋红动脉胶，可以看清全部动脉。

（2）静脉 引导身体各部微血管中的血液回到心脏的血管称为静脉。对静脉的观察发现，在固定的标本里，体内血液大多流入静脉，且静脉壁薄、呈深褐色，很容易与动脉区分。若要深入观察，必须用普鲁士动物胶注射到静脉中。

三、血液

血液是一种液体组织，由液体的血浆以及悬浮在其中的有形部分——血细胞所组成。血液的主要作用是与组织进行物质交换。

血液中血细胞约占27%（鲤最高，达36%），血浆中水分占76%～90%，淡水硬骨鱼类的血液中固体物约占13%（幼鱼＜成鱼、雌＜雄）。血液一般呈深红色，主要组成如下。

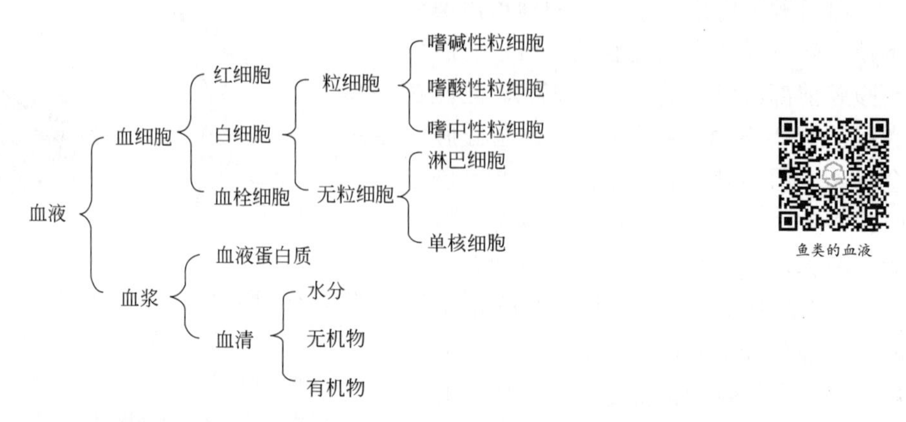

（1）血浆 滤去血细胞后的液体部分，即为血浆。血浆是血液的主要成分，属血液组织

中的细胞间质。血浆中除含有大量的水外，还有无机物、多种血液蛋白质（包括白蛋白、球蛋白和纤维蛋白原等）、各类营养物质、激素以及代谢产物等。去除血浆中的纤维蛋白原后即为血清，包括水、无机物以及有机物。

（2）血细胞 血细胞是血液中的有形成分，由红细胞、白细胞和血栓细胞组成（图 2-28）。

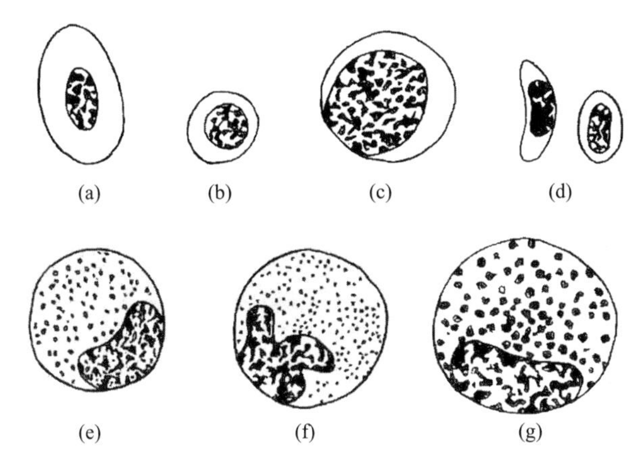

图 2-28 鱼类的各种血细胞（引自魏华等，2011）

（a）红细胞；（b）淋巴细胞；（c）无粒细胞；（d）血栓细胞；（e）嗜酸性粒细胞；（f）嗜中性粒细胞；（g）嗜碱性粒细胞

① 红细胞：红细胞是血液中最丰富的细胞，鱼类成熟的红细胞呈扁平卵圆形，中央微凸，具有一核，细胞质中有血红蛋白。

② 白细胞：鱼类的白细胞分为粒细胞和无粒细胞两类。粒细胞发育早期阶段是嗜碱性的，称为嗜碱性原颗粒细胞，这些细胞以后分化为原嗜碱性颗粒细胞、原嗜酸性颗粒细胞和原嗜中性颗粒细胞，这 3 种细胞最终发育成嗜碱性粒细胞、嗜酸性粒细胞和嗜中性粒细胞。

嗜碱性粒细胞在血液中并不十分丰富，有时缺如，有一大核，几乎被充满整个细胞质的大型颗粒所覆盖。嗜碱性粒细胞中有一种抗凝血物质——肝素。

嗜酸性粒细胞数量较少，形状不规则，核为长方形或弯曲状，常位于细胞的边缘，细胞质有大型颗粒，这种白细胞有吞噬作用。

嗜中性粒细胞核的形状多样，包含较弱的染色质丝，弯形，呈珠子状，有吞噬作用。

鱼类血液的无粒细胞包括淋巴细胞和单核细胞，淋巴细胞有免疫功能，能产生抗体；单核细胞起吞噬细胞的作用。

③ 血栓细胞：血栓细胞为血液的第三种有形成分。血栓细胞具有凝血功能，而且鱼类的凝血速度比哺乳动物快，当血管出血时，能在 20 ～ 30s 内凝固。这是鱼类对水环境的一种适应，鱼体受伤后，血液若不迅速凝固，血液和凝血因子就会很快被水稀释冲走，使鱼流血不止。

四、淋巴和淋巴管

淋巴系统是辅助的循环系统。在结构与功能方面与血液循环系统有密切的关系。当血液在血管内流动时，血浆中的一部分水及小分子物质经毛细血管渗入组织成为组织间液，是血液与细胞之间物质运输的媒介，它同细胞交换各种物质。一部分未被静脉毛细血管所吸收的少量组织液，可进入通透性高而内压较低的淋巴管，成为无色透明的淋巴液，进入静脉回到心脏中，清除代谢废料和促进受伤组织的再生等。不同鱼类的淋巴系统组成是不同的。

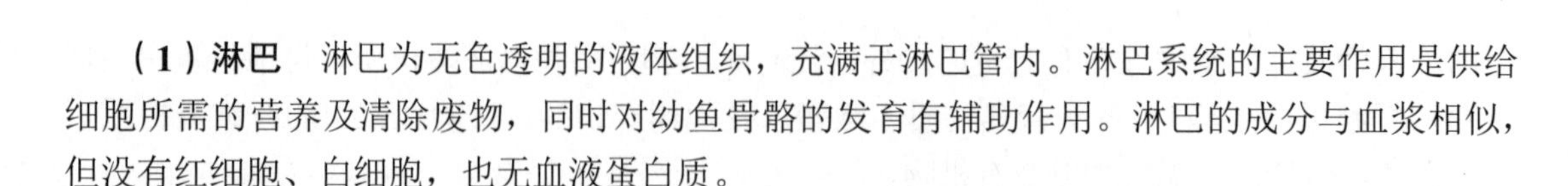

（1）淋巴 淋巴为无色透明的液体组织，充满于淋巴管内。淋巴系统的主要作用是供给细胞所需的营养及清除废物，同时对幼鱼骨骼的发育有辅助作用。淋巴的成分与血浆相似，但没有红细胞、白细胞，也无血液蛋白质。

（2）淋巴管 淋巴液所流经的管道为淋巴管。淋巴管并不组成封闭的循环，而是由小到大似树枝状排列，毛细淋巴管相互交叉，大的淋巴管常与静脉平行，最后开口于静脉管中（图 2-29）。

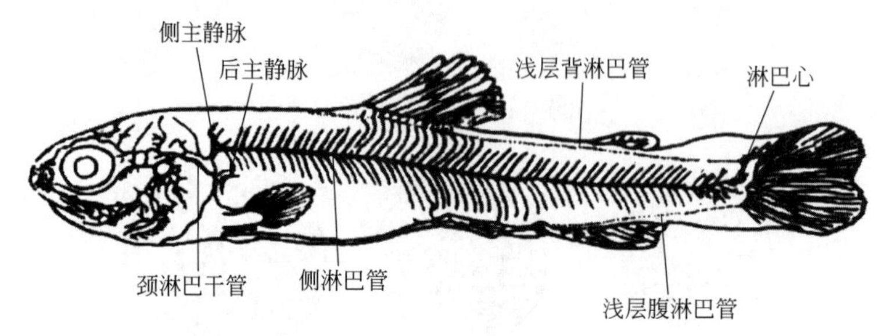

图 2-29 淋巴管分布图（引自苏锦祥，2008）

（3）淋巴心 一些管鳔鱼类常有淋巴心的构造，它位于尾端，由尾静脉的一部分发育而成。淋巴心内有瓣膜，调节淋巴的流向。淋巴心有搏动现象。

思考探索

1. 血液循环系统和淋巴系统的生理机能是如何互相补充的？
2. 简述血液的组成。

实验五 呼吸系统、循环系统的解剖与观察

【实验目的】

① 掌握鱼类呼吸系统、循环系统的解剖方法和观察方法。

② 掌握鱼类呼吸、循环器官的位置、形态和功能。

③ 认识鱼类的鳔及其功能。

④ 认识一些具有辅助呼吸器官的鱼类和辅助呼吸器官的形态构造。

【工具与材料】

（1）工具 解剖盘、解剖刀、解剖剪、尖头镊子、解剖针、解剖镜、载玻片。

（2）材料 鲤、鲢、花鲈、乌鳢、泥鳅、黄鳝、鲨、鳐鱼等。

【实验内容】

1. 鳃的解剖与观察

（1）解剖方法 鱼类主要的呼吸器官是鳃，鳃位于头部的鳃盖之内。先观察头的外部，然后将标本放入解剖盘内，解剖剪从鱼的左侧口角插入，沿头腹侧缘向后剪至鳃孔开口的腹端，接着再从鳃孔背缘向前剪至口缘，去掉鳃盖，即可见口咽腔和鳃腔。将最外一片鳃片剪

下，进行仔细观察。

（2）观察内容　鳃盖、鳃盖膜、鳃腔和鳃（图 2-30）。

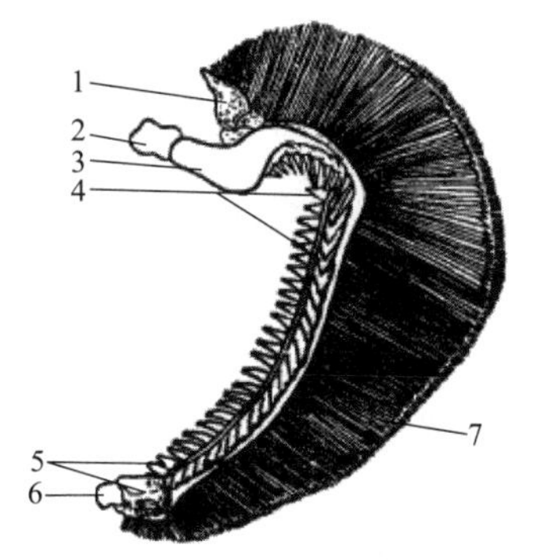

图 2-30　鳃弓左侧面（引自李承林，2015）

1—结缔组织；2—咽鳃骨；3—上鳃骨；4—鳃耙；5—角鳃骨；6—下鳃骨；7—鳃片

鲫鱼解剖——鳃的分离过程

2. 鳔的解剖与观察

（1）解剖方法　取标本，使鱼腹部朝上，左手握鱼，右手持解剖剪，在腹部肛门前方剪一小口，然后将解剖剪插入此口内，沿腹中线向前剪至鳃盖下方，进入体内的剪尖稍向上挑，贴内壁剪，注意不要损伤内脏器官。然后自臀鳍前缘向左侧背方体壁剪上去，沿脊柱下方向前剪至鳃盖后缘，将左侧体壁全部剪去，显示出内脏，即可观察内脏器官。内脏器官由系膜相连，悬挂于体腔内。

鲫鱼解剖——鳔的分离过程

（2）观察内容　鳔（图 2-31）。

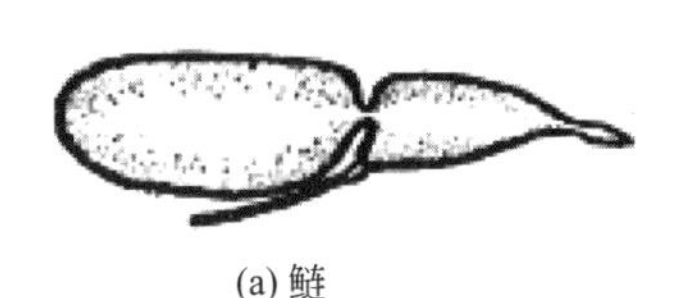

(a) 鲢

(b) 黄颡鱼

(c) 团头鲂

图 2-31　几种鱼的鳔

3. 辅助呼吸器官的观察

乌鳢：鳃上器官，位于鳃腔背面。黄鳝：口咽腔黏膜。泥鳅：肠管。

4. 心脏的解剖与观察

（1）解剖方法　从腹部前方沿腹中线用剪刀剪开腹腔。约胸鳍附近，腹部肌肉增厚，再向前剪时应注意，前方有围心腔腹腔隔膜，过此隔膜即围心腔，心脏位于围心腔内。剪到胸部时，要换用尖头镊子和解剖刀小心撕掉此部分肌肉。心脏外有薄膜，为围心膜，剥去围心膜，即可观察心脏外形和构造。

（2）观察内容　静脉窦、心耳、心室、动脉球和瓣膜。

鲫鱼解剖——心脏的分离过程

【作业】

1. 绘制鲤鳃的构造图，并标明各部位的名称。
2. 绘制相邻鳃丝鳃小片的排列方式。
3. 绘制鲤心脏的外部形态和纵剖图。

第六节　生殖系统

问题导引

鱼类一般都是雌雄异体的，你知道有哪些鱼类是雌雄同体的吗？它们的生殖腺又是何种构造？

多数鱼类的生殖系统由生殖管与生殖腺两部分组成。生殖腺是指鱼体内产生生殖细胞的组织。绝大多数鱼类为雌雄异体。雌鱼的生殖腺为卵巢，雄鱼的生殖腺为精巢。生殖腺由卵巢系膜或精巢系膜悬系于腹腔背壁，位于消化道背侧、鳔腹面两侧，呈长囊状或圆柱形，一般成对，左右对称。成熟的生殖细胞通过生殖管（输卵管或输精管）输送到体外。图 2-32 为鲤的生殖系统及排泄系统。

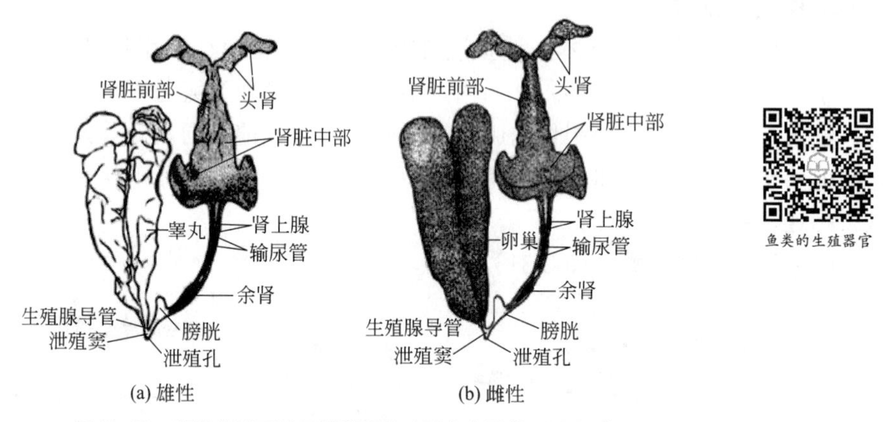

图 2-32　鲤的生殖系统及排泄系统（引自李承林，2004）

一、卵巢的结构

卵巢是雌性鱼类的生殖腺，是产生卵子的器官。鱼类的卵巢一般成对，多数左右明显分开。有的种类则完全合并，如河鲈；有的在后部合并，如梭鲈；有的在中部合并，如条鳅。也有的左右不对称，如香鱼、池沼公鱼；有的只有一个卵巢，如黄鳝的左侧卵巢发达，右侧退化。卵巢在未成熟时呈半透明的条状，成熟时则呈长囊状。卵巢颜色多为黄色，也有的种类因卵的颜色不同而呈现其他色泽，如鲇鱼成熟的卵巢呈墨绿色，大麻哈鱼成熟的卵巢呈橘红色。根据卵巢外腹膜的有无及输卵管与卵巢是否相通等特点，可以将鱼类的卵巢分为游离卵巢和封闭卵巢两种类型。

游离卵巢：又称为裸卵巢，即卵巢不为腹膜形成的卵巢囊所包围。这种类型的卵巢一般不与输卵管直接相连，成熟卵先排入腹腔中，再经过输卵管腹腔口进入输卵管。一般认为游离卵巢代表原始类型的构造，如圆口类、板鳃类、全头类、硬鳞类等的卵巢。

封闭卵巢：又称为被卵巢，卵巢被腹膜所形成的卵巢囊所包围，卵巢囊上有环肌和纵肌，其收缩可排卵。成熟的卵子一般不排到体腔中，而是直接落入卵巢中的卵巢腔内，卵巢囊后部变狭成为输卵管。这是高级类型的卵巢构造，真骨鱼类的卵巢属此类型。

几种雌性鱼类的生殖器官构造见图 2-33。

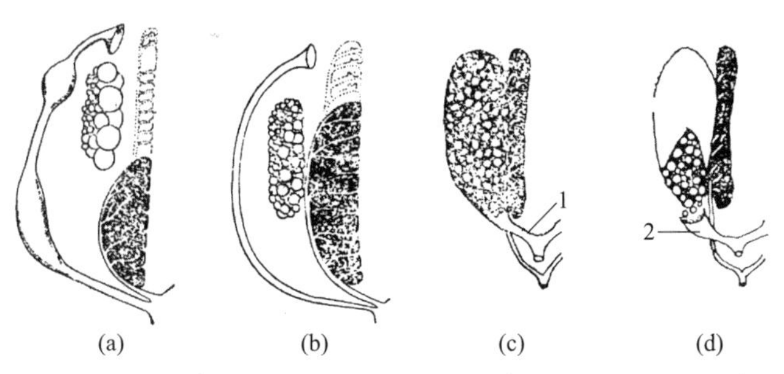

图 2-33　几种雌性鱼类的生殖器官构造（引自李承林，2004）

（a）板鳃类；（b）鲟；（c）一般真骨鱼类；（d）蛙鳟鱼类

1—输卵管；2—输卵管漏斗

二、精巢的结构

精巢是雄性鱼类的生殖腺，是产生精子的器官。鱼类的精巢一般成对，少数种类如黄鳝只有一个。多数鱼类的精巢左右分开，位于腹腔的两侧，或在腹腔的后端合并，如鲤科鱼类左右精巢在尾端合并成 Y 形，汇合成很短的输精管，进入泄殖窦，通过泄殖孔与外界相通，图 2-34 为雄鲤的生殖和泌尿器官。精巢未成熟时呈微红色，成熟时呈乳白色。精巢多为长带状，成熟时表面出现很多皱褶。根据内部构造，真骨鱼类的精巢可分为两种类型（图 2-35）。

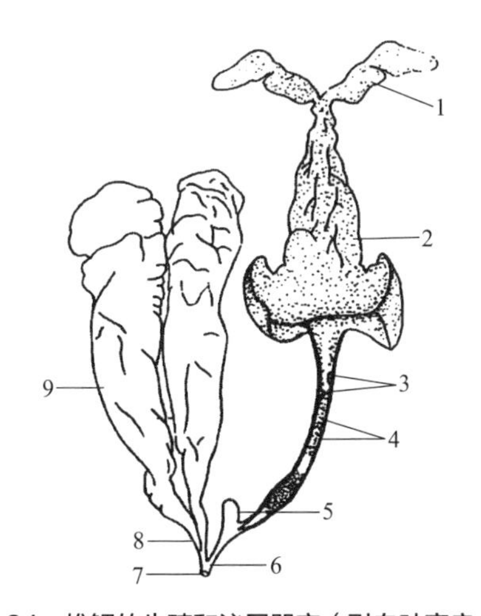

图 2-34　雄鲤的生殖和泌尿器官（引自叶富良，1993）

1—头肾；2—中肾；3—斯氏小体；4—输尿管；5—膀胱；

6—尿殖窦；7—尿殖孔；8—输精管；9—精巢

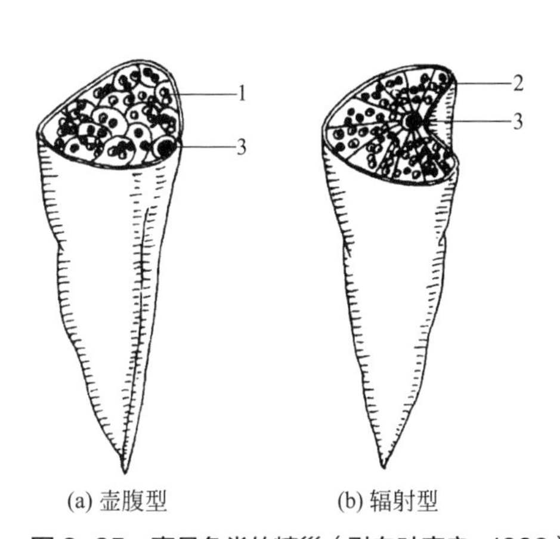

图 2-35　真骨鱼类的精巢（引自叶富良，1993）

1—壶腹；2—辐射叶片；3—输出管

壶腹型精巢：也称草莓型精巢。它是由许多草莓状的壶腹所组成，这些壶腹不规则地充满精巢内部，精子的发育和成熟就在壶腹中进行。精巢的背侧有输精管。成熟时，壶腹彼此相通，壶腹与输精管之间出现孔洞，以便输送精子到体外。鲱科、鲑科、鲤科等鱼类属于此类型。

辐射型精巢：精子成熟于呈辐射排列的叶片中，叶片壁由精巢膜的结缔组织构成。整个精巢的一侧具纵裂状凹穴，底部有输精管。鲈形目、鲽形目等鱼类属于此类型。

 思考探索

1. 真骨鱼类的卵巢和精巢分别可分为哪两个类型？

2. 鱼类的生殖系统是其繁殖的基础，在鱼类的繁殖生产中，如何区别鱼类的雌雄？如何判断其能否进行繁殖？

第七节　排泄系统

 问题导引

鱼类新陈代谢的终产物是如何排出体外的？

排泄是指机体将其物质分解代谢产物，尤其是终末产物清除出体外的生理过程。鱼类排泄器官主要是鳃和泌尿器官的肾脏。鳃排泄二氧化碳、水和无机盐，以及易扩散的含氮物质，如氨和尿素。肾脏主要排泄水、无机盐以及氮化合物分解产物中比较难扩散的物质，如尿酸、肌酸、肌酸酐等。除了鳃和肾脏外，有些鱼类的肠和板鳃鱼类的直肠腺具有泌盐的功能。同时，排泄系统还维持着体液理化因素的恒定，以保证组织器官正常活动时所必需的内部环境条件，如水、渗透压及酸碱的平衡。

鱼类的泌尿器官

鱼类泌尿器官包括肾脏、输尿管和膀胱、输出开孔等。

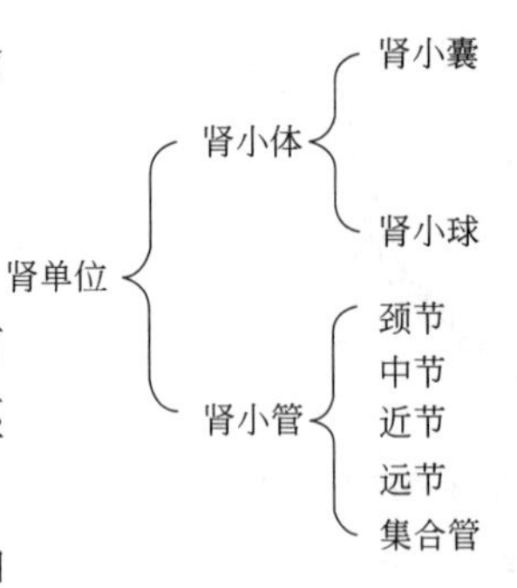

图 2-36　淡水真骨鱼类的肾单位（引自李承林，2004）

1—肾脉球；2—肾小囊；3—肾小体；4—颈节；5—近节；6—中节；7—远节；8—集合管；9—肾小管

一、肾脏

肾脏是鱼类的主要泌尿器官，其发育经过前肾和中肾两个阶段。其中前肾为绝大多数鱼类胚胎时期的泌尿器官。

中肾的基本构造即肾单位，由许多肾小体和肾小管组成，彼此间以结缔组织及血管隔开。图 2-36 为淡水真骨鱼类的肾单位。

二、输尿管和膀胱

鱼类每肾最宽处各通出一条输尿管。在胚胎时期，前肾管就是输尿管。在成体时，前肾管纵

裂为二，即中肾管和米勒管：中肾管与中肾小管相通，担负输尿管的任务；米勒管退化，或成为输卵管。

输尿管沿胸腹腔背壁向后行走，近末端处合二为一，稍为扩大形成的囊即为膀胱。膀胱以后成为尿道，通至泄殖窦，以泄殖孔开口于肛门后方。

三、输出开孔

鱼类尿液排到体外的开孔，有两种类型，即泌尿孔和泄殖孔。图 2-37 为罗非鱼的输出开孔。

（1）泌尿孔　花鲈、鲑、鲱、狗鱼等鱼类以及雌性的罗非鱼、鳜、黄颡鱼、真鲷等的输尿管单独向外开孔，此孔称为泌尿孔。

（2）泄殖孔　罗非鱼、鳜、黄颡鱼、真鲷等的雄性个体以及鲤、鲫、鲢、鲟等个体，其输尿管和生殖导管先汇合于泄殖窦，然后共同开口于体外，这个开孔就是泄殖孔。

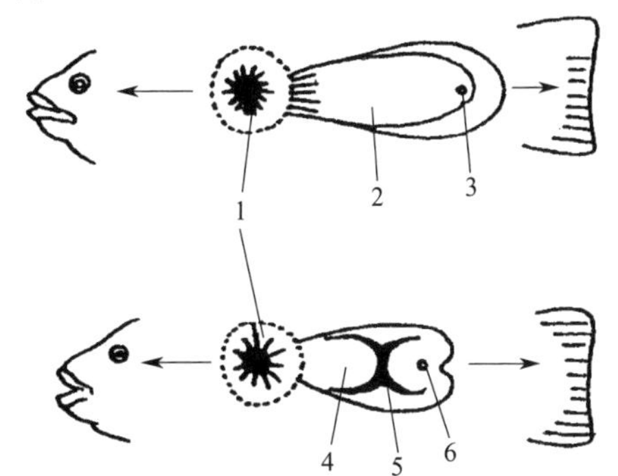

图 2-37　罗非鱼的输出开孔（引自李承林，2004）

1—肛门；2—尿殖乳突；3—泄殖孔；
4—生殖乳突；5—生殖孔；6—泌尿孔

在鱼类繁殖期间，认清泌尿孔与泄殖孔位置与形态，是亲本雌雄鉴别、成熟度判断的重要依据。

思考探索

1. 排泄对鱼体有何生理意义？
2. 鱼类的泌尿系统由哪些器官构成？

实验六　鱼类生殖、泌尿器官的解剖与观察

【实验目的】

① 掌握鱼类生殖、泌尿器官的解剖和观察方法。

② 掌握鱼类生殖、泌尿器官的位置、形态和基本构造。

【工具与材料】

（1）工具　解剖盘、解剖剪、尖头镊子、圆头镊子、解剖刀、解剖针、解剖镜。

（2）材料　鲤、鲢、花鲈的新鲜标本。

【实验内容】

1. 生殖器官的解剖与观察

（1）解剖方法　将解剖剪从肛门插入（不要插入太深，以免损坏内脏器官），沿腹腔背部轮廓线将左侧体壁剪下（注意不要破坏与腹膜相连的性腺），将性腺整个显现出来，然后再进行其性别和发育分期观察。

（2）观察内容　性腺的位置、形态和颜色。

卵巢：由卵巢系膜悬系于腹腔背壁，位于消化道背侧、鳔腹面两侧，一般成对，左右对称；在未成熟时呈半透明的条状，成熟时则呈长囊状；颜色多为黄色，也有的种类因卵的颜色不同而呈现其他色泽。

精巢：由精巢系膜悬系于腹腔背壁，位于消化道背侧、鳔腹面两侧，一般成对，左右对称；多为长带状，成熟时表面出现很多皱褶；未成熟时为微红色，成熟时为乳白色。

2. 泌尿器官的观察

① 肾脏：1 对中肾，扁平形，暗红色，位于体腔背壁，紧贴在脊柱下方，腹面由一薄层腹膜覆盖。

② 头肾：位于肾脏前端，围心腔隔膜的前方，1 对暗红色腺体，无排泄机能；属前肾的遗留结构，为类淋巴组织的造血器官。

③ 输尿管：位于每侧肾后部的外缘，为 1 对白色细管，左右输尿管合并开口于膀胱前端。

④ 膀胱：输尿管末端一个膨大的薄壁囊。

【作业】

绘制鲤生殖和泌尿系统的观察图。

第八节　神经系统

问题导引

网上流传着“鱼的记忆只有七秒”的说法，你对这种说法是如何看待的？同时说说你的依据。

鱼类在正常的生理活动中，各器官系统必须协调并互相联络，并与外界环境保持联系，这些都是由神经系统完成的。神经系统由中枢神经系统、外周神经系统和植物性神经系统三部分组成。

一、中枢神经系统

鱼类的中枢神经系统包括脑和脊髓，分别位于软骨或硬骨质的脑颅及椎骨的髓弓内。

1. 脑

鱼类脑明显分为 5 部分，即端脑、间脑、中脑、小脑和延脑。端脑由嗅脑和大脑组成。其中软骨鱼类的大脑较硬骨鱼类发达，脑顶部已出现神经物质。大脑的主要部分是纹状体，以嗅觉为主。脑虽可分为明显的 5 部分，但大脑所占的比例还是很小，而且硬骨鱼类的大脑背面还只是上皮组织，没有神经细胞。适应水生的鱼类在间脑底部有一个突出的富含血管的血管囊，深海中的鱼类尤为发达，它是一个水深度和压力的感受器。脑神经有 10 对，脊髓在每一体节发出 1 对脊神经。图 2-38 为鲤脑的结构。

（1）端脑　位于脑的最前面部分，由嗅脑和大脑组成。

嗅脑：大脑顶端各伸出1条棒状的嗅柄，嗅柄末端为椭圆形的嗅球，嗅柄和嗅球构成嗅脑。有一些硬骨鱼仅为圆球状的嗅叶，紧连在大脑的前方，嗅叶前方有细长的嗅神经与嗅囊联系。

大脑：紧接在嗅脑后方。大脑中央有纵沟，分左、右大脑半球，半球内有一侧脑室，较原始，背部很薄，无神经组织，主要是由嗅神经细胞集中形成的古脑皮即嗅脑（软骨鱼类和肺鱼除外），腹面为神经细胞体集中形成的纹状体，大脑为嗅觉和运动调节的高级中枢，软骨鱼类的大脑比一般鱼类发达，因为不仅大脑底部和两侧均由神经细胞组成，其顶部也有神经细胞的分布，不过仍比较分散。

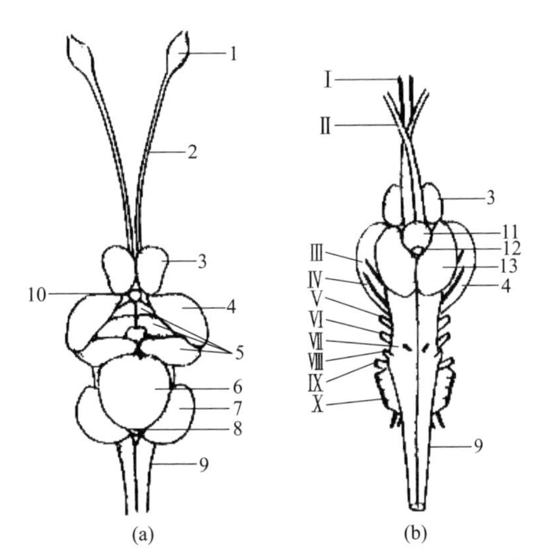

图2-38　鲤脑的结构（引自集美水产学校，1998）

（a）背面观；（b）腹面观

1—嗅球；2—嗅束；3—大脑；4—中脑；5—小脑瓣；6—小脑；7—迷叶；8—面叶；9—延脑；10—脑上腺；11—脑垂体；12—血管囊；13—下叶；Ⅰ~Ⅹ—神经

（2）间脑　位于大脑后方的凹部，较小，被中脑遮盖，自然状态下从背面看不见。用尖头镊子轻轻将大脑、中脑分开即可看见间脑，其背面中央突出一条细长结构的内分泌腺即脑上腺，又叫松果体。间脑的腹面前方有视神经，并形成视交叉，视神经经过间脑通到中脑，视交叉后方为脑漏斗，其顶端附有脑垂体，漏斗的两侧有一对下叶，下叶后方为血管囊。

鱼类的脑

脑上腺与生物钟的节律有关，其基部有神经纤维联合称前联合。它和脑各部有复杂的联系，故有重要的综合和交换作用，尤其与视觉和嗅觉关系密切。间脑内的空腔为第三脑室（背壁为上丘脑，侧壁为丘脑，腹壁为下丘脑）。强光作用下，间脑使鱼体变黑。

（3）中脑　位于端脑之后，覆盖在间脑背面。背面观察其呈一对圆球状。在外形上中脑比大脑大，如纵切中脑，可以看到中脑的腹面有小脑瓣伸入，所以把中脑挤向前面及侧面，使中脑的切面形状呈新月形。

中脑又称视叶，为视觉中心，是鱼类最高级的视觉中枢。中脑的空腔叫中脑腔或称视叶室，向前与第三脑室相通，向后与第四脑室相通。中脑还有通向延脑的神经纤维，与调节运动和平衡有关。

（4）小脑　位于中脑后方，为一圆球形体，表面光滑，硬骨鱼类小脑的前部向前方伸出小脑瓣突入中脑。

小脑是身体活动的主要协调中枢，具有维持鱼体平衡、掌握活动协调和节制肌肉张力等作用。有些硬骨鱼类小脑两侧有小脑鬈，与听觉、侧线感觉有关。鱼类和其他各纲脊椎动物一样，小脑的发达程度很不一致，这主要与身体的活动性有联系，运动能力弱的鱼类，小脑小且细；而运动能力强的种类则比较发达，所以它是身体运动主要的协调中枢。

（5）延脑　延脑是脑的最后部分，由1个面叶和1对迷走叶组成。面叶居中，其前部被小脑遮蔽，只能见到其后部，迷走叶较大，左右成对，在小脑的后两侧。后部通出枕孔，即为脊髓。延脑的脑腔为第四脑室，后面与脊髓的中心管相通。

延脑侧面依次发出三叉神经、颜面神经、听神经、舌咽神经及迷走神经，腹面发出外展神经。延脑的神经通往呼吸器官、心脏、胃、食道、内耳及皮肤感觉器官等。延脑被称为生命中枢，多种生理机能和感觉的中枢，既是鱼类听觉、皮肤感觉、侧线感觉和呼吸的中枢，又是调节色素细胞作用的中枢。

鱼类脑的形态千差万别，但常与生态习性有关。上层鱼类视叶发达，大脑纹状体不发达，小脑较大，延脑不分化。摄取浮游生物为主的外海上层鱼类，触觉中枢发达。底栖鱼类往往具有发达的纹状体，有沟，可以分为多叶，小脑较小，这与其不活动有关。触须和其他与捕取底层饵料有关的器官发达的鱼类，延脑特别分化。浅海游动活泼的鱼类脑的特点介于外海上层鱼类和底层鱼类之间，小脑比上层鱼类小而比底层鱼发达，视叶比底层鱼类发达，嗅叶比上层鱼类发达。

2. 脊髓

脊髓（图 2-39）受脊椎骨的髓弓保护，背、腹面具背中沟、腹中沟，以此将脊髓分成左右两半，中央为髓管，髓管周围是神经细胞构成的灰质（神经原本体）。灰质向背突出的为背角，向腹突出的叫腹角。外层是白质（神经纤维）。

脊髓是低级反射中枢和神经传导的路径。其功能是：①执掌脊髓反射，对鱼体的皮肤、肌肉、色素进行分节神经支配；②通过上行纤维和下行纤维，在脊髓与脑部之间起联结作用。

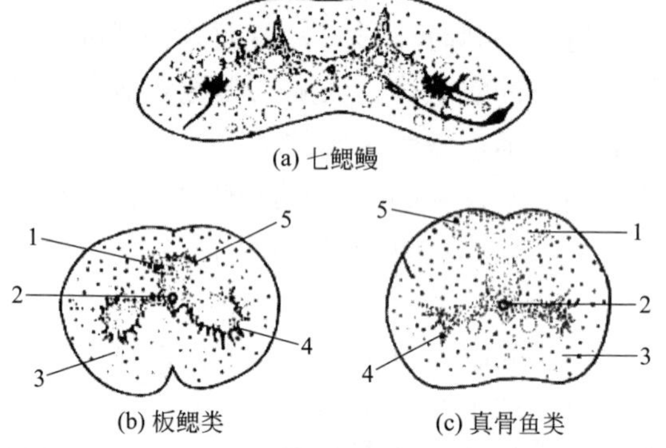

图 2-39 各种鱼类的脊髓（引自集美水产学校，1998）

1—灰质；2—髓管；3—白质；4—腹角；5—背角

二、外周神经系统和植物性神经系统

1. 外周神经系统

外周神经系统由中枢神经系统发出的神经和神经节组成，包括脊神经和脑神经。中枢神经通过外周神经与皮肤、肌肉、内脏器官连接。其作用是传导感觉冲动到中枢，或由中枢向外周传导运动冲动。

（1）脑神经 由脑发出，通过头骨孔达到身体外围，性质与脊神经类似，共有 10 对，依次为：

嗅神经（Ⅰ）：起源于端脑，分布到嗅囊。

视神经（Ⅱ）：起源于中脑，分布到眼球视网膜。

动眼神经（Ⅲ）：起源于中脑腹面，分布到眼球上直肌、下直肌、下斜肌、肉直肌、眼球肌肉。

滑车神经（Ⅳ）：起源于中脑后背缘，分布到眼球上斜肌。

三叉神经（Ⅴ）：起源于延脑侧面，分布到头顶、吻部。

外展神经（Ⅵ）：起源于延脑腹面，分布到眼球外直肌。

面神经（Ⅶ）：起源延脑侧面，分布到口咽腔等。

听神经（Ⅷ）：起源于延脑侧面，分布到内耳。

鱼类脑神经

舌咽神经（Ⅸ）：起源于延脑侧面，分布到第一鳃裂。

迷走神经（Ⅹ）：起源于延脑侧面，分布到鳃弓。

Ⅰ、Ⅱ、Ⅷ为纯感觉神经，Ⅲ、Ⅳ、Ⅵ为纯运动神经，其他为混合神经。

（2）脊神经　由脊髓发出，按体节排列，左右对称。每条脊神经包括一支由脊髓背面发出的背根和一支由脊髓腹面发出的腹根。

背根包括感觉神经，来自皮肤和内脏，具有感觉作用，负责传导周围部分的刺激至中枢神经系统，包括躯体感觉等；腹根包括运动神经，分布到肌肉和腺体，负责传导中枢神经系统发出的冲动到周围各反应器。

背根和腹根合并后分为 3 支（都含有运动和感觉纤维）：背支——分布到背部的肌肉和皮肤；腹支——分布到腹部的肌肉和皮肤；内脏支——分布到肠胃和血管等，加入交感神经系统。

2. 植物性神经系统

植物性神经系统由中枢神经系统发出，发出后不直接到达所支配的器官，而中途必须经过交感神经节交换神经元后，才到所支配的反应器。植物性神经系统专门支配和调节内脏平滑肌、心脏肌、内分泌腺、血管扩张和收缩等活动，与内脏的生理活动、新陈代谢有密切关系。植物性神经系统由交感神经和副交感神经两部分组成。

思考探索

1. 简述鱼脑的构造和功能。

2. 鱼类脊髓的构造及其功能是什么？

3. 简述鱼类外周神经系统的构造和功能。

4. 通过了解鱼类神经系统的构造和功能，查找资料了解在养殖生产中有哪些活动是利用鱼类神经系统的功能来开展的？并说出具体的操作过程。

第九节　感觉器官

如何利用鱼类感觉器官的特点来钓鱼？

感觉器官是神经系统的外围部分，鱼体在与外界环境的联系中，感觉器官接受外界的刺激，通过感觉神经传递到中枢神经系统，从而产生各种适应反应。

鱼类的感觉器官有皮肤感觉器官、听觉器官、视觉器官、嗅觉器官、味觉器官等。

鱼类通过感觉器官感受外界水环境中各种因子的变化，接受刺激，并把它们转变为神经冲动，传送到中枢神经系统，经过中枢神经系统的分析和整合作用后再传送到效应器，使鱼体产生适当的行为。感觉器官在鱼类生命活动中有着重要作用。

一、嗅觉器官

鱼类的嗅觉器官由鼻腔内的嗅囊构成，这是一对内陷的构造，为一些多褶的嗅觉上皮组织所构成，其中分布有成簇的嗅觉细胞及比较粗壮的支持细胞，这种上皮称为嗅膜，在嗅膜外呈皱褶状。嗅囊因为鼻腔的形状不同而成为圆形、椭圆形或不规则形。嗅觉细胞为梭形、杆状或线状，外端游离有纤毛，基部后端有嗅神经纤维末梢分布，最后汇总而成嗅神经达于端脑的嗅脑上。图 2-40 为鳗鲡嗅上皮的细胞结构。

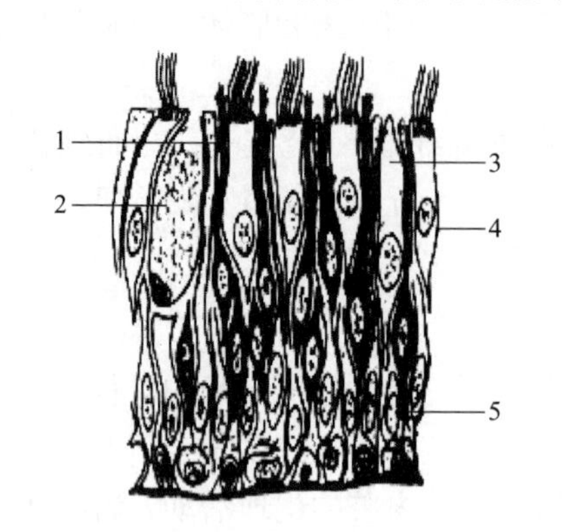

图 2-40 鳗鲡嗅上皮的细胞结构

（引自集美水产学校，1999）

1—嗅觉细胞；2—杯状细胞；3—棒状细胞；4—纤毛细胞；5—支持细胞

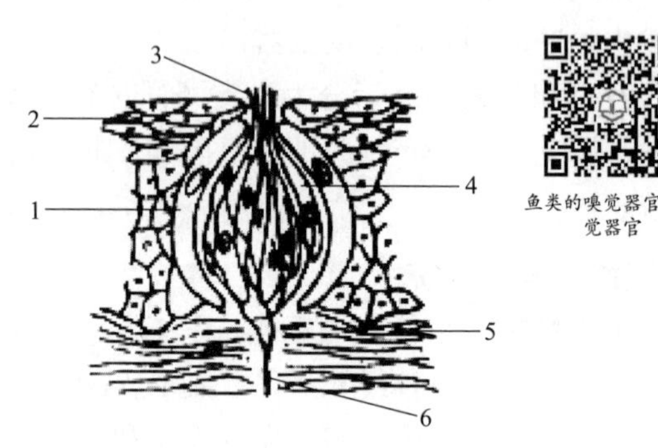

图 2-41 味蕾的模式构造

（引自集美水产学校，1999）

1—支持细胞；2—上皮细胞；3—感觉毛；4—感觉细胞；5—结缔组织；6—神经纤维

鱼类的嗅觉敏感性存在差异，嗅觉差的鱼眼睛大、鼻孔小；嗅觉好的鱼眼睛小、鼻孔大，或眼、鼻都发达，嗅觉灵敏，如鲨可嗅出几千米以外的化学物质而游向该处。回归性鱼类——鲑鱼之所以会回到它出生的河流繁殖，是由于它习惯于这条河流的气味，对这一河流的气味有特别的反应，这种化学刺激引导鲑鱼作回归移动。

具有发达嗅觉的鱼类称为嗅觉灵敏鱼类，而嗅觉不发达的鱼类称为嗅觉不灵敏鱼类。

二、味觉器官

鱼类的味觉器官是味蕾（图 2-41），属化学感觉器官，鱼类依靠味蕾选择食物。味蕾的结构呈椭圆形或瓶状，由感觉细胞和支持细胞组成。味蕾的感觉细胞上端有感觉毛突起，由味蕾孔伸出和外相通，基部有神经末梢分布缠绕；支持细胞顶端无纤毛，数目较多，与感觉细胞平行排列。

鱼类的味觉器官分布很广，主要集中在口腔内，但在须、鳃弓、鳃耙、鳍膜、头部到尾部的皮肤上也有分布。底栖的鲤、鲴等味蕾分布特别广，鲤咽部的顶皮形成的栉状体内密布着味蕾。

三、皮肤感觉器官

鱼类的皮肤感觉器官包括感觉芽、丘状感觉器和侧线器官等。

1. 感觉芽

感觉芽是结构最简单的皮肤感觉器，分散在表皮细胞之间，在真骨鱼类中常不规则地分布在体表、鳍、唇、须及口腔黏膜上，具有触觉及感觉水流的作用。

感觉芽一般由感觉细胞和周围的支持细胞组成。感觉细胞分泌的胶状物质凝结在感觉器外表，称为胶质顶（感觉顶）。感觉细胞顶端生出感觉毛进入感觉顶中，鱼类的感觉细胞呈圆柱形，其游离端有动纤毛和静纤毛。每个感觉细胞的基部都与传入、传出神经纤维形成突触联系。传入神经为感觉神经，在内耳是听神经，在侧线器官是侧线神经。传出神经把中枢发出的抑制信息传给感觉细胞。当水流冲击鱼体时，引起感觉顶的倾斜，感觉细胞所接收的刺激通过神经纤维传递到神经中枢。图 2-42 为花鲭鱼苗体表感觉芽，图 2-43 为感觉器模式图。

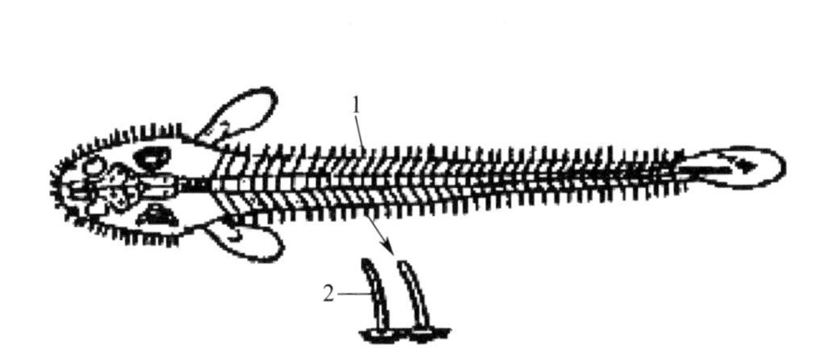

图 2-42　花鲭鱼苗体表感觉芽

（引自孟庆闻，1987）

1—感觉芽；2—感觉顶

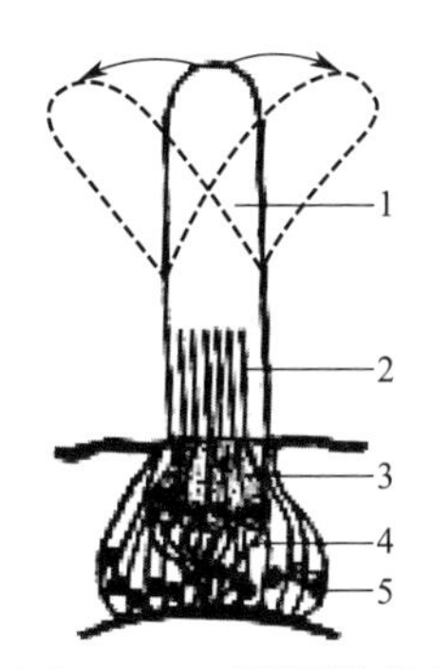

图 2-43　感觉器模式图

（引自孟庆闻，1989）

1—感觉顶；2—感觉毛；3—感觉细胞；4—神经纤维；5—支持细胞

鱼类皮肤感觉器官

2. 丘状感觉器

丘状感觉器又称陷器，这类感觉器的感觉细胞低于四周的支持细胞，因而形成中凹的小丘状构造。丘状感觉器的作用是感觉水流和水压，栖息于水底的鱼类陷器发达。图 2-44 为泥鳅的陷器。

3. 侧线器官

侧线器官是鱼类及水生两栖类所特有的皮肤感觉器，是一种埋在皮下的特殊皮肤感觉器官。

（1）侧线类型　侧线呈沟状开放，如鲨类，为低等表现；侧线呈管状，埋于皮下，支管开孔于体表，如鳐类和硬骨鱼类。图 2-45 为侧线器官结构模式图。

（2）侧线器官感觉传导途径　水流由侧线支管的开口处作用于管中的黏液，再由黏液传递到感觉器，使感觉器的顶发生偏斜，感觉细胞既获得刺激，刺激经侧线神经传递到延脑。

（3）侧线分布形式　一般侧线无论是沟状还是管状，其分布形式基本相同，主支分布在头以下身体的两侧。一般身体两侧各有一条侧线，少数鱼类每侧有两条（如中华舌鳎）或三条（半滑舌鳎），甚至更多（六线鱼每侧五条），但鲱科鱼类无侧线。头部侧线在头部分成若干分支，分布较复杂。图 2-46 为几种鱼的侧线分布。

（4）侧线分布与鱼类生活习性的关系　底栖的行动迟钝的鱼类，其侧线器官在背部较集中，以警戒从其背上方来的敌害；底栖生物食性的鱼，侧线多集中于头部和躯干部的腹面；滤食性鱼的侧线在身体两侧发达，以弥补视觉的不足。

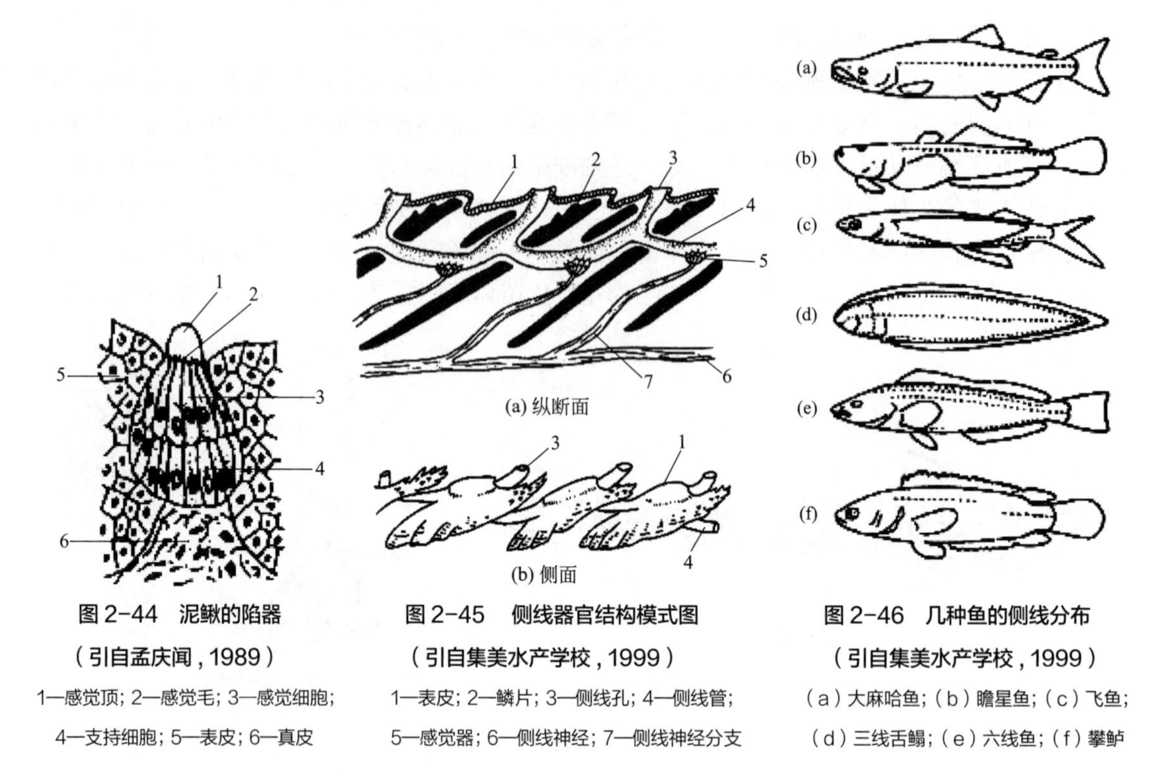

图 2-44 泥鳅的陷器
（引自孟庆闻，1989）
1—感觉顶；2—感觉毛；3—感觉细胞；4—支持细胞；5—表皮；6—真皮

图 2-45 侧线器官结构模式图
（引自集美水产学校，1999）
1—表皮；2—鳞片；3—侧线孔；4—侧线管；5—感觉器；6—侧线神经；7—侧线神经分支

图 2-46 几种鱼的侧线分布
（引自集美水产学校，1999）
（a）大麻哈鱼；（b）瞻星鱼；（c）飞鱼；（d）三线舌鳎；（e）六线鱼；（f）攀鲈

（5）鱼类侧线器官的主要作用 确定方位（食物等），感觉水流，感受低频率声波，辅助趋流性定向。

（6）侧线对鱼类生殖、集群等活动的影响 有些鱼类侧线感觉器在生殖季节特别发达，产卵后又消失，这说明鱼类在结群移动与产卵追逐活动中很大程度上依赖于侧线对振动的感觉作用。

四、听觉器官

鱼类的听觉器官只有内耳，没有中耳及外耳。内耳又称膜迷路，位于小脑两侧，被骨质听囊（骨迷路）所包围，在骨迷路和膜迷路之间充满外淋巴液，对膜迷路起着周密的保护作用。内耳本身是由外胚层内陷发展而成的软骨囊，囊内亦充满内淋巴液。鱼类内耳由上下两部分构成。图 2-47 为几种鱼的内耳构造。

内耳上部中央是椭圆囊，从此囊向前、后、水平方向附生的 3 个互相垂直的半圆形的管子为半规管，管的两端开口于椭圆囊。这 3 条互相垂直的半规管根据其位置的不同，分别称为前半规管、后半规管及侧半规管（水平半规管），每一个半规管的末端与椭圆囊相接处有一个由管壁膨大而成的球状壶腹。

内耳的下部称为球状囊，球状囊的后方有一个圆形突起，称为瓶状囊（听壶、瓶状体）。

鱼类内耳的感觉细胞分布在内耳各腔的内壁，和第Ⅷ对脑神经的末梢相联系，并在壶腹内的感觉上皮内集中形成听嵴，在椭圆囊和球状囊内的感觉上皮集中，称为听斑（图 2-48）。

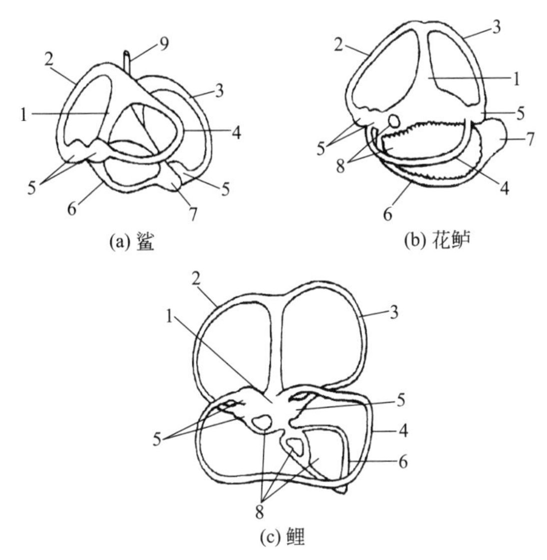

鱼类的听觉器官

图 2-47　几种鱼的内耳构造（引自集美水产学校，1999）

1—椭圆囊；2—前半规管；3—后半规管；4—侧半规管；5—壶腹；6—球状囊；7—瓶状囊；8—耳石；9—内淋巴管

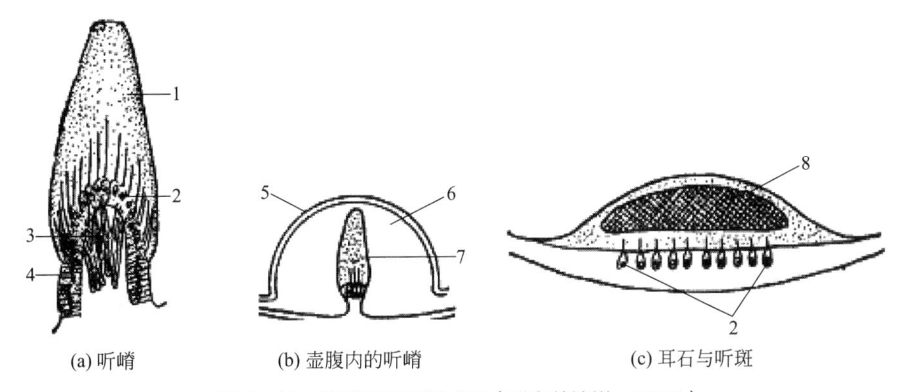

图 2-48　听嵴和听斑模式图（引自苏锦祥，2008）

1—感觉器顶；2—感觉细胞；3—神经；4—支持细胞；5—壶腹；6—壶腹内腔；7—听嵴；8—耳石

大多数鱼类的内耳具有由各囊的内壁分泌的产物沉积而成的石灰质耳石。各种鱼类耳石的大小、形状因种类而异，并随年龄的增加而增大。耳石一般有同心圆排列的环纹，其和鳞片上的年轮相似，可将耳石与其他构造（如鳞片、鳍条、脊椎骨、鳃盖骨、匙骨等）对照研究鱼类的年龄和生长。

鱼类的听觉能力因鱼的种类相差很大。骨鳔鱼类（具有韦伯器的鱼类）听觉频率的范围较宽，听觉灵敏。无鳔鱼或鳔与内耳没有联系的非骨鳔鱼类的听觉能力差。鳔与内耳有联系的非骨鳔鱼类的听觉能力介于上述两类鱼之间。

五、视觉器官

鱼类的视觉器官是眼。

鱼类的视觉器官

1. 鱼眼的结构与机能

鱼类的眼球呈球形（硬骨鱼类）或近椭圆形（软骨鱼类），由被膜和调节器组成。

鱼类含有两种视觉细胞，即视锥细胞与视杆细胞。视杆细胞感受弱光的刺激，不感受强光，在黄昏或微弱的光照下能辨别黑白物体，因此行光觉作用；视锥细胞感受光波长短的刺激，具有分辨颜色的能力，行色觉作用。这两种细胞的比例与鱼类的生活环境有关，在光亮环境中生活的鱼类，视杆细胞数略多于视锥细胞，如狗鱼、鲈等，其比例约为3∶1；喜欢在暗环境中生活或夜间出来觅食的鱼类，视杆细胞数大大超过视锥细胞，如鳊的视杆细胞与视锥细胞之比为20∶1，江鳕为90∶1，深海鱼类的视觉细胞全部都是视杆细胞。

2. 鱼眼的视觉特点

由于鱼眼具有圆球形的晶状体，其曲度又不能改变，因此，大多数鱼类是近视的，再加上水中存在混悬物质，所以鱼类只能看到距离很近的物体。例如，淡水鲑只能看清楚距离不超过30～40cm的物体，通过镰状突和水晶体缩肌调节焦距，鱼眼也只能看到距离10～12m远的物体。

鱼眼虽然近视看不远，但由于水的折射作用，鱼类能够在水中看见空气里的东西即岸上的物像，并且所感觉到的物体的距离比实际距离要近得多，因而鱼类能很快地发现岸上的物体并迅速游开。人站在池塘的边上，鱼是能够看见的；如果岸上物体很低，那么由于水面的反射作用，鱼类就看不到，故有经验的钓鱼者，常常是蹲着钓鱼的。

鱼类的视觉能力受栖息环境影响而有很大变化。鳗鲡、黄鳝、泥鳅等鱼类视觉能力较弱甚至退化，而美洲淡水中的四眼鱼生有四眼，视觉能力较强。

鱼类的视觉与捕食行为有直接关系，大多数硬骨鱼类主要依靠视觉搜索食饵，称之为视觉摄食鱼类。

思考探索

1. 鱼眼的视觉特点是什么？
2. 侧线的分布与鱼类生活习性有何关系？
3. 鱼类内耳的结构是什么？

第十节　内分泌系统

问题导引

1. 脑垂体的结构和生理机能是什么？
2. 如何摘取脑垂体？脑垂体如何保存？
3. 性腺的组成和生理机能是什么？
4. 甲状腺的结构和生理机能是什么？

内分泌腺是鱼类机体内许多无分泌导管腺体的总称，腺细胞分泌物直接渗透入血管或淋巴管，通过血液循环而输送到所作用的部位。由内分泌腺产生的分泌物叫激素。激素是一种高效能的生物活性物质，血液中有微量激素存在时，作用就很明显。激素的主要作用为：加速或抑制体内代谢过程；调节控制机体的生长、发育和生殖机能；维持机体内环境的稳定；增强机体对有害刺激和环境变化的耐受力和适应力。

鱼类的内分泌腺（图 2-49）主要有脑垂体（图 2-50）、甲状腺、性腺、胸腺、胰岛腺、肾上腺和尾垂体等，其中与鱼类繁殖有关的主要内分泌腺有脑垂体、性腺和甲状腺。

鱼类的脑垂体

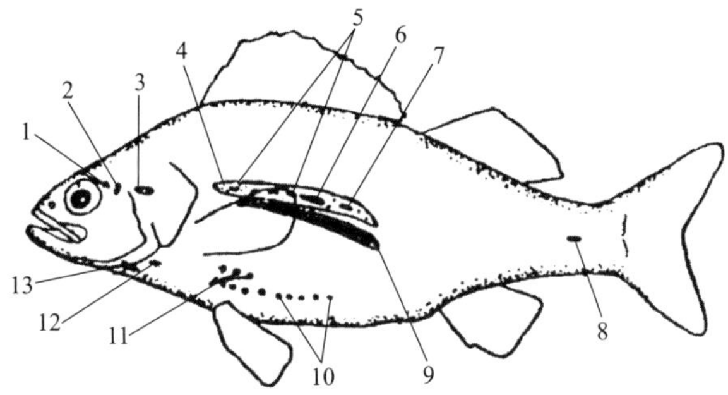

图 2-49　鱼类内分泌腺的分布

（引自苏锦祥，2008）

1—脑上腺；2—脑垂体；3—胸腺；4—肾脏；5—肾上腺肾上组织；6—肾上腺肾间组织；7—斯坦尼斯小体；8—尾垂体；9—性腺间隙组织；10—肠组织；11—胰岛；12—后鳃腺；13—甲状腺

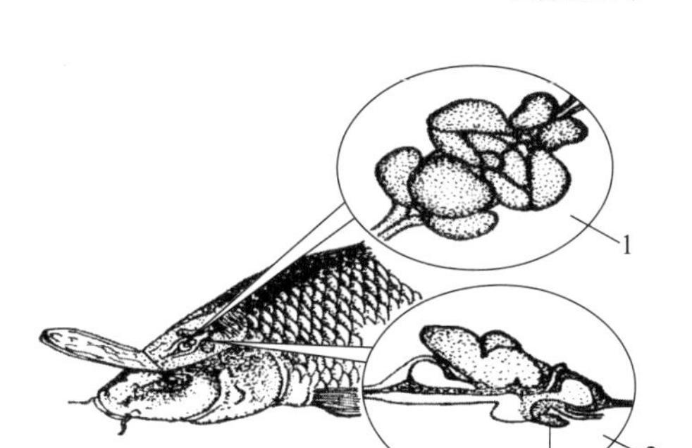

图 2-50　鱼类脑垂体的部位示意图

（引自曹克驹，2008）

1—鱼脑；2—脑纵切面；3—脑垂体

一、脑垂体

脑垂体是鱼类最重要的内分泌腺，其分泌的激素不仅作用于身体各种组织，对鱼体的一系列生理活动有重大作用，而且能调节其他内分泌腺体的活动，控制性腺、甲状腺和肾上腺的发育。

1. 脑垂体的结构

鱼类的脑垂体包括神经垂体和腺垂体两部分，腺垂体又分为前腺垂体、中腺垂体和后腺垂体三部分。图 2-51 为几种鱼类脑垂体切面。腺垂体由口腔顶壁向上突出形成，能产生多种激素，其功能各不相同。神经垂体由脑腹面突出部分形成，直接与间脑相连。神经垂体主要由神经纤维、血管及神经胶质细胞组成。神经垂体中没有腺细胞，不能合成激素，而是贮存与释放神经分泌物的部位，贮存的物质是用来调节腺垂体中激素分泌的。

2. 脑垂体的生理机能

鱼类的脑垂体分泌的多种激素，对鱼类的生长、性腺发育、甲状腺和肾上腺的发育以及体色等方面都有重要作用，其中对鱼类催产最有效的是促性腺激素。

（1）生长激素（GH）　生长激素是由中腺垂体的生长激素细胞产生的一种非糖蛋白激素。除神经组织外，生长激素几乎对所有组织的生长都有刺激作用，能增加细胞的数量和体积。生长激素促进组织生长的作用主要是通过影响蛋白质、糖和脂肪代谢，增加细胞内氨基酸的积累和蛋白质的合成来实现的。

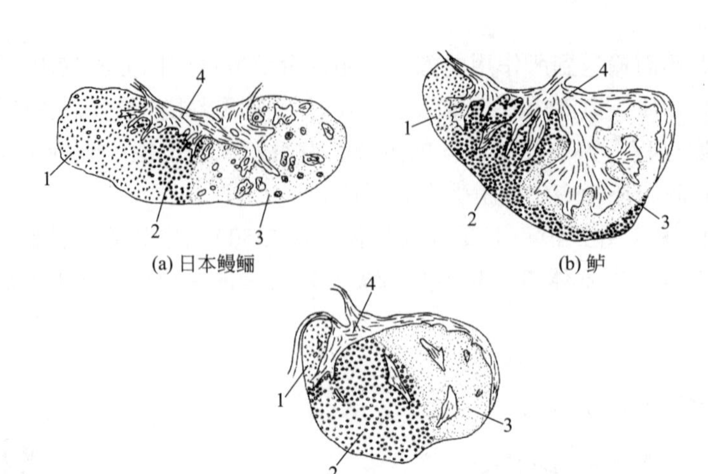

图 2-51 几种鱼类脑垂体切面（引自李霞，2006）

1—前腺垂体；2—中腺垂体；3—后腺垂体；4—神经垂体

（2）促性腺激素（GtH） 促性腺激素是由中腺垂体的促性腺激素细胞分泌的一种糖蛋白激素，这类激素能直接作用于性腺，所以称之为促性腺激素。促性腺激素一般有两种：促卵泡激素（FSH）和促黄体激素（LH）。FSH 能促进雌性动物卵泡成熟及分泌雌激素，也能促雄性动物精子的成熟。LH 能促进雌性动物排卵及卵黄的生成，促进黄体分泌雌激素和孕激素；促进雄性动物间质细胞增生和分泌雄激素。

（3）促甲状腺激素（TSH） 促甲状腺激素是由中腺垂体的促甲状腺激素细胞分泌的糖蛋白激素。它的主要生理功能是促进甲状腺的生长和功能，促进甲状腺激素的合成和释放。甲状腺激素对促进性腺发育过程中的代谢有积极的作用。

（4）促肾上腺皮质激素（ACTH） 促肾上腺皮质激素是由前腺垂体的促肾上腺皮质激素细胞分泌的激素。主要生理功能是促进皮质增生以及皮质类固醇的合成和分泌。

（5）催乳素（PRL） 催乳素是由前腺垂体催乳素细胞产生的激素。它对鱼类主要起调节渗透压的作用，尤其是对维持体液的渗透压平衡有重要作用，对交替生活在海洋、淡水中的鱼类十分重要。

3. 脑垂体的摘取与保存

脑垂体分泌的促性腺激素具有促进性腺发育成熟、性激素分泌的作用，而且与鱼类的排卵和产卵有着直接关系。水产养殖中常用鱼类的脑垂体作为鱼类人工繁殖的催产剂。人工催产中如果反复使用脑垂体注射，易产生耐药性，使鱼对温度变化的敏感性降低。

（1）用于摘取脑垂体的鱼类 由于脑垂体中的促性腺激素具有种的特异性，因此在摘取脑垂体时必须考虑到鱼的种类。一般采用在分类学上亲缘关系接近的鱼类，如用同属或同种鱼类的脑垂体作催产剂，催产效果较好。在四大家鱼的人工繁殖中，广泛采用的是鲤和鲫的脑垂体；鲢和鳙的脑垂体也可以，但使用时剂量要大些。此外，还应考虑到鱼的成熟情况，因为脑垂体中促性腺激素的含量与鱼的性成熟与否有关，只有达到性成熟年龄的鱼，才含有较多的促性腺激素，因此作为摘取脑垂体的鱼最好是已达到或接近性成熟年龄。生产上多选用 500g 以上的鲤、150g 以上的鲫摘取脑垂体。供摘取脑垂体的鱼一定要新鲜，在冬季死后

2h 的鱼可以用，但死后过久或已腐败变质的鱼不能用。

（2）脑垂体分泌促性腺激素（GtH）的变化规律　鱼类脑垂体的促性腺激素在一年中的含量是不同的，鱼类脑垂体细胞分泌 GtH 的变化规律与性腺发育和繁殖密切相关，因此了解和掌握促性腺激素的动态含量是十分重要的。赵维信等（1992）发现，鲤脑垂体促性腺激素的分泌随季节变化，含量也不同。雌鲤亲鱼在产卵前的 2 ～ 3 月份脑垂体中 GtH 含量最高，产卵后的 3 ～ 4 月份 GtH 含量下降，10 月份的含量最低，11 月起，脑垂体中 GtH 含量又逐渐回升。雄鱼脑垂体中 GtH 含量的周期变化与雌鱼相似，但早于雌鱼，这与雄鱼性腺先成熟相一致。雌、雄鲤成熟系数的最大值较脑垂体中 GtH 含量的最大值迟出现约 1 个月。

（3）脑垂体的摘取时间　脑垂体中促性腺激素的含量随性腺发育具有季节变化，一般在产卵前含量最高，产卵后含量最低，即在鱼类繁殖前的 2 个月内脑垂体的质量最好。因此在进行人工繁殖时，如果采用鱼类的脑垂体作催产剂，就要考虑什么时间摘取的效果最佳。最好在繁殖季节前摘取，不宜用刚产过卵的鱼的脑垂体。摘取鲤、鲫脑垂体的时间通常在冬季大捕捞时或产卵前的春季进行，此时所获得的脑垂体，其促性腺激素的含量高，催产时效果较好。

（4）脑垂体的摘取方法　见后面实验部分脑垂体的摘取与观察。

（5）脑垂体的保存方法　从鱼体上摘取下来的脑垂体，先放在手背上，用镊子小心清除表面黏附的血污和其他组织，然后浸泡在盛有丙酮的小玻璃瓶中，进行脱水脱脂处理，以便长期保存备用。如果没有丙酮，用无水乙醇也可以。

保存方法：新鲜脑垂体与丙酮体积比为 1∶15，浸泡 6h 后取出，放入新的丙酮中，体积比为 1∶10，经过 24 ～ 36h 浸泡后，取出脑垂体放在干净的白纸上风干或用吸水纸吸干，切忌用日光晒干或火烤。最后将干燥的脑垂体密封于有色瓶中备用，存放于低温、干燥、阴凉处，其保存有效期可达 2 ～ 3 年。也可以用蜡将小瓶塞周围密封后保存，或将经 2 次丙酮处理后的脑垂体放在新丙酮液中浸泡，密封瓶口保存，待翌年用时再晾干。质量上乘的脑垂体完整、饱满、颜色洁白，用手轻压即成粉末。新鲜脑垂体脱水后制成的干品重量为新鲜的 13% ～ 17%。在 1 尾鲤脑颅中取出的 50mg 的脑垂体，制成干品后的重量大约为 8mg。

二、性腺

性腺是产生精子和卵子的生殖器官，同时也是一种内分泌器官，能分泌性激素。卵巢分泌的激素为雌性激素，精巢分泌的激素为雄性激素。雌雄个体性激素的产生都在脑垂体促性腺激素的控制下进行，但是外界条件的作用也是重要的，如水流、水温、异性的存在等，都能加强性激素的分泌。

性激素直接或间接地与繁殖活动产生关系。性激素的机能主要有三个方面：一是刺激卵巢或精巢发育成熟，并使生殖细胞排出体外；二是刺激第二性征的发育和生殖活动的发生，当生殖细胞发育到准备受精阶段，性激素可诱使两性聚集在一起，以保证受精顺利进行，一些与性有关的行为如雌雄鱼追逐嬉戏、合抱交配及抚育幼鱼等也离不开性激素的作用；三是对垂体的促性腺激素具有负反馈作用，从而维持性激素的正常调节功能。

三、甲状腺

1. 甲状腺的结构

硬骨鱼类的甲状腺弥散性分布于前鳃弓附近的腹主动脉和鳃区间隙组织里，有的也随入鳃动脉进入鳃，甚至发现某些鱼类的甲状腺泡弥散分布到眼、肾、头肾和脾等处（图 2-52）。

鱼类甲状腺由球形滤泡和滤泡间组织组成。图 2-53 为鲢的甲状腺组织。滤泡大小不一，是甲状腺的功能和组织单位，滤泡腔内充满着由滤泡上皮分泌的胶质物——甲状腺胶质，甲状腺胶质中含有有活性的甲状腺激素。滤泡间组织指滤泡间细胞、结缔组织及微血管，起营养和传输作用。滤泡壁由一层排列紧密的立方上皮组成。当甲状腺活动增强时，滤泡上皮呈高柱状；在腺体机能减退时呈扁平状。

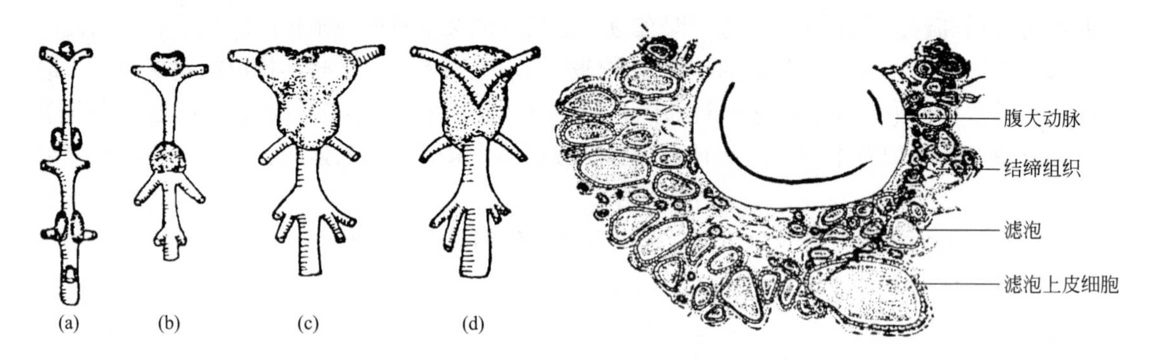

图 2-52 几种硬骨鱼类的甲状腺（引自叶富良，1993）
（a）鲈；（b）鲐；（c）石鲷（背面观）；（d）石鲷（腹面观）

图 2-53 鲢的甲状腺组织（引自李承林，2004）

甲状腺是一种贮存腺体，它的分泌物首先是集中和贮存在滤泡内，其中部分分泌物可以直接进入血液以应急，当需要大量激素时，它流入血液进而输送到身体各组织。

2. 甲状腺的功能

甲状腺激素的主要作用是增强鱼类机体的新陈代谢，促进生长和发育成熟，与鱼类性腺发育和成熟的关系十分密切。

（1）促进鱼类的代谢 主要是和糖的代谢有关，如二三龄幼鲑生长旺盛时，甲状腺活跃，而肝糖贮量较低。其次，与离子的代谢也有密切关系，它能影响广盐性鱼类及溯河鱼类血液中氯离子的平衡，而且与水分的排出有关。水温与甲状腺的分泌活动有密切关系，在夏季水温高时，甲状腺的分泌功能较低，而在冬季水温低时，分泌机能则较高，尤其以冷水性鱼类甲状腺分泌活动的变化表现突出。

（2）促进鱼类的生长发育和变态 用甲状腺激素处理正在生长发育的幼鱼，可明显地加速其器官的形成和生长。当鳗鲡从柳叶鳗转变为玻璃样线鳗时，以及鲽形目鱼类从两侧对称转变为两眼移到一侧时，甲状腺细胞的机能活动增强。抗甲状腺素药物能够延迟胚胎的孵化时间以及对卵黄的吸收。

（3）与性腺成熟和生殖的关系 在生殖季节，甲状腺的分泌机能也表现出明显的变化。一般是在产卵前甲状腺分泌加强，此时滤泡上皮细胞变高，产卵后分泌活动降低，或处于静止状态。

思考探索

1. 水产养殖中为什么常用鱼类的脑垂体作为鱼类人工繁殖的催产剂？
2. 用鱼类脑垂体制作人工催产剂的技术要点有哪些？
3. 用鱼类脑垂体制作的人工催产剂的质量标准是什么？

实验七 鱼类神经、感觉、内分泌器官的解剖与观察

【实验目的】

① 掌握鱼类神经、感觉和内分泌器官的解剖方法和观察方法。

② 掌握鱼类神经、感觉和内分泌器官的位置、形态和基本构造。

③ 掌握鱼类脑垂体的摘取和保存方法。

【工具与材料】

（1）工具 解剖盘、解剖剪、尖头镊子、圆头镊子、解剖刀、解剖针、解剖镜。

（2）材料 鲤、鲢、花鲈的新鲜标本。

【实验内容】

1. 神经系统的解剖与观察

（1）解剖方法 用解剖刀在鲤或鲢的脑颅背部先横剪一刀，将解剖剪一端插入切口，慢慢将脑颅背面的骨片一小块一小块地除去，然后用脱脂棉轻轻擦去覆盖在脑上面的脑脊液，直至脑各部完全暴露。先观察脑的背面，然后切断脊髓和脑神经，将整个脑腹面翻过来。

（2）观察内容

① 脑的背面观。包括以下五个部位。

端脑：位于脑的最前端，包括嗅脑及大脑两部分。鲤鱼的嗅脑由嗅球和嗅束组成，嗅球位于脑的最前端，前方与嗅觉器官的嗅囊紧密相接，嗅球后方有细长的嗅束连于大脑。花鲈的嗅脑较简单，仅有 1 对嗅叶位于大脑前方。大脑为 1 对椭圆形的球体。

间脑：位于大脑后方，背面常被中脑的 1 对视叶所遮盖，从间脑背面突出的细线状脑上腺（松果体）位于两大脑半球后方的凹陷之间，须小心解剖才能观察到。

中脑：紧接大脑后方，间脑的后背面，有 1 对椭圆球形突出物，称视叶。鲤两视叶间被后方小脑瓣插入，形状不规则。

小脑：位于中脑后方，单个呈椭圆形，前方伸出小脑瓣，突入中脑室。鲤的小脑瓣特别发达，伸入中脑室将中脑两叶挤向两侧，小脑瓣在背面可明显看到分化成好几叶。

延脑：位于小脑后方，为脑的最后部分，后方与脊髓相接。鲤延脑较发达，分化成中央 1 个面叶，两侧 2 个迷走叶的结构。

② 脑的腹面观。脑的背面观察完后，将延脑后方的脊髓切断，将腹面慢慢翻开，翻开过程中将脑两侧神经仔细切断，完全翻开后即可观察。脑部结构与背面无多大区别，仅间脑部分有区别，紧接大脑后方有一束白色神经索，即视神经交叉。视交叉后方正中具有长椭圆形漏斗，其前端附有脑垂体，后端有红色的血管囊，两侧为 1 对下叶，脑垂体与脑漏斗之间

的连接较疏松，很容易分离，在翻动脑的过程中脑垂体常会留在前耳骨凹窝内。

③ 脑神经的分布。从脑部发出 10 对脑神经，其中位于端脑部位有 1 对，为嗅神经；中脑部位有 3 对，分别为视神经、动神经和滑车神经；延脑部位 6 对，分别为三叉神经、外展神经、面神经、听神经、舌咽神经和迷走神经。

2. 感觉器官的解剖与观察

（1）皮肤感觉器官

① 陷器。在鲢头部鼻孔及眼球的背上方，框下骨后上方，横枕管与颞管之间及鳃盖骨前上方均有许多小点呈凹窝状，此即陷器。

② 侧线管。主要分布在鱼体的头部和体侧。鲢体侧每侧各有 1 条，分布于皮下，有穿过鳞片与外界相通的开口，即外表看到的体侧上“虚线”式的侧线孔，直达尾鳍基部。侧线在头部分支成若干支，管道埋在膜骨内。

（2）听觉器官——内耳　位于脑颅的后面两侧，被耳囊的骨骼包围着，内充有淋巴液，可分为上下两部分。上部为椭圆囊与半规管，下部为球状囊与瓶状囊。但由于解剖标本较小，内耳观察较为困难。

（3）视觉器官　眼。

（4）嗅觉器官——嗅囊　多数硬骨鱼类头部前背方，每侧有 2 个鼻孔，前后鼻孔间具有鼻瓣，用剪刀小心去除鼻瓣及鼻孔周围的皮肤，则显示出内面凹陷的椭圆形嗅囊，即为嗅觉器官。嗅囊中央具纵隔，四周具辐射状排列的嗅板，嗅板由嗅黏膜折叠而成。

3. 内分泌器官的解剖与观察

（1）脑垂体的摘取与保存

① 脑垂体的摘取方法：鲤的脑垂体位于脑腹面视交叉后方中央，为乳白色颗粒，近圆形，形状如大米粒，嵌藏在左右前耳骨合成的一凹窝内，在观察时用镊子轻轻提取。

② 脑垂体的保存方法：新鲜脑垂体与丙酮体积比为 1∶15，浸泡 6h 后取出，放入新的丙酮中，体积比为 1∶10，经过 24 ～ 36h 浸泡后，取出脑垂体放在干净的白纸上风干或用吸水纸吸干，切忌用日光晒干或火烤。最后将干燥的脑垂体密封于有色瓶中备用，存放于低温、干燥、阴凉处，其保存有效期可达 2 ～ 3 年。

（2）甲状腺的观察　鲤沿腹侧主动脉前方有一些弥散性白色透明的腺体，特别在第一、第二入鳃动脉的基部可以找到两块主体，前一块呈圆形，后一块近椭圆形。当解剖标本较小时，不易观察。

思考探索

1. 绘制鲤脑的背面观和腹面观，并标注主要部分名称。
2. 绘制硬骨鱼类的侧线构造简图。
3. 比较鲤和花鲈脑的结构，分析生活于不同水层鱼脑的形态与生活习性的相互关系。

第三章　常见鱼类

知识目标：

掌握鱼类分类的基本知识；了解鱼类的分类系统；了解圆口纲、软骨鱼纲和硬骨鱼纲的主要特征和分类鉴定方法；掌握经济鱼类主要生物学特征。

技能目标：

能够进行鱼类标本采集与保存；能够对常见鱼类进行分类鉴定，并编制简单检索表；认识本校鱼类标本室、本地市场常见鱼类及我国主要经济鱼类。

鱼类是最古老的脊椎动物。它们几乎栖居于地球上所有的水生环境中——从淡水的湖泊、河流到咸水的大海和大洋。在脊椎动物中，鱼类在种的数量上占优势。目前世界上现有鱼类约为 27977 种，其中圆口纲占 0.3%，软骨鱼纲占 3.6%，硬骨鱼纲约占 96.1%。我国产 3166 种和亚种，其中圆口类 8 种，软骨鱼类 203 种，硬骨鱼类 2955 种，其中海水鱼约占 72%，淡水鱼约占 28%。鱼类分类就是要将如此繁多的种类进行分门别类，理清它们系统演化亲缘关系。

第一节　鱼类分类的基本知识

问题导引

1. 为什么要进行鱼类分类？有何意义？
2. 你能说出物种和品种的差异吗？水产品市场上常见的异育银鲫是一个新的物种吗？

一、鱼类分类的基本单位与阶元

鱼类分类阶元和其他生物一样，在动物界脊索动物门下分为纲、目、科、属、种等 7 个基本分类阶元。

1. 种的定义

种又称物种，是鱼类分类的最基本单位和重要阶元。物种是客观存在的。在进行鱼类分类时，鉴定往往以形态结构为主要依据，要求特征明显、固定。但以形态结构分类是不够的，因为个体间的形态结构会有一些变化，且雌、雄可能有形态上的差异等。过去的分类，是根据少数标本，认为种是一成不变的单位，即模式概念。实际上，物种在不同的地域是有差异的，所以，物种分类应有时空关系的多型种群概念。

卡尔·冯·林奈（1707—1778）认为，“物种是在形态和生理上非常相似或者差异不大的一群个体，同物种间可以交配繁殖后代。”具体而言，同一物种在形态结构生理方面彼此相似。在自然状态下，同种间的个体能够自行交配，产生有繁殖力的后代。一个物种与其他的物种在生殖上是相互隔离的。

2. 种内分化

归属同一种鱼的所有个体，不可能完全相同，在自然界中可以看到由于性别、年龄和地域等的不同产生明显的种族差异。由于种内变异而发生其分化，形成不同亚种和改良品种等。

亚种是种以下的分类阶元及其繁殖单位，是同一种生物由于地理分布的不同而形成的一些地方性种群，在形态结构上有一些差异，但不存在生殖隔离，相邻的亚种可以相互交配，产生有繁殖力的后代。

品种是种的存在形式，但不是分类阶元，具有一定的经济价值，遗传性比较一致的一种栽培植物或家养动物的群体。品种经人工选择培育而成，通常能适应一定的自然、栽培或饲养条件，在产品和品质上符合人们的特定需求，如鲤有镜鲤、荷包锦鲤等品种。

种群是生活在同一地点同一物种所有个体的总和。不同地点的种群在形态、生理、生态特征方面都可能存在着差异，特别在繁殖期产卵习性上。

3. 种以上的分类阶元

种以上的分类阶元——属、科、目、纲、门、界。为更好地确定种的分类地位，在一些阶元之前或之后增设总级和亚级。

界
门 ——亚门
纲 ——总纲、亚纲
目 ——总目、亚目
科 ——总科、亚科
属 ——亚属
种 ——亚种

属是一个聚合的分类阶元，包括了一种或一群在系统发育上来自于共同祖先的物种，它们具有共同的形态特征，与其他相似的单元之间有明显的间断，以一特定的模式种为依据。

科由一个属或一群在系统发育上来自共同祖先的属组成。科有其共同特征，科与科之间有明显的间断。科以其下一特定的模式属为依据。

目、纲、门是科以上的分类阶元，它们不依据模式属和种，是分类系统中最稳定的分类阶元。相关的科归为一个目，相关的目归为一个纲，相关的纲归为一个门。

二、鱼类命名法

同一种鱼类在不同的国家、地区各有不同的叫法，如真鲷，北方称“加吉鱼”，浙江称“铜盆鱼”，福建称“加利鱼”。这不利于科学和生产的一致和交流，因而逐渐形成了国际上共同遵守的命名原则和方法。

1. 双名法

国际上生物的命名法由瑞典生物学家林奈在1758年提出后，被国际所公认。这种命名法规定每一种生物的名称都由拉丁文的一个属名和种名所组成，即双名法。属名在前，第一个字母应大写，种名在后，全部小写，另外在学名后面加上定种人名及其年代，第一个字母也是大写；如鲤——*Cyprinus carpio* Linnaeus，1758。对其来源加上括号，说明属名有误，加以更正，但原始的定种人不变。

2. 三名法

有亚种或亚属的，就采用三名法，也就是在种名或属名后加上亚种名或亚属名，其中亚属名用括号写在属名后面。如鲫，*Carassius auratus auratus* (Bloch)；银鲫，*Carassius auratus gibelio* (Bloch)；光倒刺鲃，*Barbodes* (*Spinibarbus*) *hollandi* (Nichols)。

科以上至目的学名，在代表属的名后加一定的字尾来表示。各阶元的字尾如下：

	例如：
总目——morpha	鲈形总目 Pereomorpha
目——formes	鲈形目 Perciformes
亚目——oidei 或 oidea	鲈亚目 Percoidei
总科——oidae	鲈总科 Pereoidae
科——idae	鮨科 Serranidae
亚科——inae 或 ini	石斑鱼亚科 Epinephelinae

亚纲和纲主要根据特征命名。

3. 优先律

分类学家在定名时，由于文献不够，往往给同一生物取不同的学名，法规规定了优先律，即以最先发表的名称作为该物种学名，其他为同种异名。一个合法的名称，必须正式发表；必须合乎法律规定文字形式；有可记述和鉴别特征。

三、鱼类分类依据与鉴定方法

1. 鱼类分类的主要依据

鱼类分类主要以其外部形态特征及内部结构为依据，如骨骼的性质及特化状况、胃和鳔管以及须的有无、鳃裂数目等，主要性状包括以下 3 个方面。

（1）可数性状　指鱼体上可以计数的性状，如鳃耙、鳍条、鳞片、须以及幽门垂等的数目，各种鱼类的这些可数性状通常稳定在一定范围内。

（2）可量性状　如全长、体长、体高、头长、吻长、眼径、尾长等，通过测量鱼类各项尺寸，并计算相互间的比值，可反映出各种鱼类形态特点及相互之间的差异。

（3）可辨性状　指鱼体内外部构造的某些特征，如口的位置和形状、须的有无、齿的形状及排列状况、鳞片的类型、腹棱的有无及长短、尾鳍的分叉及形式等。

2. 鱼类鉴定方法

（1）鱼类标本的采集和保存　从分类的角度，一般每种鱼采集 5 ～ 10 尾为宜，稀见的或个体较小的应该增加。标本要有不同大小，雌、雄都应兼顾，要注意保留完整性，发育正常。将其洗净并在登记本上编上号码作记录，如地点、时间、网具、渔法，以及鱼类的形态特征、生活习性和体色等主要特征。

最后将鱼体洗干净，除去体表黏液，然后用福尔马林溶液固定标本，浓度一般为

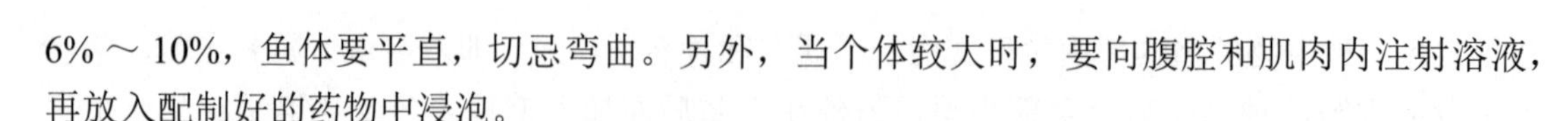

6% ～ 10%，鱼体要平直，切忌弯曲。另外，当个体较大时，要向腹腔和肌肉内注射溶液，再放入配制好的药物中浸泡。

（2）标本的分类鉴定 鉴定前应准备必要的分类书籍与参考资料。鉴定时应从大的分类阶元开始逐级确定，即首先确定目和科，然后确定亚科和属，直至查到种为止。最常用的分类鉴定工具是检索表，它是将各种性状分离分档，用成对的并严格双歧的一系列对比性状构成简短扼要的表格。其应用和编制要求如下。

① 检索表中所列的特征应该是最明显的特征，对种内的所有个体都适用，最好是选择外部特征。

② 列举的特征必须严格双歧，对选的性状必须清楚明确，不能有模棱两可的情况。

③ 检索表中的文字要简洁，可用电报式的。

常用的检索表有三种类型：对选并靠、逐项退格、双歧括号（本书采用）。

四、鱼类的分类系统

鱼类的分类方法有两种，一种是按其外部形态及习性等方面一个或多个特征作为标准，并不涉及结构和亲缘关系，这是依靠主观见解进行划分；另一种是依靠鱼的形态、生态、生理、发生、化石演化关系等知识来分类，这是自然分类法。随着科学技术的发展，在分类学方面还出现了一些新的方法，如细胞分类法、化学分类法、分子分类法等。

1844 年缪勒第一次将鱼类列为脊椎动物的一个纲，以下分为 6 个亚纲，14 个目。此后，雷根、古德里奇、琼丹又先后用自己的方法对鱼类进行了分类。1955 年贝尔格在《现代和化石鱼形动物及鱼类分类学》一书中，将现生和古生鱼类分为 12 个纲、119 个目，每一个纲、目、科都有特征描述。1966 年格林伍德、罗逊等人依据胚胎发育、稚鱼是否变态、内部形态解剖，将真骨鱼分成 3 大类、8 个总目、30 个目和 82 个亚目。1971 年拉斯将鱼类分为软骨鱼纲和硬骨鱼纲。1994 年纳尔逊又对鱼类进行了更为系统的分类，他在《世界鱼类》一书中，根据骨骼学、系统发育学、胚胎学、形态学、比较解剖学、古生物学及比较生物化学的原理，较为完整地对鱼类进行了分类。目前，贝尔格、拉斯分类系统和纳尔逊分类系统是人们在进行鱼类分类研究时广为接受和采用的两大分类系统。本书采用我国鱼类学家目前习惯使用的贝尔格、拉斯分类系统。

贝尔格、拉斯分类系统

纲 1：软骨鱼纲

亚纲 1：板鳃亚纲

总目 1：侧孔总目（鲨形总目）

目 1—8：（1）六鳃鲨目

（2）虎鲨目

（3）鼠鲨目

（4）须鲨目

（5）真鲨目

（6）角鲨目

（7）锯鲨目

（8）扁鲨目

总目 2：下孔总目（鳐形总目）
目 9—13：（9）锯鳐目
（10）犁头鳐目
（11）鳐目
（12）鲼目
（13）电鳐目
亚纲 2：全头亚纲
目 1：（1）银鲛目
纲 2：硬骨鱼纲
亚纲 1：内鼻孔亚纲（肉鳍亚纲）
总目 1：总鳍总目
目 1：（1）腔棘鱼目
总目 2：肺鱼总目
目 2—4：（2）单鳔肺鱼目
（3）双鳔肺鱼目
（4）多鳍鱼目
亚纲 2：辐鳍亚纲
总目 1：硬鳞总目
目 1—3：（1）鲟形目
（2）弓鳍鱼目
（3）雀鳝目
总目 2：鲱形总目
目 4—8：（4）海鲢目
（5）鼠鳍目
（6）鲱形目
（7）北梭鱼目
（8）笼鱼目
总目 3：鲑形总目
目 9—14：（9）鲑形目
（10）狗鱼目
（11）胡瓜鱼目
（12）水珍鱼目
（13）巨口鱼目
（14）仙女鱼目
总目 4：骨舌总目（我国没有分布此总目的鱼类）
目 15—17：（15）骨舌鱼目
（16）长吻鱼目
（17）月眼鱼目
总目 5：鳗鲡总目

目 18—20：（18）鳗鲡目
（19）囊鳃鱼目
（20）背棘鱼目
总目 6：鲤形总目
目 21—22：（21）鲤形目
（22）鲇形目
总目 7：银汉鱼总目
目 23—25：（23）鳉形目
（24）银汉鱼目
（25）颌针鱼目
总目 8：鲑鲈总目
目 26—27：（26）鲑鲈目
（27）鳕形目
总目 9：胎总目
目 28—29：（28）胎目
（29）辫鱼目
总目 10：鲈形总目
目 30—44：（30）金眼鲷目
（31）海鲂目
（32）刺鱼目
（33）鲻形目
（34）合鳃目
（35）海龙目
（36）刺鳅目
（37）鳗鳅目
（38）须银鲷目
（39）奇异鲷目
（40）鲸口鱼目
（41）鲈形目
（42）鲉形目
（43）鲽形目
（44）鲀形目
总目 11：蟾鱼总目
目 45—49：（45）海蛾鱼目
（46）蟾鱼目
（47）喉盘鱼目
（48）鮟鱇目

思考探索

1. 鱼类分类主要依据的性状都有哪些？
2. 在进行鱼类分类时，标本的采集与保存应注意些什么？
3. 用检索表鉴定鱼类标本的一般步骤是什么？

实验八 鱼类标本的采集与保存

【实验目的】

① 了解鱼类标本采集方法和注意事项。

② 掌握保存药液浓度和配制法。

③ 掌握标本各种妥善处理方法。

【工具与材料】

（1）工具 标本瓶、注射器、量筒、镊子、剪刀、解剖盘、脱脂棉、纱布及水桶等。

（2）固定与保存液 福尔马林、乙醇。

（3）材料 实验室的标本鱼。

【实验内容】

1. 采集标本

① 选作标本的鱼，要求新鲜、完整、鳞片和鳍条基本齐全。

② 每种鱼采集 5 ～ 10 尾为宜，稀见或较小个体的应该增加。

③ 采集的标本要有不同大小，雌、雄都应兼顾，要注意完整性和发育正常性。

④ 若是采集到活体，可暂养于缸，但是一旦死亡，便不能再浸泡在水中，以免其体内渗透入过量水分，使其体型和颜色发生大变化。

2. 采集记录

当天采集标本必须及时标记，防止将不同时间和地点混杂。

将标本洗净后编号。在采集本上登记编号和进行一系列记录，如日期、水域名称、地方名、体型、体色、大小、产量、栖息环境、捕捞工具、主要特征及其他观察或访问情况。

3. 标本处理

① 配制 6% ～ 10% 福尔马林溶液。

② 新鲜标本应抓紧时间处理。首先洗净黏附在鱼体上的污渍物，并将弯曲个体矫正。处理时动作要轻柔，以避免弄掉鳞片或损伤鳍条。

③ 除一些小型鱼类外，多数标本需要进行腹腔注射。用吸取 6% ～ 10% 福尔马林溶液进行，注意量要适当，至腹部稍硬即可。一些较大个体，还应注射胸腔和背部肌肉。完成后平放在解剖盘内，倒入 6% ～ 10% 的福尔马林浸泡。刚浸泡过的标本，应避免彼此挤压，否则容易变形，标本经浸泡 1d 后，翻过一面继续浸泡。这样固定的标本，体型基本上是对

称的。

4. 标本的包装和保存

固定好的标本，便可进行包装。在一块纱布上面，将长度相近的标本整齐地交互叠放，即一尾标本的头向左，另一尾标本的头向右，应使头部稍超出另一尾标本的尾鳍之外，这样可保护骨骼不致折断。

处理好的标本，应及时分装在标本瓶或其他容器内，加6%～10%的福尔马林溶液保存。装瓶时注意将标本的头部朝下，以免折断尾鳍。

5. 标本鉴定和记录

参阅分类鉴定专著，依次鉴定标本鱼种所属目、科、属、种。制作标签，在标签上记录标本的学名和别名及采集时间和地点。

【作业】

1. 配制 6% ～ 10% 的福尔马林溶液。
2. 分组对实验室的标本进出处理和保存。

第二节　圆口纲

问题导引

1. 为什么说圆口纲是脊椎动物中最低等的一个纲？
2. 圆口纲动物的主要特征是什么？
3. 思考七鳃鳗在研究脊椎动物演化中具有的重要意义。

圆口纲是现存脊椎动物中最原始的类群，也是鱼类中最早出现的一类。它们的体细长呈鳗形，裸露无鳞。只有奇鳍，无偶鳍。骨骼完全为软骨，头骨不完整，还没有顶部，脊索终生存在，无椎体。无上下颌。口为吸着式，舌成为舐刮器。无真正的齿，取而代之的是表皮形成的角质齿。鼻孔只有 1 个，开口于头顶中线上。内耳中只有 1 或 2 个半规管。鳃位于特殊的鳃囊中。肌肉分化少，无水平肌隔。栖居于海水或淡水中，半寄生或全寄生生活。

现存的圆口纲鱼类约有 72 种，分为盲鳗目和七鳃鳗目，其检索如下：

① 盲鳗目（Myxiniformes）：口不呈漏斗状吸盘；具口须；无背鳍；眼埋于皮下。

② 七鳃鳗目（Petromyzoniformes）：口呈漏斗状吸盘；无口须；背鳍 2 个；成体眼发达。

图 3-1 为蒲氏黏盲鳗（Eptatretus burgeri），图 3-2 为日本七鳃鳗（Lampetra japonica）。

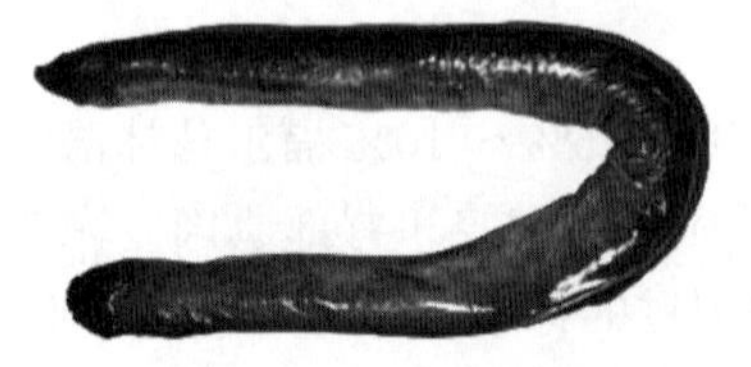

图 3-1　蒲氏黏盲鳗（Eptatretus burgeri）

图 3-2　日本七鳃鳗（Lampetra japonica）

思考探索

探讨分析盲鳗目和七鳃鳗目鱼类有哪些潜在的食用、药用与科研价值。

第三节　软骨鱼纲

问题导引

1. 软骨鱼纲的主要特征都有哪些？
2. 如何区分侧孔总目和下孔总目？

软骨鱼纲特征为：内骨骼全为软骨，但软骨中常含有大量的钙质沉淀，无任何真骨组织。外骨骼表现为盾鳞或棘刺或退化消失（体表光滑）。脑颅无接缝。鳍条为角质软条。头部每侧具有 5 ～ 7 个鳃裂，各自开口于体外；或具 4 个鳃裂，外被一膜状鳃盖，其后具一总鳃孔。雄性具有由腹鳍内侧特化而成的交配器，亦称之为鳍脚。肠短，具螺旋瓣；无鳔；无大型耳石；泄殖腔或有或无。卵大，体内受精，卵生、卵胎生或胎生。尾为歪型尾。

软骨鱼纲的经济价值很高，是渔业的主要对象之一，其肉可供食用，皮可制革，肝脏富含脂肪和维生素 A、维生素 D，可用来制药。

软骨鱼类纲在世界范围内均有分布，但以低纬度的海洋为主要栖息场所。我国沿海所产软骨鱼纲种类很多，现知有 130 余种。从分类角度上看，我国软骨鱼纲的种类比较全面，几乎应有尽有，其中绝大多数种类是属于热带和亚热带区系。我国南方的软骨鱼类以种类繁多著称，北方则以产量高而闻名，南北沿海到处都有，全年均可进行捕捞。这为发展我国海洋渔业，发展海水增养殖提供了丰富的物质基础。

软骨鱼纲有两个亚纲，板鳃亚纲和全头亚纲，板鳃亚纲有两个总目，侧孔总目（鲨形总目，含 8 目）和下孔总目（鳐形总目，含 5 目）；全头亚纲，只有一个银鲛目。

一、侧孔总目（鲨形总目）

1. 六鳃鲨目（Hexanchiformes）

六鳃鲨目的特征：眼侧位，无瞬膜；鼻孔近吻端，不与口相连；口大，下位，喷水孔细小；鳃裂 6 ～ 7 个；背鳍 1 个，后位，无硬棘，位于腹鳍后方，具臀鳍；尾鳍延长；尾椎轴稍上翘；卵胎生；椎体钙化或不钙化。

我国仅产六鳃科一科，三属：六鳃鲨属，鳃裂 6 个；哈那鲨属，鳃裂 7 个，头宽扁，吻部广阔；七鳃鲨属，鳃裂 7 个，头狭长，吻部尖而突出。

扁头哈那鲨（*Notorynchus platycephalus*）（图 3-3）较为常见，广泛分布在地中海、印度洋及太平洋西北部各海区。我国黄海、渤海及东海均有不少捕获，其中以黄海产量较大。近海底栖鱼类，游泳迟缓，但性颇凶猛，以小型鱼类及甲壳类为食。卵胎生，每胎产仔 10 余尾，体长可达 3m，重达数百千克。经济价值甚大，其肉可食用，或与内脏一起制成鱼粉，皮可制革，肝的含脂量为 65% ～ 70%，可制鱼肝油。

2. 虎鲨目（Heterodontiformes）

虎鲨目的特征：背鳍 2 个，前各具一短而粗的硬棘，具臀鳍，鳃裂 5 个；体前部粗壮，几乎呈三菱形；头厚且高，有眶上嵴，口半下位，唇褶肥厚；近口角之牙平扁，呈臼齿状，中央部的牙在幼鱼期间有 3 ～ 5 个牙尖。

本目我国仅有虎鲨科虎鲨属中的两种，宽纹虎鲨和狭纹虎鲨（图 3-4）。前者多分布于山东沿海（青岛、石岛）及东海沿岸一带。后者主要分布于我国南海和东海南部一带。

图 3-3　扁头哈那鲨

图 3-4　狭纹虎鲨

3. 鼠鲨目（Lamniformes）

特征：眼无瞬膜或瞬褶；椎体具辐射状钙化区域；有 4 个不钙化区域，无钙化辐条侵入；肠的螺旋瓣呈环状；背鳍 2 个，无硬棘；具臀鳍；鳃裂 5 个；胸鳍中鳍软骨不伸达鳍前缘，前鳍软骨具一至数个辐状鳍条。

本目包括 7 科，鼠鲨科、巨口鲨科、鲭鲨科、姥鲨科、长尾鲨科等。我国有 4 科 5 属 8 种。本目多数是大型凶猛的鱼类，噬人鲨（图 3-5）就是其中一员。

图 3-5　噬人鲨

图 3-6　条纹斑竹鲨

4. 须鲨目（Orectolobiformes）

须鲨目的特征：眼小，无瞬膜或瞬褶；具鼻口沟，或鼻孔开口于口内；前鼻瓣常具一鼻须或喉部具 1 对皮须；最后 2 ～ 4 鳃裂位于胸鳍基底上方；椎体的 4 个不钙化区无钙化辐条侵入；背鳍 2 个，第一背鳍与腹鳍相对或位于腹鳍之后，第二背鳍位于臀鳍前方或后方。

须鲨目全世界共包括 6 科 12 属 29 种，须鲨科、橙黄鲨科、斑竹鲨科、绞口鲨科、豹纹鲨科、鲸鲨科。我国有 3 科 8 属 12 种。

目前在我国较为常见、经济价值较高的是条纹斑竹鲨（图 3-6），福建沿海俗称犬鲨。

5. 真鲨目（Carcharhinifoumes）

真鲨目的特征：眼有瞬膜或瞬褶；椎体具辐射状钙化区域，4 个不钙化区域有钙化辐射条侵入；肠的螺旋瓣呈螺旋形或画卷形；背鳍 2 个，无硬棘；具臀鳍；鳃裂 5 个；中鳍软骨不伸达胸鳍前缘，前鳍软骨具一至数个辐状鳍条；椎体呈星型，吻软骨 3 个；鳍脚的中辐软骨平扁。

本目包括 8 科 200 余种，我国产 5 科 24 属 60 种，包括猫鲨科、皱唇鲨科、拟皱唇鲨科、真鲨科、双髻鲨科。

猫鲨科常见的种类有阴影绒毛鲨，分布于我国及朝鲜西南沿海和日本南部。

皱唇鲨科常见的有皱唇鲨和灰星鲨。分布于日本、朝鲜和我国黄海、东海沿岸。

真鲨科在我国有 9 属 25 种，是现代鲨类中最多的一类。常见的有：真鲨属的沙拉真鲨（图 3-7）、黑印真鲨和斜齿鲨属的尖头斜齿鲨、瓦氏斜齿鲨。

6. 角鲨目（Pristiophoriformes）

角鲨目的特征：体呈纺锤形或卵圆形，背鳍 2 个，多数各具 1 棘；鳃裂 5 对；无臀鳍。为小型与中小型底栖近岸鲨类。

有 6 科 22 属约 90 种，乌鲨科、刺鲨科、睡鲨科、尖背角鲨科。我国产 5 科 7 属 9 种。较为常见的有长吻角鲨（图 3-8）、短吻角鲨和白斑角鲨。

图 3-7　沙拉真鲨　　　　图 3-8　长吻角鲨

7. 锯鲨目（Pristiophoriformes）

锯鲨目的特征：体纺锤形，头显著平扁；吻极为延长，两侧有齿形结构呈锯齿状；腹面在鼻孔前方具一对皮须；背鳍 2 个，无棘，第一背鳍略在腹鳍之前，无臀鳍。

本目我国只产锯鲨科日本锯鲨（图 3-9），各沿海均有分布。

8. 扁鲨目（Squatiniformes）

扁鲨目的特征：体平扁，吻短宽，口亚前位，眼位于背侧；胸鳍前缘显著向前伸出；鳃裂宽大，其下半部转入腹面；背鳍 2 个，无棘，无臀鳍。

本目只有扁鲨科扁鲨属，我国产有 4 种，即台湾扁鲨、拟背扁鲨、日本扁鲨（图 3-10）和星云扁鲨。日本扁鲨为北方种类，我国黄海、渤海及东海均产，以黄海最多，终年可捕，东海产量较少，其肉可食。

图 3-9　日本锯鲨

图 3-10　日本扁鲨

二、下孔总目（鳐形总目）

1. 锯鳐目（Pristiformes）

锯鳐目的特征：体呈纺锤形，头与躯干很平扁；吻窄，平扁，两侧缀以强齿形附属物，使吻呈锯状；背鳍二个，无棘，尾鳍发达。

本目只有一个锯鳐科。主要种类有尖齿锯鳐（图3-11），为我国东海和南海次要的经济鱼类，是其他渔业兼捕性鱼类，一般用拖网捕获，因其肉味鲜美，可供鲜食或腌制，其鳍可加工制成“鱼翅”，皮可制革，肝可制油，有一定经济价值。

图3-11　尖齿锯鳐

2. 鳐目（Rajiformes）

鳐目的特征：体平扁，体盘呈犁形、宽菱形或圆形，吻呈三角形突出或尖突或钝圆；背鳍2个，无硬棘；尾鳍发达或不甚发达或缺如；胸鳍扩大，向前延伸至头侧中部或吻端，形成中大或宽大的体盘。

我国产2科：鳐科（2个背鳍）和无鳍鳐科（无背鳍）。常见的有鳐科中的孔鳐（图3-12），为黄海和东海的经济鱼类之一。

3. 犁头鳐目（Rhinopristiformes）

常见的有犁头鳐科、团扇鳐科、圆犁头鳐科、尖犁头鳐科。常见的种类有犁头鳐科犁头鳐属的许氏犁头鳐和团扇鳐科中的中国团扇鳐、林氏团扇鳐等。

许氏犁头鳐（图3-13）：口前吻长比口宽长3倍以上，体背褐色无斑点，为中小型温水性底栖鱼类，肉质熏制后风味极佳，经济价值较高，多见于东海和南海。

图3-12　孔鳐

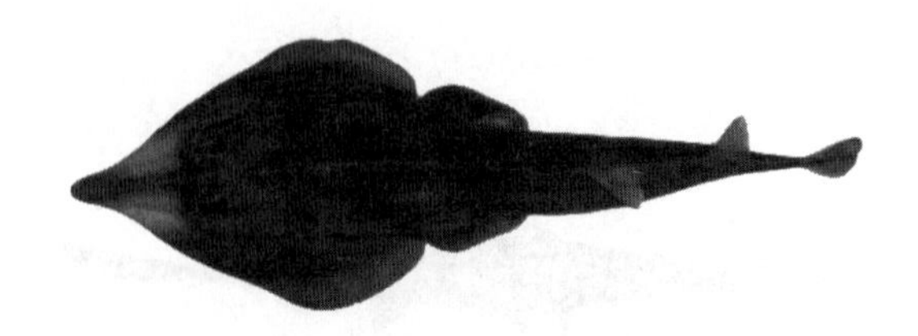

图3-13　许氏犁头鳐

4. 鲼目（Myliobatiformes）

鲼目的特征：体平扁，盘状或菱形；头不突出，或在菱形之体的前角明显分出；背鳍无或仅有 1 个，腹部前部不分化为足趾状结构。

本目我国有 4 亚目科。

（1）魟科（Dasyatide） 魟科体盘呈圆形、卵圆形或斜方形；尾一般细长如鞭，常具尾刺；背鳍消失，胸鳍伸至吻端。

魟科在我国有 5 属，即沙粒魟属、条尾魟属、襍魟属等。其中以魟属中的赤魟（图 3-14）最为常见，其肉味鲜美，肝脏营养丰富，为常见经济鱼类。

（2）燕魟科（Gymnuridae） 燕魟科体盘为斜方形，宽度大于长度，约为长的 2 倍余；尾细小而短，尾刺或有或无；牙细小，铺石状排列；口底无乳突；胸鳍前延，伸达吻端，背鳍 1 个或消失；尾鳍消失，尾部上下方无皮膜突起；卵胎生。

本科有 2 个属，即燕魟属（背鳍消失）和鸢魟属（背鳍 1 个）。燕魟属我国产有 3 种，分布较广的是日本燕魟（图 3-15）。

图 3-14 赤魟

图 3-15 日本燕魟

（3）鲼科（Myliobatidae） 鲼科体盘为菱形，胸鳍前部分分化为吻鳍，吻鳍与胸鳍在头侧相连或分离；尾细长如鞭，具一小型背鳍，尾刺或有或无；卵胎生。

本科产于我国者有两属，即鲼属和无刺鲼属。

（4）鹞鲼科（Aebotatidae） 鹞鲼科体盘为菱形，吻鳍与胸鳍在头侧分离；尾细长如鞭，具一小型背鳍，具尾刺；牙宽扁，上下颌牙各一行；口底乳突粗大或细小，口上乳突显著，列成二或三横行；卵胎生。

本科只鹞鲼一属，产于我国的有 2 种，即斑点鹞鲼和无斑鹞鲼。

（5）牛鼻鲼科（Rhinopteridae） 牛鼻鲼科体盘为菱形，吻鳍前部分分化为两叶；尾细长如鞭，有尾刺，尾鳍消失，具一背鳍；牙宽扁，上下颌具牙 5 ～ 10 余纵行；口底及口上无乳突，脑颅高而突出；卵胎生。

本科我国只产牛鼻鲼属，有海南牛鼻鲼和爪哇牛鼻鲼两种，为近海底层鱼类，食底栖贝类。产于我国南海。

（6）蝠鲼科（Mobulidae） 体盘为菱形，头宽大而扁平；胸鳍前部分分化为头鳍，位于头两侧；尾细长如鞭，尾刺或有或无，有一小背鳍；口宽大前位或下位，牙细小而多，上下颌具牙带或上颌无牙；胎生。本科产于我国者有2属，即蝠鲼属和前口蝠鲼属。前者口下位，上下颌各具一牙带；后者口前位，只下颌具一牙带。常见种类为双吻前口蝠鲼（图3-16）。

5. 电鳐目（Torpedinifoumes）

电鳐目的特征：体平扁，体盘为圆形或卵圆形，前部不尖；头与胸鳍之间每侧有一发达电器官；体之尾部短，基部宽，向后渐窄；背鳍2或1或全无，尾鳍存在。

本目只有电鳐科3亚科，我国产2亚科，双鳍电鳐亚科和单鳍电鳐亚科。前者背鳍2个，体盘厚、呈亚圆形；尾短，前部宽大，侧面有皮褶；牙细小，铺石状排列，齿面常翻出口外。后者背鳍1个，牙细小，齿面不翻出口外。常见的如丁氏双鳍电鳐，为沿海常见的底层鱼。

三、全头亚纲

现存仅银鲛目，特征：头侧扁，体延长，向后渐细小，口腹位，上颌与头颅愈合；背鳍2个，第1背鳍具1坚强的硬棘，可自由竖立起来，第2背鳍低而延长；歪形尾，体光滑。雄体除鳍脚外，还具腹前鳍脚和额上鳍脚。

本目我国有2科，银鲛科和长吻银鲛科。其中最常见的是黑线银鲛（图3-17），以贝类、甲壳类和小鱼为食。肉可食，卵味鲜美，肝可制鱼肝油，具有药效，可治病，沿海皆产。

图3-16 双吻前口蝠鲼

图3-17 黑线银鲛

思考探索

1. 软骨鱼纲的主要特征都有哪些？
2. 软骨鱼类的经济价值很高，主要表现在哪些方面？
3. 软骨鱼纲有两个亚纲，主要区别是什么？
4. 软骨鱼类的哪些种类有开发人工养殖的潜力？为什么？

第四节 硬骨鱼纲

问题导引

1. 硬骨鱼纲的主要特征都有哪些?
2. 如何区分鲤形总目和鲈形总目?

硬骨鱼纲是脊椎动物中种类最多的一个类群，现存42目428科3678属约21485种和亚种，我国记录有30目256科1120属2955种和亚种。广泛分布于地球各个水域，从海拔6000m以上的水体到大洋深处10000m都有硬骨鱼类的存在。

硬骨鱼类是一群经济价值极高的种类，其中鲱形目鱼类的产量占世界渔业产量的25%～33%，为第一位；鳕形目鱼类的产量占第二位，占世界渔业产量的20%～25%。在我国海洋渔业中占重要地位的带鱼、大黄鱼、小黄鱼等都是鲈形目鱼类。在淡水渔业方面，我国淡水硬骨鱼类资源丰富，在世界淡水渔业产量中占的比重颇大，尤以鲤形目鱼类为生产的主要对象。

硬骨鱼纲特征：①内骨骼或多或少是硬骨性的，并有膜骨加入；②体外被骨鳞或硬鳞，或裸露无鳞；③鳃裂外方覆以一片内有骨片支持的鳃盖，鳃间隔退化；④雄性腹鳍里侧无鳍脚；⑤多数是体外受精，体外发育，卵生，少数发育有变态的为卵胎生；⑥尾鳍多为正形尾，肩带连于头骨后方背面（极少数例外）；⑦鳔通常存在，大多数种类肠内无螺旋瓣。

一、总鳍总目

这是一群古老原始的鱼类，早在泥盆纪开始出现，其分布遍及全世界，是当时数量最大的硬骨鱼类，繁盛于古生代和中生代的原始硬骨鱼。到上石炭纪基本上绝迹。现存的仅有腔棘鱼目1属1种，矛尾鱼科矛尾鱼（图3-18）。其体背圆鳞，带金属蓝色。尾鳍呈三叶矛形。齿呈颗粒状，在口缘形成齿板，鳔已骨化，失去肺的功能，肉食性，卵胎生。分布于非洲东南沿海，生活在水深50～550m的海洋中。

图3-18 矛尾鱼

二、肺鱼总目

淡水鱼类，最早见于下泥盆纪，化石分布很广，我国四川的地层中亦有发现。现存的肺鱼类分3目4科5属，分布于南美洲、非洲等热带水域，有澳洲肺鱼（图3-19）、非洲肺鱼（图3-20）、美洲肺鱼和多鳍鱼等。我国四川省境内也出土过肺鱼化石。

三、硬鳞总目

硬鳞总目乃古老类群的残余，保留着一系列原始性状。本总目共分3个目：鲟形目为软骨硬鳞鱼类，软骨性脑颅很少骨化，许多特征都接近软骨鱼类；弓鳍鱼目和雀鳝目为硬骨硬鳞类。我国仅产鲟形目。弓鳍鱼产于中美及北美南部。雀鳝产于中美、北美及古巴。这里重点介绍鲟形目（Acipenseriformes）。

图 3-19　澳洲肺鱼　　图 3-20　非洲肺鱼

鲟形目的特征：内骨骼为软骨，头部有膜骨，中轴骨骼之基础为非骨化之弹性脊索，椎体不存在；肛门与泄殖孔位于腹鳍基底附近；尾鳍为歪型尾；背鳍与臀鳍的鳍条数目多于支鳍骨；无喉板。鲟形目分布于北半球，以俄罗斯、美国及伊朗等国的产量较高。

鲟形目有 2 科：鲟科，体具 5 行骨板，吻中长，胸鳍第 1 鳍条已演变为棘，我国有 2 属 7 种；匙吻鲟科，体无成行的骨板，吻很长，如汤匙状，胸鳍无棘，有 2 属 2 种，我国只产 1 种。

1. 鲟科（Acipenseridae）

我国有鳇属和鲟属，体具 5 列骨板，口前 2 对须排成一横列与口裂并行，口内无齿，口小（鲟属）；口大，非常突出（鳇属）。

（1）施氏鲟（图 3-21） 为黑龙江水系名贵鱼，体长，呈梭形，头略呈三角形；吻下面须的基部前方中线上有数个突起，故俗称七粒浮子；体侧具 32 ～ 47 行骨板。分布于我国黑龙江、松花江、嫩江、乌苏里江、兴凯湖。一般体重为 5kg 左右，最大可达 3m 长，重 80 余千克，生活于河流中下层，为淡水定居性鱼类，为东北贵重经济鱼类。

（2）长江鲟（达氏鲟）（图 3-22） 俗称沙腊子，外观与中华鲟极相似，但鳃耙较多，17cm 以下的幼鱼，鳃耙数为 18 ～ 30，17cm 以上的个体，鳃耙数多于 28；骨板间皮肤遍布颗粒状的细小突起，触摸粗糙，在幼小个体中更为明显；吻部腹面光滑；体侧骨板 26 ～ 38。长江鲟为纯淡水鱼类，主要在长江中上游的中下层生活。为中型鱼类，生长快，2 龄体重达 1.8kg，平均体重 10 ～ 20kg，为长江经济鱼类之一。

图 3-21　施氏鲟　　图 3-22　长江鲟

（3）中华鲟（图 3-23） 俗称腊子，为长江、珠江及其近海的洄游性鱼类；体长，呈梭形，口下位，口能够向外伸缩，鳃耙数为 13 ～ 25；骨板间皮肤在幼体时光滑，随个体长大，则有不同程度的粗糙状态；吻部、腹部无突起；体侧骨板 26 ～ 42。为大型鱼类，可达数百千克。中华鲟是我国特有的水生动物，为我国一类保护动物。在全世界27种鲟鱼中，中华鲟最古老，与恐龙同年代。

（4）俄罗斯鲟（图3-24） 体呈纺锤形，体表骨板行之间分布许多小骨板，常称小星；侧骨板24～50；口小，下唇中央中断。从俄罗斯引进养殖的一种淡水定居性鲟。

图3-23 中华鲟

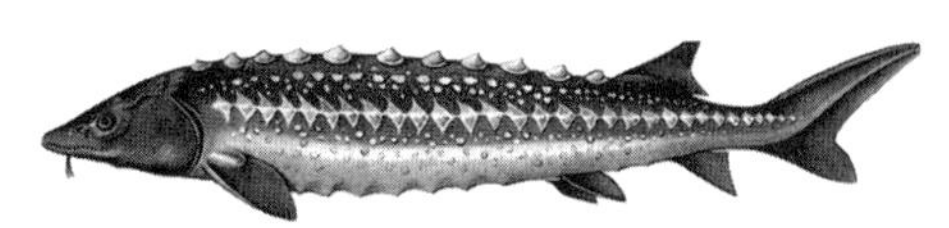
图3-24 俄罗斯鲟

（5）小体鲟（图3-25） 长体形，体表骨板行之间有大量小骨板分布，侧骨板56～71。个体小，生长慢，2龄仅0.25kg。分布在我国额尔齐斯河。

（6）裸腹鲟（图3-26） 长体形，体表骨板行之间无小骨板分布，侧骨板51～74。生长较慢，2龄约0.35kg。分布于我国新疆。

图3-25 小体鲟　　图3-26 裸腹鲟

（7）达氏鳇（图3-27） 口下位，宽阔，左右鳃膜向腹面伸展彼此愈合。为黑龙江水系的大型鲟，纯淡水鱼类。体重50～150kg，其最大个体长可达6m以上，重1000kg以上。

（8）欧洲鳇（图3-28） 个体巨大，体呈纺锤形，向尾部延伸渐细；尾为歪型尾，上叶长，下叶短，外形与达氏鳇相似；口大，突出，呈半月形；口位于头部的腹面，下唇居中而断；吻柔软，吻突短而尖，呈锥形，为软骨；吻须4根，较长，侧扁状，其上附生有叶状纤毛；左右鳃膜相连，与鲟鱼不同；鳃耙数为17～36，体上表皮柔软。

图3-27 达氏鳇

图3-28 欧洲鳇

2. 匙吻鲟科（Polyodontidae）

匙吻鲟科体无鳞，须1对，极小，吻长，呈剑状或平扁桨状。有2属，即自美国引进的匙吻鲟属和我国特产的白鲟属。

（1）匙吻鲟（图3-29） 匙吻鲟属，因吻长，形如匙柄，约占体长1/3，故而得名匙吻鲟；皮肤光滑无骨板，口不能伸缩；体长10～15cm的幼鲟，吻似鸭嘴，鳃盖如“象耳”，全身晶润，游态特异，俗称“太空鲟”，可作为名贵观赏鱼。匙吻鲟是一种有很高经济价值的纯淡水鲟，我国从美国引进到水库中放养。

（2）白鲟（图 3-30） 白鲟属，又名中华匙吻鲟，俗称象鱼，为我国长江水域特有。体光滑无骨板，仅尾鳍上叶有棘状硬鳞；吻很长，如汤匙状；口前吻须 2 条，甚小；胸鳍无棘；口可伸缩。分布于黄海、东海及长江干、支流，偶尔也能进入钱塘江。个体大，一般可达 50 ～ 100kg，为我国特有的大型珍稀鱼类，属国家一级保护动物，对研究鱼类起源、演化与地理分布有重要意义。

图 3-29 匙吻鲟　　图 3-30 白鲟

四、鲱形总目

鲱形总目腹鳍腹位，鳍条常不少于 6 条；胸鳍基位低，接近腹缘，鳍无棘；鳞常为圆鳞；上颌常由前颌骨与上颌骨组成；椎骨一般为单型，无附加结构，故又称等椎类。分 4 个目。

1. 海鲢目（Elopiformes）

海鲢目是硬骨鱼类中的低等类群，有些还保留动脉圆锥和喉板等原始特征。稚鱼为“柳叶”体型，在个体发育中有变态。我国产 3 种，主要分布于南海和东海。

海鲢目的特征：颐下中央多有喉板（或称颈片），有侧线；背鳍 1 个，偶鳍基有腋鳞；有些种类有动脉圆锥。

（1）海鲢科 我国仅产 1 种。海鲢（图 3-31），产于我国东海南部及南海，一般体长 280mm 左右，可进入河口生活。肉食性，主食浮游生物。

（2）大海鲢科 我国仅产 1 种。大海鲢（图 3-32），分布于东海、南海及太平洋、印度洋。为暖水性近海中小型鱼类，生活于海湾及海峡，有时进入河口。以小鱼虾、甲壳类等为食，其泳鳔特化为辅助呼吸器官，常被加工成咸鱼，也可作为观赏鱼。

图 3-31 海鲢　　图 3-32 大海鲢

2. 北梭鱼目（Albuliformes）

北梭鱼目有 2 个科，我国常见模式种。北梭鱼（图 3-33），分布于南海及印度尼西亚、朝鲜、日本。为中小型鱼类，一般体长 220 ～ 500mm，长者可达 900mm，生活于近海沿岸。通常鲜销。

3. 鼠鱚目（Elopiformes）

鼠鱚目的特征：背鳍 1 个，偶鳍基有腋鳞，腹鳍 9 ～ 12 个，口小，无齿或几近无齿。

鳃条骨 3 ～ 4 对，许多具鳃上器官，有侧线，圆鳞或栉鳞。分 2 亚目，鼠鱚亚目和遮目鱼亚目。

鼠鱚亚目只有鼠鱚科，我国产 1 种。鼠鱚，分布于中国南海和日本，不常见。

遮目鱼亚目只有遮目鱼科，仅产 1 种。遮目鱼（图 3-34），分布于我国台湾、福建、广东和海南、南海诸岛等地，体重一般为 3kg，最重可达 13kg。

图 3-33　北梭鱼

图 3-34　遮目鱼

4. 鲱形目（Clupeiformes）

鲱形目的特征：背鳍 1 个，偶鳍基有腋鳞，腹鳍腹位，各鳍均无鳍棘；口裂上部边缘由前颌骨和上颌骨组成；通常圆鳞；无侧线；鳔有管，通食道。

真骨鱼类中较为原始类群，分布广泛，渔业意义重要，产量约为世界产量的 30%，海、淡水均有。世界有 2 亚目 4 科约 330 种。我国 3 科 18 属 40 余种。目前世界上主要的鲱形目经济鱼类约 14 种，其中鲱科 10 种，鳀科 4 种。产量最高的是秘鲁鳀，年产量 540.75 万吨。我国海洋四大经济鱼类之一的鳓鱼属于本目，此外还有经济价值很高的鲥鱼、凤尾鱼（凤鲚）等。

（1）鲱科（Clupeidae）

鲱科的特征：背鳍位于臀鳍的前方。口裂不超过眼的后缘。

鲱科鱼类主要栖息于热带水域中，印度洋、太平洋地区鲱科鱼类区系最盛。鲱科鱼类生活在海洋中的约有 25 属 90 种，生活在淡水中的约 15 属 30 种。我国产 5 亚科。

① 圆腹鲱亚科：我国产 2 属 2 种，即圆腹鲱和脂眼鲱。

圆腹鲱（图 3-35）：背鳍位于腹鳍上方，与腹鳍相对，犁骨无牙，脂眼睑不完全盖着眼。分布于我国东海、南海。为小型习见鱼类。有较强的趋光性，为夏季灯光围网次要渔获物之一。

② 鲱亚科：太平洋鲱（图 3-36），为冷水性中上层鱼类，我国仅见于黄渤海，广泛分布于北太平洋西部，为重要经济鱼类。青鳞鱼，分布于南海。金色小沙丁鱼是粤东、闽南近海重要经济鱼类之一。

图 3-35　圆腹鲱

图 3-36　太平洋鲱

③ 鲥亚科：我国仅产鲥鱼属，鲥鱼（图 3-37）是著名的经济鱼类，目前已经开展人工规模化养殖。分布于黄海、东海、南海和长江、钱塘江、珠江等水系。

④ 鰶亚科：我国产 3 属 4 种。斑鰶（图 3-38），产量最多，为小型食用鱼类，属暖水性浅海鱼类，分布于中国南海，生活于浅海，每年冬季海南岛莺歌海渔港捕捞较多，通常鲜销市场。

图 3-37　鲥鱼　　图 3-38　斑鰶

（2）锯腹鳓科（Pristigasteridae）

最重要的是鳓（图 3-39），以浙江的产量最高，主要渔期在 4 ～ 7 月。肉味鲜美，鲜食或制成盐干品。

（3）鳀科（Engraulidae）

鳀科的特征：背鳍位于臀鳍的前方。口裂超过眼的后缘。

鳀科为热带、亚热带及温带海洋鱼类，亦有少数种类可进入淡水。本科多为中小型鱼类，分布很广，产量很高，其中以鳀属的产量最高，分布于太平洋东南海区的秘鲁鳀，是世界上产量比较高的一种鱼类。

① 鲚属：经济价值较高，包括刀鲚、短颌鲚、凤鲚（图 3-40）、七丝鲚等。特征为体长，头侧扁，口大而斜，半下位；上颌骨游离，向后延伸至胸鳍基部；腹鳍小，臀鳍很长，鳍条在 90 根以上，基部后方与尾鳍基相连。水产市场上著名的凤尾鱼就是凤鲚。

图 3-39　鳓　　图 3-40　凤鲚

② 小公鱼属：一群沿岸性小型鱼类，常干制远销。

③ 鳀属：我国只有日本鳀一种，生活于浅海中上层，为小型经济鱼类。

④ 黄鲫属：只有黄鲫（图 3-41）一种，分布于沿海各地，为近海中下层鱼类，以浮游生物为食。体小肉薄，但产量尚不少。

（4）宝刀鱼科（Chirocentridae）

宝刀鱼科的特征：体非常侧扁，状似军刀，背鳍 1 个，位于体后部。我国现知有 1 属 2 种，宝刀鱼（图 3-42）和长颌宝刀鱼。

图 3-41　黄鲫　　图 3-42　宝刀鱼

五、鲑形总目

鲑形总目的特征：许多种类在背鳍之后有脂鳍，腹鳍 1,（6）7-12（14），偶鳍基在部分种类中有腋鳞。侧线存在，中轴骨骼与头骨常骨化不全。

鲑形总目鱼类主要分布在北半球高纬度地区，包括在世界渔业中占重要地位的鲑鳟鱼类，其经济价值很高。目前，日本、美国、加拿大等国家，都进行着大量的苗种培育和放流工作。

1. 鲑形目（Salmoniformes）

鲑形目的特征：有脂鳍，鳃条骨 10 ～ 20，侧线完全。

鲑科（Salmonidae）背鳍基底短，鳍条数在 16 以下，口裂大，齿锥形；是北半球的淡水和溯河鱼类，有 3 个亚科：鲑亚科、白鲑亚科和茴鱼亚科，我国皆产。

（1）鲑亚科

① 大麻哈鱼属：包括大麻哈鱼、驼背大麻哈鱼（图 3-43）、马苏大麻哈鱼 3 种鱼类。我国仅产大麻哈鱼，俗称大发哈鱼、罗锅鱼、花斑鳟、花鳟等。其体长一般为 60cm 左右而侧扁，略似纺锤形；头侧扁，吻端突出，微弯；口裂大，形似鸟喙，生殖期雄鱼尤为显著，相向弯曲如钳状，使上下颌不相吻合。

生活在海洋时体色银白，入河洄游不久色彩则变得非常鲜艳，背部和体侧先变为黄绿色，逐渐变暗，呈青黑色，腹部银白色。体侧有 8 ～ 12 条橙赤色的婚姻色横斑条纹。大麻哈鱼素以肉质鲜美、营养丰富著称于世，历来被人们视为名贵鱼类。我国黑龙江畔盛产大麻哈鱼，是“大麻哈鱼之乡”。

② 虹鳟（图 3-44）：是我国从国外引进的。生长快，经济价值高，在我国已经开展了规模化养殖。体型侧扁，口较大，鳞小而圆。背部和头顶有蓝绿色、黄绿色和棕色，体侧和腹部有银白色、白色和灰白色。头部、体侧、体背和鳍部不规则分布有黑色小斑点，有一脂鳍。性成熟个体沿侧线有 1 条呈紫红色和桃红色、宽而鲜艳的彩虹带，直到尾鳍基部，在繁殖期尤为艳丽，似彩虹，故名虹鳟。

图 3-43 驼背大麻哈鱼　　图 3-44 虹鳟

（2）茴鱼亚科（Thymallidae） 只有茴鱼属，分布于北半球各处，产于我国东北的是黑龙江茴鱼（图 3-45），是一种典型的小溪栖居的鱼类，最高分布地区海拔达 1180m 左右，为名贵的食用鱼类。

2. 胡瓜鱼目（Osmeriformes）

胡瓜鱼目共分 12 科，我国有 3 科。

（1）银鱼科（Salangidae） 体细长透明，前圆后扁，体无鳞或局部被鳞，头长，有一尖而平扁的吻部，口裂大，两颌、梨骨及舌上有牙，无幽门盲囊。本科包括 7 个属，只分布在东亚各地，以我国所产最多。常见的有太湖新银鱼、大银鱼。

① 太湖新银鱼（图3-46）：最为常见，个体小，细长近圆筒状，体透明；头甚平扁，吻短，眼小，侧线平直；有一极小脂鳍；尾鳍叉形。为纯淡水种类，分布于长江中下游及附属湖泊。个体较小，最大80mm，一般为50mm左右。

图3-45 黑龙江茴鱼

图3-46 太湖新银鱼

② 大银鱼：体形较粗大，成鱼体长在9cm以上。鱼体属细长型，前部略呈圆筒形，后部呈侧扁状；吻略尖细；头部较平扁，口裂大，下颌长于上颌；上、下颌内均有细齿，背鳍后有一小脂鳍。系银鱼中最大的一种，可达21cm。分布于黄海、渤海、东海及入海的江河中，长江中下游及其附属湖泊中均有分布。大银鱼为生活于河口及近海的洄游性鱼类，进入淡水产卵，也可定居于淡水湖泊中。

（2）香鱼科（Plecoglossidae） 只有香鱼（图3-47）一种。体细长，头小；吻尖，前端向下弯成钩形突起；口大，下颌两侧前端各有一突起，突起之间呈凹形，口关闭时，吻钩与此凹陷正相吻合；上下颌生有宽扁的细齿；除头部外，全身密被极细小圆鳞；背鳍后方有一个小脂鳍。香鱼为小型经济鱼类，寿命很短，仅有一年，故又称为“年鱼”。我国从辽宁一直到福建沿海都产此鱼，浙江的南北雁荡、福建的龙溪、台湾等地都有出产。

（3）胡瓜鱼科（Osmeridae） 是一群小型鱼类，我国现知2属3种，即胡瓜鱼、公鱼、池沼公鱼。

池沼公鱼（图3-48）：地方名为黄瓜鱼，为小型鱼，体长稍侧扁，头长大于体高，吻尖；吻端位口裂较大，上下颌具有绒毛状齿；眼较大；背鳍与尾鳍间有脂鳍；尾柄很细，尾鳍呈深叉形。池沼公鱼在世界上分布较广，在我国自然分布不广，仅限于东北地区的黑龙江中下游、马苏里江和图们江中下游。

图3-47 香鱼

图3-48 池沼公鱼

3. 狗鱼目（Esociformes）

狗鱼目有2科，狗鱼科和荫鱼科，分布于北半球寒冷地区，产于我国的是狗鱼科，有2种，黑斑狗鱼（图3-49）和白斑狗鱼。

黑斑狗鱼吻似鸭嘴，牙锋利，鳞小。性凶猛，很贪食，以鲫鱼、雅罗鱼及水禽的幼体等为食。最重达5kg以上。年产量大，有经济价值。

图3-49 黑斑狗鱼

4. 仙女鱼目（Myctophiformes）

特征：似鲱形目，但口裂上缘仅由前颌骨组成；腹鳍腹位或亚胸位，有鳍条 6 ～ 13，鳍无棘；脂鳍存在；无中乌喙骨。很多种类为有发光器官的深海鱼类。鳔若存在，必有鳔管。

本目可分 4 亚目 16 科。

（1）狗母鱼科（Synodontidae）

狗母鱼科的特征：体修长或方长，被圆鳞，有侧线，头部亦被鳞；口大，两颌、腭骨及舌上均具齿；鳃腹与峡部分离；背鳍中等长，完全为软条；腹鳍颇大，腹位；胸鳍位高而小；脂鳍存在。我国产 3 属 10 余种，均为海滨鱼类，为沿海常见的渔获物，具一定经济价值。

长蛇鲻（图 3-50）：胸鳍不伸及腹鳍基底，背鳍条不延长。在沿海各地都有分布，常栖息于水深 20 ～ 100m，底质为泥或泥沙的海区，性凶猛，游泳迅速。

长条蛇鲻（图 3-51）：胸鳍直达腹鳍基底上方，背鳍条延长为丝状。为南海经济鱼类之一，属底栖凶猛鱼类，喜栖息于底质为泥沙的海区。个体比长蛇鲻长得大，大者可达 500mm，体重 1600g。

图 3-50 长蛇鲻　　图 3-51 长条蛇鲻

（2）龙头鱼科（Harpodontidae）

龙头鱼科为我国模式种。龙头鱼（图 3-52）两颌牙密生、细尖，能倒伏、体柔软，大部光滑无鳞，唯侧线上有一行较大的鳞直抵尾叉，鱼骨细软如胡须。分布于东海南海及印度洋、太平洋的热带海区沿岸，一般体长约 19cm，长者达 40cm。

图 3-52 龙头鱼

六、骨舌鱼总目

骨舌鱼总目包括骨舌鱼目（骨舌鱼亚目、背鳍鱼亚目）、长吻鱼目和月眼鱼目 3 目。

骨舌鱼目是分布在热带淡水中的古老鱼类。在亚马孙河的巨骨舌鱼，可以说是世界上较大的淡水鱼之一，长达 4m。这类鱼由于美丽而大型的鳞片，加之优美的体型，常被当作观赏鱼。我国仅云南西双版纳产弓背鱼 1 种，从国外引进的几种均作为观赏鱼。

1. 双须骨舌鱼

双须骨舌鱼（图 3-53）：俗称银龙鱼，是著名观赏鱼。体延长，侧扁，背缘平直，腹圆；被圆鳞，鳞大，体侧排列 5 行大鳞片；侧线鳞 37 ～ 38；口上位，口裂大，上颌有齿；吻尖突，呈棱角状；下颌有须 1 对；腹鳍腹位；背鳍条 43 ～ 48，背鳍显著后位，与臀鳍相对；尾鳍圆扇形；体色银白。

骨舌鱼分布在亚马孙河，又叫作亚马孙腰带鱼，是当地著名的食用鱼。为古老的鱼类，有活化石之称。生长快，食量大，易饲养。性凶，以小鱼等动物性饵料为食。适宜水温在22℃以上，繁殖较难，卵在雄鱼的口内孵化。

2. 美丽硬仆骨舌鱼

美丽硬仆骨舌鱼（图3-54）：俗称亚洲龙鱼、金龙鱼、红龙鱼，为著名观赏鱼，分布在东南亚。体形与骨舌鱼极相似，通常被当成骨舌鱼。这两种鱼区别在于坚体鱼体色为红色或金黄色，背鳍条少，约为20。该鱼数量少，古老，有活化石之称，在产地为一类保护动物。寿命长，香港及东南亚人把其当作“神鱼”“风水鱼”。目前已人工培育出不同色泽的龙鱼品种，如辣椒红龙、血红龙、过背金龙等，其雍容娴雅，价格昂贵。在东南亚，如新加坡，有专门的龙鱼养殖场。

图3-53 双须骨舌鱼　　图3-54 美丽硬仆骨舌鱼

七、鳗鲡总目

特征：体延长，呈蛇形。腹鳍腹位或无，背鳍与臀鳍均极长，且与尾鳍相连，各鳍无棘。仔鱼体似柳叶，个体发育中经过明显变态。若有鳔则具鳔管。

本总目分3个目：鳗鲡目、囊咽鱼目和背棘鱼目。我国仅产鳗鲡目。

鳗鲡目体呈鳗形。鳔若有时，具鳔管。各鳍均无鳍棘。体裸露，有时具圆鳞。无中乌喙骨，无后颞颥骨。前颌骨不分离，多与中筛骨愈合成其外缘，通常具牙。脊椎数多达260个。

本目种类多，现存种类分两个亚目，即鳗鲡亚目和线鳗亚目，我国产鳗鲡亚目。多为海洋鱼类，有些种类也能进入淡水生活，一般均可食用，具有经济价值。我国产13科115种。

1. 鳗鲡科（Anguillidae）

特征：体延长，呈圆筒形，牙针状，舌明显；细小鳞片埋于皮下、呈席纹状；奇鳍间彼此相连。种类虽不多，但分布极广，除南北极外，全世界各洲均产，主要生活在温热带。

我国只产一属，常见的是日本鳗鲡（图3-55）和花鳗鲡。

日本鳗鲡：又称鳗鲡、白鳝。头尖长，吻钝圆，稍扁平；口大，端位；上下颌及犁骨均具尖细的齿；鳃孔小，位于胸鳍基部下方，左右分离；侧线发达而完全、鳞细小，隐蔽于表皮内；无腹鳍，背鳍臀鳍极长，与短圆形尾鳍相连。是一种降河性洄游鱼类，原产于海中，溯河到淡水内长大，后回到海中产卵。每年春季，大批幼鳗（也称白仔、鳗线）成群自大海进入江河口。

花鳗鲡：鳍上常有斑点，体形粗壮，最大个体达35kg，有鳝王之称。自长江以南到海南岛均有分布。常栖息于山涧、溪谷和水库的石隙洞穴中。含有丰富的蛋白质和脂肪，肉味美，为珍贵的食用鱼类，群众历来当作滋补食品。为国家二级保护动物。

2. 康吉鳗科（Congridae）

特征：舌游离，不附于口底，无犬牙，体无鳞，鳃孔分离，侧线明显。本科我国现知有6属。以星鳗（图3-56）较常见，经济价值较高，分布于我国黄渤海、东海及朝鲜、日本，为普通的食用鱼类。

图3-55 日本鳗鲡　　图3-56 星鳗

3. 海鳗科（Muraenesocidae）

特征：头长，上颌长，吻突出，牙尖锐，两颌或梨骨中间具大形犬牙；鳃孔宽大。舌较窄小，附于口底；背鳍、臀鳍、尾鳍发达，相连接；胸鳍发达。现知4属：原鹤海鳗属、鳄头鳗属、海鳗属和细颌鳗属。

海鳗（图3-57）：中国沿海均有分布。为暖水性的底层鱼类，一般喜栖息于水深50～80m的泥沙底海区，有季节性洄游。是重要的食用经济鱼类，肉质细嫩，含脂肪量高；鳔可作鱼肚，为名贵食品。除鲜销外，还可制成各种罐头或加工成鳗鱼鲞。

4. 海鳝科（Muraenidae）

特征：体延长，无鳞，常具颜色美丽的斑带或网纹；头小，口裂较大，达眼后方；牙齿锐利，前鼻孔具短管；无胸鳍。我国产有6属，其中以裸胸鳝属较常见，种类也多，南海产有10种左右，网纹裸胸鳝（图3-58）为热带和亚热带的底层鱼类，生活于沿岸岩礁间，体色奇异夺目，形如海蛇，性凶猛，以幼鱼、小蟹、虾等为食。

图3-57 海鳗　　图3-58 网纹裸胸鳝

5. 蛇鳗科（Ophichthyidae）

特征：体细长，尾部稍侧扁；吻尖，突出；口裂大，眼小；前鼻孔具短管或皮瓣，位于上唇的边缘；牙尖锐；无尾鳍，尾端尖秃。

种类较多，产于我国的约有10属，较常见的有4属：须鳗属、短体鳗属、豆齿鳗属、蛇鳗属。

中华须鳗喜穴居于底质为淤泥、贝壳丰富的低潮区，大量吞食蛏蛤，为蛏蛤养殖的重要敌害。养殖工人常在退潮时将茶麸水或鱼藤精撒于海滩，迫使它由穴中钻出地面然后捕捉。

食蟹豆齿鳗和尖吻蛇鳗的习性相似，对蛏蛤养殖危害也很大。食蟹豆齿鳗在福建闽南一带被视为名贵的滋补鱼类。

八、鲤形总目

腹鳍为腹位，背鳍一个，鳍通常无棘，有时背鳍、臀鳍及胸鳍有 1 ～ 3 枚假棘。某些种类有脂鳍。鳔有管通于消化管。具有韦伯器，即联系内耳和鳔的四对小骨，用以感受周围环境的压力，其中三脚骨与鳔相联系，故称此类为骨鳔类。

1. 鲤形目（Cypriniformes）

（1）脂鲤亚目（Characinoidei）

特征：鱼体被鳞，大多有脂鳍；上下颌一般有发达牙齿，有咽齿，但不如鲤形目那样特化；有韦伯器，无须，口不突出。有不少种，体型小而极美丽，是有名的观赏鱼，有些又是经济鱼类。我国引入 5 个科，为淡水杂食性鱼类，原产地主要生活于美洲。

短盖巨脂鲤（图 3-59）：似鲳脂鲤，又称淡水白鲳，1985 年引入广东。体侧扁而高，头小，口端位，鳞小，自胸鳍至肛门有腹棱。体银灰色，臀鳍红色。

（2）电鳗亚目（Gymnotoidei）

分布于中南美洲的淡水水域中，大多生活在亚马孙河和圭亚那河的下游，有 4 科 30 余种，电鳗科的鱼类具有发达的发电器官，电鳗（图 3-60）体长最大可达 2m，是现生鱼类中发电能力最强的一种。

图 3-59　短盖巨脂鲤　　　图 3-60　电鳗

（3）鲤亚目（Cyprinoidei）

特征：体被鳞或裸出，无骨板；上颌骨发达，有顶骨、续骨、下鳃盖骨及肌间骨；许多种类上下颌无齿，下咽骨有咽齿；第三与第四椎骨不愈合。

鲤亚目分布极广，全世界都有分布。大多数栖息于热带亚热带，越靠近高纬度地区则越少。本亚目有 6 科 250 余属，为淡水鱼的主要类群，绝大多数可食用，产于我国的有 6 科 163 属 651 种。

图 3-61　胭脂鱼

① 亚口鱼科（Catostomidae）：主要分布于北美洲河流中，少数见于中美洲。我国只 1 属 1 种。

胭脂鱼（图 3-61）：地方名称有黄排、火烧鳊、红鱼、紫鳊鱼、木叶鱼、燕雀鱼等，体高而侧扁，呈斜方形，头尖而短小，口小，下位；咽齿一行，数目多而排列成栉状；唇肥厚向外翻，呈吸盘状，背鳍高而长；成鱼体侧中轴有1条胭脂红色的宽纵纹，雄鱼颜色鲜艳，雌鱼颜色暗淡。生长较快，最大个体达30kg，是我国珍贵鱼类之一，被列为国家二级重点保护动物。

② 鲤科（Cyprinidae）：上颌口缘由前颌组成，咽齿1～3行，鳔的前部大多没有膜囊或骨囊包围，无脂鳍。全世界有196余属2086余种，种类以分布在我国的居多，计有12亚科122属451余种，是鱼类中种类最多的一个科。鲤科鱼类是北半球温带和热带淡水地区最重要的捕捞对象。我国内陆水域中，鲤科鱼类占有具有十分重要的地位。

a. 鿕亚科（Danioninae）：我国约产13属28种，许多种类分布于西南地区，常见有3属。

马口鱼（图3-62）：体有垂直条纹，上、下颌边缘为波状，呈马蹄形。分布在东部各江河，摄食小型鱼类和昆虫，是目前湖泊、水库养殖的主要敌害之一。在日本为上品食用鱼。

斑马鿕（图3-63）：全身布满多条彩色纵纹，各鳍或具纵纹，体呈红色、黄色或绿色，体态飘逸。因纵纹类似斑马条纹，故得名斑马鱼。常见的有斑马鱼、闪电斑马鱼（又名虹光鱼）、大斑马鱼。斑马鱼原产于南亚，是一种常见的热带鱼，是十分重要的实验室研究材料。

图3-62 马口鱼　　图3-63 斑马鿕

b. 雅罗鱼亚科（Leuciscinae）：是一群种类繁多、形状变异较大的淡水鱼类，我国现知有22属45种，包括青鱼、草鱼、鳡、赤眼鳟和雅罗鱼等重要经济鱼类。

青鱼（图3-64）：别名黑鱼，又称“乌青”，口端位，吻较尖，下咽齿1行，5/4，臼齿状；体背栉鳞，侧线鳞39～46，背鳍无硬刺；腹鳍、臀鳍黑色，体青黑色，背部更深，主食软体动物，最大可达70kg。为我国特有的重要经济鱼类，分布广泛，四大家鱼之一。

草鱼（图3-65）：又称“鲩”，下咽齿2行，2，5/4，2或2，4/5，2，栉状；体背圆鳞，侧线鳞36～48，背鳍无硬刺；体呈浅茶黄色，背部青灰，腹部灰白，腹鳍、臀鳍灰白色，鳞片斜格状；草食性，有“拓荒者之称”，最大可达35kg。为我国特有的重要经济鱼类，四大家鱼之一。分布广泛，自华南到东北均产。

图3-64 青鱼　　图3-65 草鱼

丁鱥（图3-66）：1种，背鳍3，8～9；臀鳍3，7～8；鳞细小，排列紧密，侧线鳞86～106；口前位，有短的口角须1对；咽齿1行，4/5或5/5或5/4，顶端略呈钩状；体青黑色，各鳍灰黑色；尾鳍后缘平截或微凹。为额尔齐斯河和乌伦古河的主要经济鱼类之一。

赤眼鳟（图 3-67）：1 种，体长，略呈圆筒形，腹圆，后段稍侧扁；头呈圆锥形，吻钝，外形似草鱼；体侧及背部每个鳞片后缘有黑斑，眼上半部具红斑。有 2 对极细小的须，其中有 1 对短小的颌须和 1 对微小的吻须；咽齿 3 行，顶端稍呈钩状。

图 3-66 丁鱥　　图 3-67 赤眼鳟

鳡（图 3-68）：1 种，大型凶猛性鱼类，体长，其形如梭。头呈锥形；吻尖长，口端位，口裂大，吻长远超过吻宽；下咽齿 3 行；下颌前顶端有一尖硬的骨质突起，与上颌前端的凹陷相嵌合；无须，鳞小，尾鳍深叉形。

东北雅罗鱼（图 3-69）：又称瓦氏雅罗鱼，体长而侧扁，腹部圆；口端位，口裂倾斜；唇薄，无角质缘；鳞中等大，腹部鳞片较体侧鳞小。

图 3-68 鳡　　图 3-69 东北雅罗鱼

c. 鲌亚科（Culterinae）：是我国鲤科鱼类中较大类群之一，中等体型，产量大，具有重要的经济价值。产于我国的有 16 属 55 种及亚种，比较重要的鱼类有以下 5 种。

红鳍鲌（图 3-70）：体侧扁，口上位，口裂几乎和身体纵轴垂直；背鳍具棘，分支鳍条 7，腹棱完全；体较低，体长 / 体高 =3.3 ～ 5.0；下咽齿 3 行。

图 3-70 红鳍鲌

翘嘴红鲌（图 3-71）：背鳍 3，7；具强大而光滑的硬刺；头背面几乎平直，头后背部略隆起；口上位，垂裂，下颌急剧向上翘，突出于上颌前缘；咽齿 3 行，2，4，5/5，4，2，齿端呈钩状；腹棱不完全。

蒙古红鲌（图 3-72）：头部背面平坦，头后背部略隆起；口亚上位，斜裂，下颌略长于上颌；尾鳍下叶稍长于上叶，下叶鲜红色。为凶猛肉食性鱼类，一般个体为 0.25 ～ 0.5kg，最大者可重达 3kg。

图 3-71 翘嘴红鲌　　图 3-72 蒙古红鲌

鳊（图 3-73）：体侧扁，略呈菱形，自胸基部下方至肛门间有一明显的皮质腹棱；头很小，口小，上颌比下颌稍长；背鳍具硬刺，臀鳍长，尾鳍深分叉，为广布性种类，分布于鸭绿江、黄河、淮河、长江、珠江等水系。

团头鲂（图 3-74）：又称武昌鱼，腹棱自 V 基部至肛门；口前位，体较高，体长 / 体高 = 1.9 ～ 2.8；背鳍棘长度短于头长；侧线至 V 起点的鳞片 7 ～ 9；体侧鳞片边缘灰黑，沿各纵行鳞出现数条灰白色条纹。

图 3–73 鳊

图 3–74 团头鲂

d. 鲴亚科（Xenocyprinae）：我国产 3 属。

细鳞斜颌鲴：地方名有沙姑子、黄尾刁、板黄鱼等，口下位，略呈弧形，自腹鳍基部至肛门间有明显的腹棱，下颌有较发达的角质边缘。

银鲴（图 3-75）：体延长，侧扁；头短，吻钝；口小，下位，横裂；上下颌具角质边缘；无腹棱或在肛门前方有极不发达的腹棱；体青白色，后部银白色；鳃盖膜上有一明显的橘黄色斑块；背鳍有硬棘；体侧银白色，背部青灰色，偶鳍均呈杏黄色。

e. 鳑鲏亚科（Acheilognathinae）：我国有 3 属 21 种，鳑鲏是广泛分布在亚洲和欧洲温带地区的淡水鱼，与鲤和鲫为同类，但比鲫的体形更扁平而小。到繁殖期时，产卵管会伸长，将卵产于乌蚌或泥蚌等蚌贝的鳃中，这是一种相当独特的习性。

f. 鮈亚科（Gobioninue）：我国产 22 个属 80 余种和亚种，除青藏高原地区未发现外，全国各水系均有分布。为一群中小型鱼类，种类颇多，形态变异较大。

铜鱼（图 3-76）：口角须 1 对，末端可达前鳃盖骨的后缘；体背部古铜色，腹部淡黄色，体上侧有多数浅灰色的小斑点。常见个体 0.5kg 左右，大者 4kg，为长江上游重要经济鱼类。

图 3–75 银鲴

图 3–76 铜鱼

花鲳（图 3-77）：为底层鱼类，生活于江河缓流浅水区域，也有相当大的数量进入湖泊，有些水库数量也不少。肉食性，主要摄食水生昆虫幼虫、软体动物、虾蚓和小鱼。生长较快，最大个体可达 2kg 左右。为江湖常见的中小型经济鱼类。

g. 鲃亚科（Barbinae）：我国现知有 14 属 72 种和亚种，广泛分布于秦岭以南各水系。

光倒刺鲃（图 3-78）：体长，稍呈圆筒形，尾柄侧扁；吻钝，口稍下位，呈马蹄形；须 2 对，吻须较短，颌须末端超过眼后缘。分布于长江、钱塘江、闽江、九龙江、珠江、元江、台湾岛及海南岛等诸水系。

图 3-77 花䱻　　图 3-78 光倒刺鲃

中华倒刺鲃（图 3-79）：体长而侧扁，头锥形，吻钝，口亚下位，呈马蹄形；须 2 对，颌须末端可达眼径后缘；背鳍具一后缘有锯齿的硬刺。分布于长江上游的干、支流里，中游也偶尔见之，为四川、贵州等地的重要经济鱼类。

h. 鲤亚科（Cyprininae）：中国产 5 属约 25 种和亚种。在鲤科鱼类中，种类虽不多，但有些种类如鲤和鲫，适应性强、分布广、产量大，为我国重要的经济种类。

鲤（图 3-80）：须 2 对，吻须长约为颌须的一半；咽齿三行，1，1，3/3，1，1；呈臼齿状，齿面上有 2 ～ 5 条沟纹；背、臀鳍均具有带锯齿的硬棘。分布于全国各地，肉味鲜美，黄河鲤尤为著名。

图 3-79 中华倒刺鲃　　图 3-80 鲤

鲤的种（品种）：鲤的品种很多，有 2000 多种。长期的自然和人工选育使其产生许多变异，形成了不同的亚种品种。如鳞鲤、镜鲤、红鲤、丰鲤、岳鲤、建鲤、华南鲤、元江鲤和荷包鲤等。

散鳞镜鲤：被鳞不完全，体侧有三排大鳞，体高，头小，含肉率高。我国于 20 世纪 60 ～ 80 年代从苏联、日本、德国引进。

兴国红鲤：体型略长，具有育种价值，原产于江西省兴国县的红鲤鱼。

荷包红鲤：体短而高，体重约比同体长的野鲤重 23% ～ 48%，原产于江西婺源县，常用作杂交鲤的母本。

元江鲤：华南鲤，鳃耙 18 ～ 24 个，尾鳍下叶红色，产于珠江、元江和海南。

鳞鲤：黑龙江野鲤（♂）× 镜鲤（♀）杂交而成的优良品种，头小，体高，鳃耙多，生长快。

建鲤：元江鲤（♂）× 荷包红鲤（♀）杂交，建立家系，通过家系选育、系间杂交、生物工程技术及雌核发育（横交固定）等一系列育种技术和方法培育出的优良品种。

丰鲤：散鳞镜鲤（♂）× 兴国红鲤（♀）杂交的 F1 代。

岳鲤：湘江野鲤（♂）× 荷包红鲤（♀）杂交的 F1 代，体呈青灰色，全被鳞，体粗壮。鱼种阶段生长速度比父本快 50% ～ 100%，比母本快 25% ～ 50%。

荷元鲤：元江鲤（♂）× 荷包红鲤（♀）杂交的 F1 代，体型似母本，头小，背高，体厚；头后背部显著隆起，而到背鳍末端近尾柄处呈弧形下降，尾柄长小于尾柄高，体呈青灰色。

芙蓉鲤：兴国红鲤（♂）× 散鳞镜鲤（♀）杂交的 Fl，体呈金黄色，尾鳍下叶与臀鳍为橙红色，腹部乳白，尾柄短于丰鲤。

鲫（图 3-81）：口端位，无须，下咽齿 1 行，背、臀鳍最前 1 根不分支鳍条均为带锯齿的硬棘。鲫的品种很多，分布于全国各地。金鱼是鲫的一个变种，经人工培养和选择，成为各色各样名贵的观赏鱼，现已经在世界各地广为饲养。

银鲫（图 3-82）：为鲫的近缘亚种，生活习性与鲫相似。广泛分布于欧、亚大陆的温带水域。我国产于黑龙江流域及新疆额尔齐斯河流域。

图 3-81　鲫　　　图 3-82　银鲫

鲫的种（品种）：一方面，受不同地区地理气候等诸因素的影响，经过长期的自然演化，在我国形成了多种具有不同生物学特征的地域性名优鲫鱼；另一方面，在天然野生鲫鱼的基础上，通过长期的自然和人工选育，产生了许多变异，育出了多种具有生长优势的名优鲫鱼，形成了不同的亚种品种。

方正银鲫：产于黑龙江省方正县的一种名优鲫鱼。其生长速度比普通白鲫快，最大个体可长到 1.2kg。

异育银鲫：以方正银鲫为母本，兴国红鲤为父本，经人工授精产生的异精雌核发育子代。

高背鲫（高体鲫）：选择高体型银鲫作为母本，兴国红鲤作父本产生的异精雌核发育的子代，即获得高体型异育银鲫优良品系。

彭泽鲫：地方名为芦花鲫或彭泽大鲫，直接从二倍体野生彭泽鲫中选育出的优良品种。原产于九江市彭泽县的自然水体中，因其个体大、肉质鲜美在当地久负盛名、畅销不衰。彭泽鲫具有适应性强、生长速度快、易繁殖、抗病害能力强等优点，适合在池塘、湖泊、水库等水体中养殖。

中科 5 号鲫：中国科学院水生生物研究所采用生物工程技术，人工培育而成的鲫鱼新品种。

松浦银鲫：利用人工诱导雌核发育和性别控制技术，将方正银鲫母本与雄性鳞鲤杂交所得到的全雌后代，经性别转化获得生理雄鱼，再与方正银鲫雌鱼交配，从中选出与方正银鲫形态明显不同的个体，用这些个体再与生理雄鱼回交，而获得遗传性状稳定的银鲫群体。

湘云鲫：地方名为工程鲫，是应用细胞工程和有性杂交相结合的生物工程技术手段培育而成的，以二倍体的红鲫为母本，湘江野鲤为父本杂交，形成的一种远缘杂交三倍体鱼。具有生长快、自身不育、食性广、抗逆性强、耐低氧及低温等优点。

白鲫：从日本引进，原名源五郎鲫、大孤鲫，又名河内鲫，产于日本琵琶湖，经多年的驯化和精心选育，得到的纯系优良品种，其体色银白，故名白鲫。白鲫体型大，高而侧扁，其背部隆起较明显，似驼背，头稍小，尾柄较细长，体色银白。白鲫主要食浮游植物和底栖动物等。由于白鲫生活于水体中上层，因而易捕捞。

i. 鲢亚科（Hypophthalmichthyinae）：分布于黑龙江至珠江各水系，为我国特有的经济鱼类，有 2 属 3 种。

鲢（图 3-83）：头较大，其长约为体长 1/4，腹部正中角质棱自胸鳍下方直延达肛门，胸鳍不超过腹鳍基部，体银白色，各鳍色灰白。鲢为我国主要的淡水养殖鱼类，四大家鱼之一，分布在全国各大水系。

鳙（图 3-84）：头大，其长约为体长的 1/3，故亦称胖头鱼，腹面仅腹鳍甚至肛门具皮质腹棱，胸鳍长，末端远超过腹鳍基部。鳙外形酷似鲢鱼，但因背侧的体色较暗，呈灰黑色，并有不规则黑点而俗称花鲢；腹部灰白，两侧杂有许多浅黄色及黑色的不规则小斑点。鳙为我国主要的淡水养殖鱼类，四大家鱼之一。我国各大水系均有此鱼，但以长江流域中、下游地区为主要产地。

图 3-83　鲢　　　　图 3-84　鳙

③ 双孔鱼科（Gyrinocheilidae）：无咽齿，头侧有两对鳃孔，在主鳃孔上角具一入水孔，通入鳃腔，无须，鳃耙细小，排列紧密。分布于东南亚一带的淡水中。我国仅产 1 种，双孔鱼（图 3-85），体长一般在 20cm 以下，喜栖于清水石底段的激流处，吸附在石块等表面，铲食藻类等，仅分布于西双版纳，属珍稀鱼类。

④ 裸吻鱼科（Psilorhynchidae）：偶鳍前部具 2 根以上不分支鳍条。我国仅产平鳍裸吻鱼（图 3-86）1 种，仅见于雅鲁藏布江下游。

图 3-85　双孔鱼　　　　图 3-86　平鳍裸吻鱼

⑤ 鳅科（Cobitidae）：口下位，上颌边缘只由前颌骨组成，口须 3 对以上，咽齿 1 行，数较多，鳔的前端被包在脊椎骨特化了的骨质囊中。本科鱼类的分布以东南亚最多，大部分居于石底或砂底的激流中，产沉性卵，以底栖生物为食。

鳅科常见的有长薄鳅（图 3-87）、花鳅、黄沙鳅、泥鳅（图 3-88）等。其中长薄鳅是鳅科中最大的一种，体重一般为 1 ～ 1.5kg，在长江上游是经济鱼类。泥鳅最为常见，其体细长，前端稍圆，后端侧扁，口小，下位，呈马蹄形，无眼下刺，头部无细鳞；体鳞极细小，侧线鳞 150 左右，须 5 对。

图 3-87　长薄鳅

图 3-88　泥鳅

2. 鲇形目（Siluriformes）

特征：体裸出或被骨板；上颌骨退化，仅余痕迹，用以支持口须，口须 1 ～ 4 对；两颌有齿，咽骨正常具细齿；无续骨、下鳃盖骨及顶骨；第二、三、四（有时第五）椎骨彼此固结；无肌间骨；常具脂鳍，胸鳍位低，常和背鳍一样具一强大的骨质棘；鳔大，分三室，鳔中隔的构造较复杂，少数种类鳔包在椎骨变异的骨质囊中；无幽门盲囊。本目在全世界有 31 科 1000 余种，我国约产 10 科。

鲇形目鱼类的生活习性十分多样，有些种类生活在山区河川的急流中，有的具特殊的吸附器官，如爬岩鳅有复杂的吸盘；胡子鲇有鳃上器官，可以直接呼吸空气。也有些鲇鱼生活在不见天日的地下，在岩窑中以及自流井中都曾发现过鲇鱼，这些鱼的视觉器官已退化，为盲鱼，但其他器官却相当发达，皮肤通常失去色素。

（1）海鲇科（Ariidae）

海鲇科背鳍两个，第一背鳍前有棘，第二背鳍为脂鳍，臀鳍短，胸鳍具棘；口须 6 枚，无鼻须。本科系海产鱼类，我国南方较多，现知有 1 属 3 种，区别如下。

海鲇（图 3-89）：腭骨齿每侧 3 群，绒毛状。

中华海鲇：腭骨齿每侧 1 群，粒状。

硬头海鲇：腭骨齿每侧 2 群，粒状。

图 3-89　海鲇

（2）鳗鲇科（Plotosidae）

特征：尾形如鳗，背鳍、臀鳍与尾鳍相连。见于我国南海和东海。常见的是鳗鲇，背鳍及胸鳍棘能自由起伏，棘的基部有毒腺，生物一被刺伤即疼痛不堪。肉味较差，为沿海常见的中下层鱼类。

（3）鲇科（Siluridae）

特征：背鳍短或无，无脂鳍，臀鳍长，胸鳍通常有硬刺，腹鳍腹位，尾鳍圆形、内凹或叉形，头平扁，口大，须 1 ～ 3 对，上下颌及犁骨均具绒毛状细齿。鳃盖膜不与峡部相连。我国产 4 属 12 种。最常见的鲇属，我国有 8 种。

鲇（图 3-90）：须 2 对，背鳍无硬棘和脂鳍，臀鳍基部很长，后端与尾鳍相连。肉质佳，少刺，冬季时肉味尤美，为优良养殖种类。

图 3-90　鲇

图 3-91　大口鲇

大口鲇（图3-91）：又称南方大口鲇，下颌突出于上颌。最大个体体重35～40kg。分布于长江、珠江和闽江等流域，为重要的经济鱼类。

（4）胡子鲇科（Clariidae）

特征：背鳍、臀鳍均很长，背鳍无硬刺和脂鳍，须4对，上下颌及犁骨有绒毛状齿带，鳃腔内有树枝状的鳃上器官，鳃盖膜不与峡部相连。

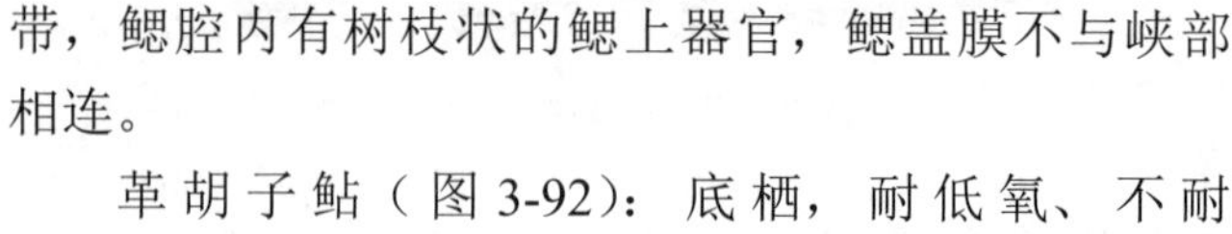

图3-92 革胡子鲇

革胡子鲇（图3-92）：底栖，耐低氧、不耐低温。食性广、生长快、养殖周期短，当年可达1.5～2.0kg。适于稻田饲养。从国外引进，是很好的养殖种类。

（5）鲿科（Bagridae）

特征：体长形，侧扁，背鳍短，有硬刺，脂鳍长或短，胸鳍有硬刺，通常有锯齿，头顶多被皮肤，口下位或次下位，上下颌有绒毛状齿带腭骨具齿，鳃盖膜不与峡部相连。我国产4属，约29种。重要的经济种类有以下两种。

黄颡鱼（图3-93）：体长，头大且平扁，吻圆钝，口大，下位，上下颌均具绒毛状细齿，须4对；无鳞；背鳍和胸鳍均具发达的硬刺，脂鳍短小。体青黄色，大多数种具不规则的褐色斑纹，各鳍灰黑带黄色。黄颡鱼分布广，除西部高原外，全国各水域均有分布，是我国常见的食用鱼类。

图3-93 黄颡鱼　　图3-94 长吻鮠

长吻鮠（图3-94）：俗名为鮠鱼、江团、肥沱等，体长，吻锥形，向前显著的突出。口下位，呈新月形，唇肥厚，须4对，细小。无鳞，背鳍及胸鳍的硬刺后缘有锯齿，脂鳍肥厚，尾鳍深分叉。体色粉红，背部稍带灰色，腹部白色，鳍为灰黑色。生长速度较快，为同类鱼中体型最大的一种，肉味鲜美，含脂量高，被誉为淡水食用鱼中的上品。

（6）叉尾鮰科（Ictaluridae）

特征：皮肤裸露，胸鳍有棘，背鳍分支鳍6根，腭骨无齿。为北美大型淡水鱼，我国引入主要有2种。

斑点叉尾鮰（图3-95）：又叫沟鲇。头小，体延长，吻较长，口亚下位，额部有明显的皮肤皱褶。体呈蓝灰色，体侧有不规则斑点。胸鳍棘内缘锯齿明显。尾深分叉。1984年引入我国，适应性强，耐高盐，生长快，个体大，肉质好。

云斑鮰（图3-96）：又名褐首鲇。头较大，体短而壮，吻宽而钝，口端位。胸鳍鳍棘上的锯齿钝，臀鳍条18～20。体黄褐色，腹部白。尾切或稍内凹。1984年引入我国。

图 3-95 斑点叉尾鮰　　图 3-96 云斑鮰

九、银汉鱼总目

腹鳍腹位、亚胸位，有 5 ～ 9 鳍条；胸鳍位高，基底斜或垂直；背鳍 1 或 2。鳔无管，体被圆鳞。由 3 个目组成，即鳉形目、银汉鱼目和颌针鱼目。

1. 鳉形目 Cyprinodontiformes

特征：鳍无棘，腹鳍腹位，有 6 ～ 7 鳍条，背鳍 1 个；体被圆鳞，无侧线；口裂上缘由前颌骨组成；无眶蝶骨、中乌喙骨；上下肋骨存在，无肌间骨。鳉形目是一群分布于热带及亚热带淡水中的小型鱼类。雌性大于雄性。本目多无经济价值，但有不少种类色彩美丽，为名贵的观赏鱼类。本目可分 2 个亚目，我国仅产鳉亚目，有 2 个科。

（1）青鳉科（Cyprinodontidae）

青鳉科头平扁，体的背部平直而腹部突起，多为卵生，无交配器；青鳉（图 3-97）在长江流域较多，个体小，一般不超过 4cm。

（2）花鳉科（Poeciliidae）

花鳉科雄鱼臀鳍的一部分转变为交配器，多卵胎生。本科都是一些小型鱼类。食蚊鱼（图 3-98）由国外移入我国上海郊区，已能自然繁殖，成鱼以蚊子幼虫等为食，故取其名。为卵胎生，性成熟快，通常在出生后的当年即性成熟，年产 4 ～ 5 胎，每胎产 10 ～ 70 尾。

图 3-97 青鳉　　图 3-98 食蚊鱼

2. 颌针鱼目（Beloniformes）

特征：体延长，被圆鳞，侧线位低，接近腹部；鳍无棘，腹鳍腹位，胸鳍位近体背方；肩带无中乌喙骨，口裂上缘仅由前颌骨组成；肠直，无幽门盲囊；骨中具有胆绿素的胆色素，故骨骼常呈绿色；鳃条骨 9 ～ 15。本目鱼多生活在海洋中，有的可进入淡水。分为 4 个科。

（1）颌针鱼科（Belonidae）

我国有扁颌针鱼属（*Ablennes*）和圆颌针鱼属（*Tylosurus*），为海洋中常见的上层肉食性鱼类，夏季游向近海产卵，卵为黏性卵，卵膜上有 20 多条细丝，用以缠在海藻上。扁颌针鱼如图 3-99 所示。

（2）竹刀鱼科（Sombresocidae）

竹刀鱼科习见模式种竹刀鱼（又名秋刀鱼）。体型细圆，棒状；背鳍后有 5 ～ 6 个小鳍，臀鳍后有 6 ～ 7 个小鳍；两颇多突起，但不呈长缘状，牙细弱；体背部深蓝色，腹部银白色，吻端与尾柄后部略带黄色。本科在我国分布于黄渤海，较少见，但在日本和朝鲜是产量很高的一种经济鱼类。

（3）鱵科（Hemirhamphidae）

鱵科多数分布在太平洋西部和印度洋东部热带水域中，主要栖息在沿岸地带，多为结群性上层鱼类，成群游动。一般个体较小，虽沿海常见，但产量不大，可供食用。

（4）飞鱼科（Exocoetidae）

飞鱼科多为暖水性上层鱼类，以太平洋赤道及热带水域中最为繁多。强有力的尾鳍可帮助它跃出水面，有时在空中滑翔可达 10s 以上，飞过 100m 以上的距离。夜间趋光性强。飞鱼（图 3-100）在我国沿海都有产，以南海最多，有一定产量，为经济鱼类。

图 3-99 扁颌针鱼　　图 3-100 飞鱼

十、鲑鲈总目

主要特征：腹鳍亚胸位或喉位，鳔无鳔管，被圆鳞或栉鳞，奇鳞有棘或无，有些种类具脂鳍，尾鳍骨骼具有一正中轴尾下骨片，分 2 个目，即鲑鲈目（Percopsiformes）和鳕形目（Gakiformes），我国仅产鳕形目。

鳕形目鱼类是寒带性鱼类，多数分布于太平洋和大西洋的北部海区。主要的经济鱼类约有六七种，其中以分布于北太平洋的狭鳕（明太鱼）产量最高，年产近 500 万 t，广泛分布于太平洋北部，从日本海南部向北沿俄罗斯东部沿海均有分布。北大西洋的经济鳕鱼类甚多，最重要的是大西洋鳕、挪威鳕、青鳕和黑线鳕，其中以大西洋鳕的产量最高，主要分布于大西洋东北和西北海域，北冰洋、印度洋以及南极海域也有分布。

鳕形目可分 4 亚目，产于我国的有 3 亚目，分别为鳕亚目、长尾鳕亚目、鼬鳚亚目。鳕亚目现知我国有 4 科。

鳕科：犁骨具牙，鳔前方无大的突起，腹鳍胸位，头顶部无鳍条。

犀鳕科：犁骨具牙，鳔前方无大的突起，腹鳍喉位，头顶部具鳍条。

深海鳕科：犁骨无牙（仅 *Mora* 属例外），鳔前端每侧有一大角状突起。

江鳕科：只有江鳕一种。

1. 鳕

鳕（图 3-101）：有 2 个臀鳍，3 个背鳍。分布于西北太平洋。鳕在我国产于黄海、渤海和东海北部，为黄海北部重要经济鱼类之一，为寒带性底层鱼类，黄海的鱼群一般栖息于水深 50 ～ 80m 的泥沙或软泥底质海区，索饵鱼群的适宜温度为 5 ～ 10℃。渔期有冬、夏两汛，冬汛是 12 月至翌年 2 月；夏汛为 4 ～ 7 月。

2. 江鳕

江鳕（图 3-102）：是鳕鱼类中唯一的淡水种类，也是中国冷水鱼类的珍稀物种，在中国分布于额尔齐斯河、黑龙江及鸭绿江等水系。江鳕具有较高的经济价值、药用价值和特殊的科学研究价值，在国际上属于高端消费品种。

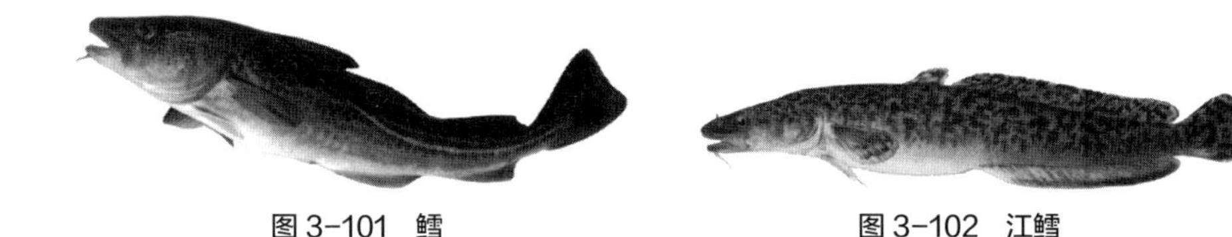

图 3-101 鳕　　图 3-102 江鳕

十一、鲈形总目

主要特征：腹鳍胸位或喉位（仅金眼鲷目、鲻形目及刺鱼目某些种类为亚胸位或喉位）。鳍一般有棘，体通常被栉鳞，稀有裸出或被小骨片或骨板。许多种类头部骨骼上具刺。口裂上缘仅由前颌骨组成。鳔无管或无鳔，少见鳔有管。鲈形总目有 10 个目。

1. 刺鱼目（Gasterosteiformes）

特征：腹鳍胸位或亚胸位，或无腹鳍；背鳍 1 ～ 2 个，有些种类的第一背鳍为游离的棘；无眶蝶骨，吻通常呈管状，身体裸露无鳞或沿体侧有一行骨板。分为 3 个亚目。

（1）刺鱼亚目 Gasterosteoidei

刺鱼亚目为生活在较寒冷地区的小型鱼类，栖息在淡水、咸淡水及海水中。我国仅产刺鱼科，见于北方的有中华多刺鱼和三刺鱼，中华多刺鱼背鳍有 9 个游离的棘，故称九刺鱼。

（2）管口鱼亚目（Aulostomoidei）

管口鱼亚目具腹鳍，吻呈管状。有 4 个科，产于我国的有 3 科。

管口鱼科（Aulostomidae）：两颌具细齿，侧线连续，体侧扁，具栉鳞，第一背鳍为游离的棘，尾鳍为矛形，见于我国的只有中华管口鱼。

烟管鱼科（Fistulariidae）：两颌具细齿，侧线连续，体纵长，无鳞，背鳞 1 个，尾鳍叉形，正中 2 鳍条作丝状延长，分布于热带及亚热带地区，现知有 1 属 2 种，一是鳞烟管鱼（图 3-103），皮肤光滑裸露，背鳍、臀鳍的前后方，背腹部正中线上无线状鳞，我国东海、南海均有产；另一为毛烟管鱼，皮肤粗杂，背鳍、臀鳍的前后方、背腹部正中线上有线状鳞，见于我国南海。

玻甲鱼科（Centriscidae）：体侧扁，两颌无齿，无侧线，身体完全被于透明骨质甲中，常见的是玻甲鱼和条纹虾鱼，产于我国南海。

2. 海龙目（Syngnathiformes）

海龙目无腹鳍，鳃孔小，鳃退化成球形。

海龙科（Syngnathidae）：体长形，尾细长；每侧鼻孔 2 个，通常 1 背鳍，体被以环状骨片。海龙鱼种类较多，广泛分布在海洋各处，大都生活在沿海多海藻的水域，作垂直游泳。

雄鱼的腹部常有育儿囊，由二皮皱形成，卵产在其内并进行孵化。

本科的海马、海龙虽无食用价值，但为名贵中药，具有极高药用价值。目前人工养殖海马已获得成功。主要养殖种类有三斑海马、克氏海马、刺海马、大海马等。

3. 鲻形目（Mugiliformes）

鲻形目的特征：腹鳍腹位或亚胸位；腰骨以腱连于匙骨或后匙骨上；背鳍 2 个，分离，第一背鳍由鳍棘组成；圆鳞或栉鳞，侧线或有或无；鳃孔宽大，鳃条骨 5 ～ 7 个，鳃盖骨后缘无棘或具细锯齿。包括 3 个亚目。

（1）魣亚目（Sphyraenoidei）

魣亚目为分布于温热带海域中的食肉性鱼类，有些个体可以长得很大，长达 3m。本亚目仅有一科，最常见的是油魣（图 3-104），性喜群游，但不集成大群，常追逐各集群性小鱼的后方捕食之，为兼捕的杂鱼，产量不甚高，可供食用，味美，为次要经济鱼类。

图 3-103 鳞烟管鱼　　图 3-104 油魣

（2）鲻亚目（Mugiloidei）

鲻亚目包括了一些海水养殖的重要品种，多生活于热带和亚热带的海水中，也可进入淡水生活。我国南北沿海均有分布，只有 1 科。

鲻科（Mugilidae）：包括的种类很多，全世界有 10 余属，我国有 7 种。鲻鲮鱼类主食藻类及底泥中的有机物质、无脊椎动物等，且可适应在不同盐度的水域中生活，为海水养殖的理想对象，养殖历史相当悠久。

鲻（图 3-105）：地方名有乌鲻、乌头、黑耳鲻等。体长纺锤形，稍侧扁，腹面钝圆。下颌前端有一突起，与上颌的凹陷嵌合，上下颌边缘具有绒毛状细齿。眼大，眼间隔平坦，脂眼睑特别发达，盖住瞳孔的 1/3。体被大型圆鳞。体侧上方具有 7 条暗色纵条纹。鲻鱼广泛分布于沿海及通海的淡水河流中，但利用池塘单独精养鲻鱼并不多见，其原因是产量低而不稳定，主要养殖方式是粗养和混养。

图 3-105 鲻　　图 3-106 鲮

鲮（图 3-106）：地方名为肉棍子、红眼鲻等。鲮鱼体细长，前部圆筒状，后部侧扁，一般体长 20 ～ 40cm，体重 400 ～ 2000g。背平直，吻宽短，口裂略呈“人”字形，下颌前端中央具一突起，可嵌入上颌相对的凹陷中。眼较小、红色，脂眼睑不发达，体侧上方有数条黑色纵纹。分布于西北太平洋，我国沿海以黄渤海盛产，山东半岛南岸春汛为3～4月、秋汛为10～12月，北岸渔汛为6月上旬到10月下旬；江苏连云港渔汛为3月初。

（3）马鲅亚目（Polynemoidei）

马鲅亚目为热带及温带的近海鱼类，喜栖于砂石质的海滨处所，有时亦进入淡水。只有1科，即马鲅科。我国已知有2属3种，即四指马鲅（图3-107）、五指马鲅、六指马鲅，三者主要根据胸鳍下方游离鳍条的数目来区别。

四指马鲅最常见，黄渤海、东海、南海均有产，为热带和温带的海产鱼类，喜栖息于沙底海区，南海的生殖期在4～5月，卵浮性。每年春夏两季为渔汛旺季，有一定产量，肉嫩刺少，肉味佳美，为上等食用鱼类。

4. 合鳃目（Symbranchiformes）

特征：体鳗形；鳍无棘，无胸鳍、腹鳍很小，2鳍条，腹鳍喉位或无，背鳍、臀鳍与尾鳍连在一起；鳃孔相连为一横裂，位于喉部，鳃通常呈退化状，口咽腔具辅助呼吸能力；无鳔。

合鳃科（Symbranchidae）：我国仅产1属2种：黄鳝和山黄鳝。黄鳝（图3-108），体黄褐色，布满不规则黑色斑点，鳃退化，为3对，有性逆转特性。体长100mm以下为雌性，530mm以上为雄性，360～380mm雌雄相等，第一次产卵后雌变雄。

图3-107 四指马鲅 图3-108 黄鳝

黄鳝为热带及暖温带鱼类，营底栖生活，适应能力强，在河道、湖泊、沟渠及稻田中都能生存。它是以各种小动物为食的杂食性鱼类，性贪，夏季摄食最为旺盛，寒冷季节可长期不食而不至死亡。

5. 鲈形目（Prtciformes）

特征：背鳍一般为两个，第一背鳍由鳍棘组成；第二背鳍由鳍条组成；腹鳍不多于6鳍条，一般为胸位，有时为喉位或位于胸鳍稍后下方；尾鳍通常不超过17主要鳍条；上下颌骨一般不参加口裂边缘的组；腰骨常直接连于匙骨上，无眶蝶骨，后颞骨通常分叉，有中筛骨，肩带无中乌喙骨，有上下肋骨，无肌间骨；鳔无管。

鲈形目是硬骨鱼类中种类最多的一个目，主要为海产，经济价值高。在全世界鲈形目鱼类的生产中，以石首鱼类和金枪鱼类占主要地位，其次为鲭科、鲐科和鲷科等。我国海产经济鱼类约有一半以上隶属本目。鲈形目可分20个亚目，我国产15个亚目。

（1）鲈亚目（Percoidei）

本亚目是鲈形目最大的一个亚目，主要包括栖息在热带和温带区域的海水鱼类和淡水鱼类，种类繁多。它们背鳍鳍棘一般发达，腹鳍1鳍棘5鳍条，胸位或喉位；上颌骨与前颌骨连接不密切；肋骨不包围鳔。我国大半海水食用经济鱼类均属本亚目。本亚目在全世界有68科，我国现知约有48科。

① 尖吻鲈科（Latidae）：背鳍 2 个，连续或稍分离，具 7 ～ 8 个鳍棘，10 ～ 15 个鳍条；臀鳍具 3 根鳍棘，8 ～ 13 根鳍条，尾鳍为圆形。

尖吻鲈（图 3-109）：地方名盲鳢、金目鲈。体延长，侧扁，背缘稍呈弧形，腹缘平直。上颌骨末端伸达鼻孔下方，两鼻孔相近，前鳃盖骨下缘具棘，舌无齿。尾鳍圆，呈扇形。体被较大的栉鳞，侧线鳞 52 ～ 61。雌雄同体，雄性先成熟，到一定年龄及大小时，由雄性转化为雌性。

为暖水性凶猛的肉食性鱼类，生活在海水、咸淡水及淡水中，在沿海水域栖息和觅食，喜缓缓而流的清水。其肉质鲜美，营养价值高，而且具生长性快、养殖周期短、广盐性等优点，目前在广东、海南等地养殖，发展迅速。

② 鮨科（Serranidae）：前鳃盖骨一般具锯齿，鳃盖骨具扁平棘 1 ～ 3，鳃盖条 5 ～ 8。背鳍棘一般 9 以上，如为 7 ～ 8，则尾鳍不圆或前鳃盖骨隅角无大棘。为多栖息于温热带海藻茂盛的近岸区的大型肉食性种类，少数可在淡水中生活。性贪食，为良好的食用经济鱼类。鮨科在我国产 11 个亚科，常见有 3 个亚科，检索表如下。

1（2）背鳍鳍棘部与鳍条部分离或仅于基部相连，中间有明显缺刻 .... 常鲈亚科

2（1）背鳍鳍棘部与鳍条部相连，一般无缺刻

3（4）两颌内行齿不能倾倒；背鳍具 11 ～ 14 鳍棘 .... 鳜亚科

4（3）两颌内行齿可倾倒；背鳍具 8 ～ 11 鳍棘 .... 石斑鱼亚科

a. 常鲈亚科（Oligorinae）：花鲈属，仅花鲈一种（图 3-110），即鲈鱼。体延长，侧扁。口大，倾斜，下颌突出。齿绒毛状，体被小栉鳞。体背侧、背鳍上有黑色斑点，大个体不明显。为近岸浅海鱼类，常在河口一带生活，也可进入淡水。凶猛性，贪食，生长快，3 ～ 4 龄成熟。个体大，可达 10kg，肉味鲜美，已开展养殖。

图 3-109　尖吻鲈　　　　图 3-110　花鲈

b. 鳜亚科（Sinipercinae）：鳜（图 3-111），地方名桂花鱼、桂鱼、胖鳜、季花鱼、鳌花鱼、花鲫鱼、花花媳妇、锯婆子等。鱼高侧扁（体长为体高的 2.7 ～ 3.1 倍），背部隆起，腹部圆。口裂大，略倾斜，上颌骨末端伸至眼睛后缘。上下颌、犁骨和口盖骨均有大小不等的小齿。鳞片细小，侧线弯曲。背鳍较长，分为前后两部分，前半部的鳍条为硬刺状，12 根，后半部为软鳍条，13 ～ 15 根。体侧有大小不规则的褐色纹和斑块。鳜鱼分布很广，为底层鱼类，一般生活在静水或缓流的水体中，尤以水草茂盛的湖泊中为多，有卧穴的习性。除青藏高原外，我国所有江河湖库都有分布，以长江流域的湖北、江西、安徽等省产量较高。为凶猛鱼类，主要摄食小鱼，其次为虾类，有时吞食同类，成鱼对鲤、鲫等的幼鱼有较大危害。目前，我国已对鳜鱼进行人工繁殖和养殖。

c. 石斑鱼亚科（Epinephelinae）：暖水性凶猛鱼类，多栖息于海底礁石间。该亚科鱼类经济价值高，是上等食用鱼类。我国产 10 属，主要是石斑鱼属。常见 3 种（图 3-112 ～图

3-114）检索表如下，其中宝石石斑鱼主要分布于南海。

1（2）尾鳍凹形，末端具白边；体侧具多角形褐色大斑点………………宝石石斑鱼

2（1）尾鳍圆形

3（4）体侧具6条横带（分布于南海、东海）……………………青石斑鱼

4（3）体侧无横带；被小于瞳孔的赤色斑点（分布于南海、东海）………赤点石斑鱼

图3-111 鳜　　图3-112 宝石石斑鱼

图3-113 青石斑鱼　　图3-114 赤点石斑鱼

斜带石斑鱼（图3-115）：地方名青斑。体延长，前鳃盖具钝角，头和体背呈棕褐色，鱼体和鳍条的中部密布橙褐色或红褐色的小斑点，腹部底纹呈白色，体侧有5条大而不规则、间断且向腹部分叉的黑斑。

云纹石斑鱼（图3-116）：一般体长23～25cm，体侧有6条暗棕色斑带，仅1～2带斜向头部，其余各带均自背部伸向腹缘，各带下方多分叉，体侧和各鳍上皆无斑点。

图3-115 斜带石斑鱼　　图3-116 云纹石斑鱼

③ 松鲷科（Lobotidae）：全球仅产一属一种，即松鲷，我国黄渤海、东海及南海都有产。鱼全体黑色，胸鳍灰白色，其他各鳍黑色，为温热带海产种类，多栖息在浅海，产量不大。

④ 大眼鲷科（Priacanthidae）：体长椭圆形或卵圆形，较侧扁；吻短，眼巨大，约为头长之半；鳞片小，粗糙；腹鳍甚大，略在胸鳍之前。为热带或亚热带底层鱼类，一般生活在较深海处。产量较大，为食用经济鱼类。在我国最常见的是长尾大眼鲷（图3-117），在南方沿海都有发现，生活时全体赤色，腹部色较浅。栖息于水的底层，以桡足类为主要饵料，为南海底曳网主要捕捞对象之一，产量大。

⑤ 天竺鲷科（Apogonidae）：体长，椭圆形或延长，有时侧扁而高；头较大而侧扁，口

大，倾斜，两颌、梨骨及腭骨上具带状绒毛齿，间有犬齿；鳞片大，栉鳞或圆鳞。本科鱼类是一群栖息在暖海中的小型鱼类。

⑥ 鱚科（Sillaginidae）：体长，略呈圆柱状，稍侧扁，体被小栉鳞；头前部平坦，头骨具黏液腔，吻钝尖，口小，两颌齿细小，犁骨具绒毛齿，腭骨及舌上无齿。为中小型的沿岸性鱼类。

多鳞鱚（图 3-118）：体呈细长圆柱形，头呈锥形，口小，眼大，鳞片细小极易脱落。生活于水深 1 ～ 60m 海域，大多活动于沿岸内湾，偶尔进入河口。性胆小，易受惊吓，且会潜入沙中躲藏，为常见的沿岸经济食用鱼类。

图 3-117　长尾大眼鲷

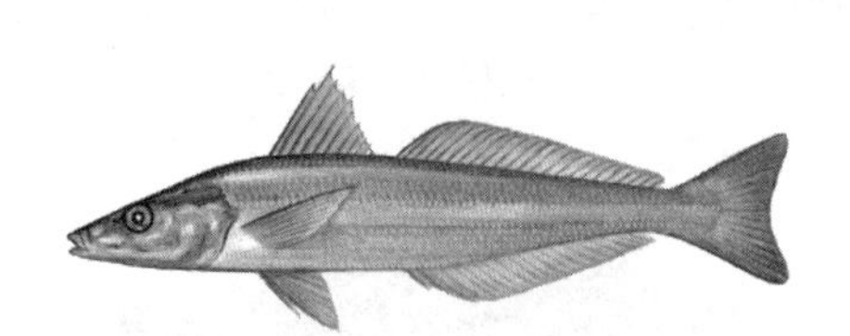
图 3-118　多鳞鱚

⑦ 方头鱼科（Branchiostegidae）：体延长，侧扁，头钝圆，近方形；眼中等大，位靠近背缘；口中等大，稍倾斜，两颌具尖齿；尾鳍双凹形。常见的是日本方头鱼（图 3-119），东海、黄海常可捕获，产量不甚多，但肉味佳美。

⑧ 军曹鱼科（Rachycentridae）：仅军曹鱼一属一种（图 3-120）。体延长，稍侧扁，体侧具 3 条黑纵纹。第一背鳍有 6 ～ 9 鳍棘，短粗而分离，可收纳于背沟中。凶猛鱼，沿海均产。

图 3-119　日本方头鱼　　图 3-120　军曹鱼

⑨ 鲹科（Carangidae）：体多呈侧扁，头侧扁；尾柄细；鳞小，圆鳞，有时隐入皮下；侧线完全，常有棱鳞着生在侧线的全部或一部，亦有无棱鳞者；两个背鳍多少分离，第一背鳍短，棘细弱，第二背鳍长；臀鳍通常与第二背鳍同形，其前方常有二分离棘，有时第二背鳍及臀鳍的后方有一个或几个小鳍。本科鱼类是一群生活在水的中层、善于游泳的海水鱼类，种类繁多，盛产于热带海洋。我国现知 4 亚科 15 属 50 多种，都有食用价值，不少种类是重要经济种类。

蓝圆鲹（图 3-121）：为暖水性中上层鱼类，喜集群，对蓝绿光有趋向性。分布于中国海南省到日本南部，在东海主要分布于中国福建沿岸，为南海经济鱼类之一。

布氏鲳鲹（图 3-122）：体呈鲳形，高而侧扁。为暖水性中上层鱼类，体型较大，一般不结成大群。肉细嫩，味鲜美，是名贵的食用鱼类，因其生长快、适应性强，目前在福建、广东等南方地区产量高，开发养殖较多。

图 3-121　蓝圆鲹

图 3-122　布氏鲳鲹

黄条鰤（图 3-123）：从吻至尾柄有一明显的黄色纵带，肉鲜美，可做生鱼片，是福建等地网箱养殖种类之一。为海洋暖温性中上层掠食性鱼类，生长速度很快，通常在表层水温为 20 ～ 25℃以上时觅食活跃。

竹荚鱼（图 3-124）：侧线全部被棱鳞，背部绿黄，腹部银白。对声音敏感，贪食，生长较快，1 ～ 2 龄成熟，体长约 20cm。分批产卵。组胺酸含量高，易腐败产生组织胺，引起过敏性中毒。我国各海区均有分布，尤以北方沿海产量较多，为我国重要经济鱼类之一。

图 3-123　黄条鰤

图 3-124　竹荚鱼

⑩ 石首鱼科（Sciaenidae）：体延长，侧扁，被有栉鳞或圆鳞；头部具有发达的黏液腔，颏部具黏液孔或小须；背鳍连续，具一缺刻，臀鳍 2 鳍棘；鳔具分支，耳石大；颌齿细小，呈绒毛状，或有犬齿，犁骨、腭骨及舌上均无齿。为一类海洋重要经济鱼类。因能借连于鳔上的肌肉发出声响，故英文名为 Orum Fish“鼓鱼”之称。

叫姑鱼属：皮氏叫姑鱼（图 3-125）无颏须，臀鳍第 2 棘粗大，长大于眼径。近海小型中下层鱼，以甲壳类为食。分布广、产量较高，个体小，寿命 4 龄。

黄姑鱼属：黄姑鱼（图 3-126）背鳍条 28 ～ 32，鳃耙 17。体侧有黑色波浪状。暖水近海中下层鱼，底栖动物食性，春天群体密集，伴有“咕咕”叫声。肉味鲜美，生长快，3 龄成熟。

图 3-125　皮氏叫姑鱼

图 3-126　黄姑鱼

白姑鱼属：白姑鱼（图 3-127）尾鳍圆形，背鳍鳍条部有一白色纵带，鳍条 25 ～ 28。暖温性中下层鱼，以底栖动物为食，2 龄成熟，肉质好，为食用鱼。

鮸属：仅鮸（图 3-128）1 种。近海暖温性中下层鱼类。喜分散活动，以小鱼、小虾为食。

生长快，个体大，一般重 2kg。肉质细嫩，鳔可制成“鱼胶”，为名贵大中型食用鱼。

图 3-127 白姑鱼　　图 3-128 鮸

黄鱼属：我国有 2 种，大黄鱼（图 3-129）、小黄鱼（图 3-130），均为重要的经济鱼类，主要区别如下。

图 3-129 大黄鱼　　图 3-130 小黄鱼

大黄鱼：尾柄长为尾柄高的 3 倍，臀鳍第 2 棘长等于或稍大于眼径，背鳍与侧线间具 8 ～ 9 行鳞。为暖水性集群洄游鱼类，生活在 60m 以内近海的中下层。食性广，主食甲壳动物和小型鱼类。肉味美，富含蛋白质，鱼鳔可制成名贵食品“鱼胶”。分布于南海、东海以及黄海南部，曾为我国四大海洋经济鱼类之一。生长快，寿命长，已实现人工养殖。

小黄鱼：尾柄长为尾柄高的 2 倍，臀鳍第 2 棘长小于眼径，背鳍与侧线间具 5 ～ 6 行鳞。为温水性集群洄游鱼类，栖息于软泥或泥沙底质的海区。食性广，主食甲壳动物和小型鱼类。分布于黄海、渤海和东海，曾为我国四大海洋经济鱼类之一。

拟石首鱼属：眼斑拟石首鱼（图 3-131），又称美国红鱼，体延长，呈纺锤形，侧扁，头部钝圆，背部略微隆起。外形与黄姑鱼较为相似。区别在于其背部和体侧的体色微红，幼鱼尾柄基部上方有一黑色斑点。分布于美国大西洋一带，抗病力强、成长快速、存活率高、耐低氧，非常适合高密度的养殖。1991 年引进我国，目前在我国已经普遍推广养殖。

⑪ 银鲈科（Gerridae）：体侧扁，近卵圆形；体被较大的圆鳞；上颌骨外露，不被眶前骨所盖；口小，可向前和向下伸出，无辅上颌骨；两颌齿绒毛状，梨骨、腭骨及舌上均无齿。本科鱼类为热带及亚热带海洋鱼类，多生活在近海中下层，我国仅分布于南海及东海南部。我国现知有 3 属，常见的有五棘银鲈、长棘银鲈、日本十棘银鲈等种类。

⑫ 笛鲷科（Lutianidae）：体侧扁，椭圆形，或稍延长；体被中小型栉鳞或圆鳞，颊部及鳃盖部一般被鳞；上颌骨大部被眶前骨所盖；两颌齿细小，尖锐，外列或前端齿有时扩大成犬齿；鳃盖骨一般无棘，鳃膜与峡部不连。广泛分布于温热带三大海洋区，在我国则分布于东海及南海，均为珍贵的食用经济鱼类。一般为中小型，有些为大型。种类繁多，其中最重要的是红鳍笛鲷（图 3-132），在广东、台湾等地养殖较多。其体表侧线上下方鳞片皆后斜，背鳍鳍条基底大于鳍高，鳍后缘略带圆，体表呈红色，腹部浅红色，故称“红鱼”。

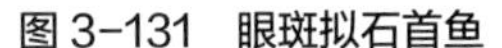

图 3-131 眼斑拟石首鱼　　图 3-132 红鳍笛鲷

⑬ 裸颊鲷科（Letherinidae）：体为长椭圆形，侧扁；体被中等大栉鳞，侧线完整；头部鳃盖骨具鳞，前鳃盖骨及其余部分皆裸露无鳞；吻部尖而长。本科只有裸颊鲷属，分布于太平洋及印度洋的热带海域，均为食用经济及观赏鱼类。常见种类有红鳍裸颊鲷（图 3-133）、长吻裸颊鲷、杂色裸颊鲷、星斑裸颊鲷等。

⑭ 鲷科（Sparidae）：体为椭圆形或长椭圆形，侧扁，一般背缘隆起度较腹缘大；体被中等大的圆鳞或栉鳞；上颌骨大部或全部被眶前骨所遮盖；齿强，前端为犬齿状、圆锥状或门齿状，两侧为臼齿或颗粒齿；鳃膜与峡部不连。本科为温热带的海洋底栖鱼类，种类甚多，肉味鲜美，为重要的食用经济鱼类，多数是水产养殖的重要经济种类。我国现知有 6 属 8 种。

真鲷属：真鲷（图 3-134），体朱红色，上下颌两侧臼齿 2 行。后鼻孔椭圆形，背鳍无延长的鳍棘。为近海暖水性底层鱼类，喜结群，主要摄食底栖动物。生长较快，个体大，寿命长，肉细嫩，味鲜美，为名贵的海产经济鱼类。有季节性洄游习性，表现为生殖洄游，现已为人工养殖品种。

图 3-133 红鳍裸颊鲷

图 3-134 真鲷

平鲷属：平鲷（图 3-135），背鳍棘 11，鳍条 13 ～ 14，臀鳍棘 3，鳍条 10 ～ 11，侧线鳞 53 ～ 68，体侧有多条暗色线纹。我国仅此 1 种，沿海均产，杂食性，肉味美，为港养、海湾放养对象。

⑮ 石鲈科（Pomadasyidae）：体多呈长椭圆形，稍侧扁，颏部具 1 ～ 3 对颏孔或具中央沟，两颌齿细尖，背鳍连续，常具 1 缺刻。为一群栖息于热带的中型鱼类，分布很广，有较高的经济价值，有许多种类如花尾胡椒鲷、斜带髭鲷等已开发成福建、广东等地的重要养殖品种。现知我国有 5 属 20 余种。

髭鲷属：斜带髭鲷（图 3-136），背鳍第 3 根棘短于第 4 根棘，体侧有 2 条深色弧形斜带。为中下层近海鱼，行动迟缓，以鱼、虾为食，一般体长 20cm 左右，肉味鲜美。

图 3-135　平鲷

图 3-136　斜带髭鲷

胡椒鲷属：花尾胡椒鲷（图 3-137），体侧具 3 条黑色宽斜带，第 2 条带以上部分和背鳍、尾鳍鳍条上散布黑圆点，背鳍棘 12 ～ 13。为暖温性浅海底层鱼，以小鱼、底栖甲壳类为食，一般体长 20 ～ 30cm，肉味鲜美。

矶鲈属：三线矶鲈（图 3-138），我国仅此 1 种，个体长可达 40cm，为优质食用与观赏鱼。

图 3-137　花尾胡椒鲷

图 3-138　三线矶鲈

石鲈属：大斑石鲈（图 3-139），体侧有大小不等的指印状斑，背鳍鳍棘部有 1 深色大斑，侧线上鳞 6 ～ 8 行，为暖热带沿岸中小型鱼。

⑯ 丽鱼科（Cichlidae）：体一般为长椭圆形，被中大栉鳞，侧线前后中断为二，一般上侧线止于背鳍鳍条末端之下，下侧线则位于尾柄的中部；口不大，两颌牙一般呈锥形，腭骨无齿，前颌骨能伸缩；背鳍连续，鳍棘发达。原分布于南美、中美、非洲及西南亚。多为观赏鱼。

罗非鱼属：有 100 个品种以上。罗非鱼广泛分布于非洲大陆的淡水和沿海咸淡水水域，为广盐性热带鱼类。对环境的适应性很强，能耐高盐度、低氧和浑浊水。但不耐低温，最适水温为 20 ～ 35℃，最低临界温度为 10℃，最高临界度为 40℃。是以植物为主的杂食性鱼类。罗非鱼性成熟早，产卵周期短，依地区不同而有差异。热带的罗非鱼，孵出后 2 ～ 3 个月，体长 7 ～ 8cm 达性成熟。每年繁殖 6 ～ 11 次。产卵前，雄鱼挖穴，雌鱼在穴内产卵，雄鱼排精，沉性卵，受精卵含于雌鱼口腔内孵化。罗非鱼容易饲养，肉质好，已成为世界性养殖鱼类。我国先后引进的罗非鱼有近十余种。罗非鱼的肉味鲜美，肉质细嫩。

莫桑比克罗非鱼（图 3-140）：原产地在非洲的莫桑比克，自 1956 年、1957 年分别由泰国和越南引入我国广东省进行试养。莫桑比克罗非鱼生存的临界温度为 13℃和 40℃。其是广盐性鱼类，耐盐度范围很大，既能在淡水中生活，又能在盐度为 40‰的咸水中生活，但繁殖会受到影响。其最适合的盐度是 8.5‰～ 17‰。

图 3-139　大斑石鲈

图 3-140　莫桑比克罗非鱼

尼罗罗非鱼（图 3-141）：适宜的温度为 16 ～ 38℃，最适生长水温为 24 ～ 32℃，30℃时生长最快。致死温度上限为 42℃，下限为 10℃。14 ～ 15℃食欲减退，10℃完全不摄食。尼罗罗非鱼耐低氧性较强，在溶氧低于 0.7 mg/L 的水体中，仍能摄食；水中溶氧为 1.6 mg/L 时，能生活繁殖；其窒息点为 0.07 ～ 0.23 mg/L 的溶氧量。可在 17‰以下的海水中生长、发育和繁殖，能在 pH 值为 4.5 ～ 10 的水体中生长。尼罗罗非鱼有互相残食的习性，主要表现在鱼苗期间，大苗吞食小苗的现象比较严重。成鱼遇惊便潜入水底的软泥中，不易捕捞。

福寿鱼：尼罗罗非鱼（雌）与莫桑比克罗非鱼（雄）的杂交种，其全雄率可达 90%。福寿鱼体形与尼罗罗非鱼相似，呈灰绿色。适宜生长温度为 20 ～ 35℃。食性同亲本，对饲料质量要求不高，以少量的精饲料配多量的粗饲料，就能满足要求。还能摄食池塘底部和水中残饲碎屑，是池塘的“清洁工”，消化功能较强。有明显的杂交优势，目前已经较少养殖。

吉富罗非鱼：吉富尼罗罗非鱼（简称“吉富鱼”），是由国际水生生物资源管理中心（ICLARM）等机构通过对 4 个非洲原产地直接引进的尼罗罗非鱼品系（埃及、加纳、肯尼亚、塞内加尔）和 4 个在亚洲养殖比较广泛的尼罗罗非鱼品系（以色列、新加坡、泰国、中国台湾）经混合选育获得的优良品系，于 1994 年由上海水产大学从菲律宾引入我国。同国内现有养殖的尼罗罗非鱼品系相比，吉富鱼的生长速度快 5% ～ 30%，起捕率高，耐盐性好，单位面积产量高 20% ～ 30%，遗传性状较为稳定，但雄性率不高。

奥利亚罗非鱼：奥利亚罗非鱼与尼罗罗非鱼形态上最明显的差别在尾鳍的条纹上。前者为紫色不垂直的点状条纹，后者尾鳍条纹为黑色垂直。

奥尼鱼：奥尼鱼是尼罗罗非鱼（♀）与奥利亚罗非鱼（♂）杂交，而获得的杂交子一代。奥尼鱼雄性率高，达到 83% ～ 100%，平均在 92% 以上。抗寒能力比尼罗罗非鱼和福寿鱼都略强。

彩虹鲷：又称红罗非鱼。红罗非鱼是罗非鱼中的一个杂交变异种，体色有粉红、红色、儒红、橙红、橘黄等，生活习性与其他罗非鱼一样。红罗非鱼属热带广盐性鱼类，耐低氧，窒息点较低，对盐度适应范围广，可在盐度 0 ～ 30‰生活，适温范围为 15 ～ 38℃，致死温度最低 7℃、最高 42℃。食性为杂食偏植物性，天然条件下以浮游植物为主，也摄食浮游动物、底栖附着藻类、寡毛类、有机碎片等。人工投饲可直接摄食豆饼、花生饼、米糠、玉米粉、鱼粉、配合饲料等。

（2）刺尾鱼亚目（Acanthuroidei）

皮肤颇坚韧，被以细小的鳞片。臀鳍有 2 ～ 3 鳍棘或 7 鳍棘。腹鳍有 1 鳍棘 2 ～ 5 鳍条或内外各有 1 鳍棘，中间夹有 3 鳍条。本亚目为热带及亚热带的近岸或珊瑚礁鱼类。共有 3 个科，即篮子鱼科、镰鱼科、刺尾鱼科。其中较常见的是蓝子鱼科的褐篮子鱼（图 3-142）。蓝子鱼的背鳍及臀鳍鳍棘基部有毒腺，被刺伤后可引起疼痛。蓝子鱼产量虽不高，但肉味佳美，逐渐成为水产养殖的重要鱼类之一。

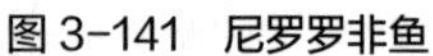

图 3-141 尼罗罗非鱼　　图 3-142 褐篮子鱼

（3）带鱼亚目（Trichijuroidei）

体延长，侧扁，口裂大，上下颌具强大犬齿；前颌骨固着于上颌骨，不能向前伸突。背鳍及臀鳍均很长。本亚目只有带鱼科和蛇鲭科。我国现知有 14 属 18 余种。

带鱼（图 3-143）：我国传统食用鱼类，我国海洋捕捞四大渔业对象之一。生活在水深 30 ～ 200m、底质为泥沙的近海海区，以水深 30 ～ 100m 处分布密度较大，活动于水体的中、下层，为凶猛的肉食性鱼类；具洄游习性，生殖期间集群游往近岸的浅海区产卵；具垂直移动性，白天沉入海区深处，清晨和黄昏逗留于海区表层。

图 3-143 带鱼

小带鱼和沙带鱼主要分布于南海及东海，常与带鱼混在一起，但产量不高。窄颅带鱼目前仅见于东海，栖息于水深 50 ～ 70m 的外海中，比较少见。

（4）鲭亚目（Scombroidei）

前颌骨固着于上颌骨，不能向前伸出，臀鳍前无游离鳍棘，有或无皮肤血管系统。鲭亚目鱼体大多呈纺锤形，多是一些快速游泳的种类，如鲐鱼、金枪鱼等，经济价值很高，是世界渔业重要捕捞对象之一。

① 鲭科（Scombridae）：体呈纺锤形，被细小圆鳞；背鳍 2 个，第二背鳍及臀鳍相对，后方有小鳍；尾鳍深叉形，尾柄两侧有 2 ～ 3 条隆起嵴。我国现知产 9 属约 20 种，许多都是价值较高的经济鱼类，如以下几种。

白腹鲭（图 3-144）：又名日本鲭、鲐鱼。体粗壮微扁，呈纺锤形；头部前端细尖似圆锥形，上下颌各具一行细牙，犁骨和腭骨有牙；体被细小圆鳞，体背呈青黑色或深蓝色，体两侧胸鳍水平线以上有不规则的深蓝色虫蚀纹，腹部白而略带黄色；背鳍和臀鳍后方上下各有 5 个小鳍；尾柄两侧有两条隆起嵴。鲐鱼生长快，产量高，为我国重要的中上层经济鱼类之一。我国近海均产之，南海沿海全年都可捕捞。

蓝点马鲛（图 3-145）：尾柄细，每侧有 3 个隆起脊，以中央脊长而且最高；头长大于体高，口大，稍倾斜，牙尖利而大，排列稀疏；体被细小圆鳞，侧线呈不规则的波浪状，体侧中央有黑色圆形斑花；背鳍和臀鳍后方各有 8 ～ 9 个小鳍。蓝点马鲛肉坚实味鲜美、营养丰富，除鲜食外，也可加工制作罐头和咸干品，其肝是提炼鱼肝油的原料。属中上层洄游性鱼类，性情凶猛，大多游弋于海面下 1 ～ 3m 处捕食小鱼、小虾及甲壳类动物。我国产于东海、黄海和渤海。每年的 4 ～ 6 月为春汛，7 ～ 10 月为秋汛，5 ～ 6 月为旺季。

图 3-144 白腹鲭

图 3-145 蓝点马鲛

金枪鱼属、狐鲣属、舵鲣属、鲣属和鲔属统称金枪鱼类，它们的共同特征是胸部的鳞片特别大，形成明显的胸甲，具有发达的皮肤血管系统，这是对体温调节的某种适应。金枪鱼类的体温通常略高于水温，最高可超出水温 9℃。金枪鱼属于大洋暖水性洄游鱼类，世界性分布，是重要的经济鱼类，在各个大洋中都有进行捕捞。大多数金枪鱼栖息在水深 100 ～ 400m 的海域，游泳迅速，一般速度为 30 ～ 50km/h，最高可达 160km/h，比陆地上跑得最快的动物还要快。金枪鱼若停止游泳就会窒息，原因是金枪鱼耗氧量很大，需大量水流经过鳃部而吸氧呼吸，所以在一生中它只能不停地游泳。金枪鱼的肉似牛肉，是紫红色的，其中血红素含量很高，低脂而高蛋白，所以营养价值高。目前产量最高的为黄鳍金枪鱼（图 3-146），占全球金枪鱼产量的 35%。

鲔（图 3-147）：鲔属，为热带性外海中上层鱼类，游泳迅速，喜栖息于沙泥或岩石底、水质澄清的海区。产于南海，有一定经济价值，是重要的捕捞对象。

图 3-146 黄鳍金枪鱼

图 3-147 鲔

② 箭鱼科（Xiphiidae）：前颌骨延长形成箭状吻部，胸鳍位低，腹鳍有或无。均为温热带三大洋上层的大型经济鱼类，其肝油含有丰富的维生素 A。我国现有记录的有 4 属，主要种类有箭鱼等。

③ 旗鱼科：主要种类有雨伞旗鱼、蓝枪鱼、红肉旗鱼等。

（5）鲳亚目（Stromateoidei）

体呈卵圆形或长椭圆形，稍侧扁，食道有侧囊，侧囊内侧具乳头状突起或纵长形皱褶，其上附生各种形状的细齿。鲳亚目为温带与热带海洋的浅海鱼类，肉味鲜美，不少种类具有相当高的经济价值。我国产 2 科，即鲳科和双鳍鲳科。

银鲳（图 3-148）：头较小，吻圆钝略突出；口小，稍倾斜，下颌较上颌短，两颌各有细牙一行，排列紧密；体被小圆鳞，易脱落，侧线完全；体色银白，背部较暗；无腹鳍，背鳍与臀鳍呈镰刀状。生活于水深 5 ～ 110m 海域，幼鱼喜躲藏在漂浮物下面，成鱼则常与金线鱼、鲾鱼或对虾等混游。肉食性，以水母及浮游动物为主。我国沿海均产之。渔期自南往北逐渐推迟，广东及海南岛西部渔场为 3 ～ 5 月，闽南渔场 4 ～ 8 月，舟山及吕泗渔场 4 ～ 6 月，渤海各渔场 6 ～ 7 月。肉质细嫩且刺少，营养价值很高，尤其适于老年人和儿童食

图 3-148 银鲳

用，系名贵的海产食用鱼类之一。

（6）鰕虎鱼亚目（Gobioidei）

体呈长圆形乃至鳗形，被以圆鳞或栉鳞，鳞片或呈退化状，或甚至完全无鳞，无侧线；腹鳍胸位，各由1鳍棘、4或5鳍条组成，左右腹鳍颇为接近，或在大多数种类内愈合为一鳍，形成一完整的圆形或长形的吸盘，使鱼体得以吸附于水底沙石或其他物体上。

鰕虎鱼类是一群个体不大而种类繁多（全世界约有600种）的近岸底栖鱼类，大多为肉食性，生活于近岸海底、浅湾、河口或淡水河流湖泊中，以底栖的甲壳动物、软体动物、蠕虫等为食，幼鱼及某些成鱼以浮游生物为食。鰕虎鱼亚目共分8个科，现知我国有5科。

① 塘鳢科（Eleotridae）：约有40属150余种，我国产约有16属30种，分布于沿海及各大江河的中下游，通称塘鳢鱼。

乌塘鳢（图3-149）：体型小，尾鳍基部上方具一带有白边的眼状大黑斑。乌塘鳢是一种暖水性浅海咸淡水鱼类，主要分布于河口、港湾，栖息于泥孔或洞穴中。肉食性，喜食小杂蟹、虾、鱼、贝等。广盐性，但盐度21‰以上生长缓慢。不耐低温，当水温低于15℃时，一般在洞穴中，不外出觅食。其营养价值高，享有“一鱼顶三鸡”的美名，具有使伤口加快愈合的功效，且生命力强，适应性广，抗病力强，生长快，是适于人工养殖的优良品种。

② 鰕虎鱼科（Gobiidae）：海鱼类中最大的1科，通称鰕虎鱼。有196属1480余种，我国约产40属120余种。多数为暖水性和温水性海水小型鱼类，少数为淡水鱼类。主要摄食虾、蟹等甲壳类，小型鱼类，蛤类幼体，有的摄食底栖硅藻。寿命较短。常见的种类有吻鰕虎鱼、纹缟鰕虎鱼、舌鰕虎鱼、矛尾复鰕虎鱼、中华尖牙鰕虎鱼等。

③ 弹涂鱼科（Periophthalmidae）：有4属20余种，我国产3属6种。为暖水性和暖温性近海小型鱼类，喜栖息于底质为淤泥、泥沙的高潮区或半咸水的河口滩涂。常居穴洞，依靠胸鳍肌柄爬行跳动，退潮时在泥涂上觅食。视觉灵敏，稍受惊动就很快跳回水中或钻入穴内。主要摄食浮游动物、沙蚕、桡足类及枝角类等，也食底栖硅藻和蓝绿藻。一般春季产卵。

常见种类如弹涂鱼（图3-150）、大弹涂鱼、青弹涂鱼。以大弹涂鱼经济价值最高，其体蓝褐色，体侧上部沿背鳍基底具5～6条暗黑色横纹。目前在浙江、福建等地养殖较多。

图3-149 乌塘鳢

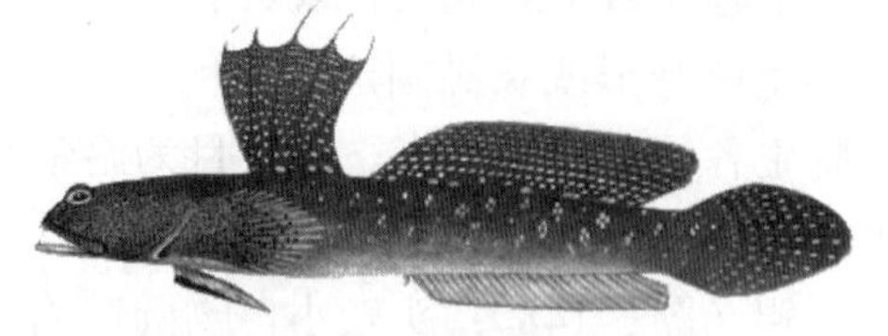

图3-150 弹涂鱼

（7）攀鲈亚目（Anabantoidei）

具有一辅助呼吸的鳃上器官，由第一鳃弓的上鳃骨等扩大而成。鳔后部扩大。腹鳍胸位，棘1枚，有时退化。本亚目可分3科，我国产2科，攀鲈科，背鳍及臀鳍通常具棘，体被栉鳞，鳞较大；鳢科，背鳍及臀鳍无鳍棘，体被圆鳞，鳞较小。

鳢科鱼类均为淡水鱼类，分布于热带的非洲及亚洲等的淡水流域。常于沿岸水草丛、堤岸洞穴或淤泥底质的浅水域活动。性凶猛，肉食性，以掠食鱼类、虾类、两栖类及水生昆虫为生。成鱼在产卵及幼鱼刚孵化时均有护幼之习性。常见的种类有斑鳢和乌鳢（图3-151），味鲜美，经济价值较高，属淡水养殖种类。

（8）䲟亚目（Echeneoidei）

第一背鳍已变成一个长椭圆形的吸盘，位于头的背侧。常见的种类如䲟鱼（图 3-152），常吸附于大型海洋生物的身上，如鲨鱼、魟鱼、鲸鱼、海豚、海龟及其他大型硬骨鱼类等，随附主四处游走，有时甚至会吸于船只底部。经济价值不高。

图 3-151　乌鳢　　　　图 3-152　䲟鱼

（9）刺鳅亚目（Mastacembeloidei）

本亚鱼体延长，似鳗；背鳍、臀鳍和尾鳍连成一片，背鳍有许多游离的小棘，无腹鳍。本亚目有 2 科，我国只产刺鳅科，体被细鳞，头尖，吻向前伸出，成吻突，吻突长而能活动。多生活在亚洲南部及非洲的淡水中。我国刺鳅属和光盖刺鳅属，3 ～ 4 种，常见的是刺鳅和大刺鳅（图 3-153），前者吻突短于或等于眼径，臀鳍鳍棘 3，后者吻突大于眼径，臀鳍鳍棘 2。

图 3-153　大刺鳅

6. 鲉形目（Scorpaeniformes）

本目鱼头部粗壮，常具棱和棘或骨板；第二眶下延成一骨突，并与前鳃盖骨连接；体被栉鳞或圆鳞、绒毛状细刺、骨板，或光滑无鳞；胸鳍宽大。鲉形目是广泛分布于热带、温带及寒带海洋沿岸区域的鱼类，少数栖息于深海或河川湖泊山涧急流中。可分为 7 个亚目。

（1）鲉亚目（Scorpaenoidei）

本亚目有 4 科，即鲉科（观赏鱼）、毒鲉科、绒皮鲉科和头棘鲉科。本亚目种类甚多，分布甚广，我国沿海南北均有产，喜生活在沿岸岩石附近或珊瑚礁间，亦有栖息于深海的。

短鳍红娘鱼（图 3-154）：体延长，稍侧扁，前部粗大，向后渐细，头大，近方形；头部背面及两侧均被骨板，体被大栉鳞，头和背部为深红色，腹侧为乳白色；胸鳍宽大位低、内侧呈红色；其下方有 3 条指状游离鳍条，最长游离鳍条不超过腹鳍末端；尾鳍浅凹形，上叶略长于下叶。短鳍红娘鱼为温水性底层鱼类，栖息于泥沙底质海区。体长一般为 140 ～ 240mm。产于我国东海、黄海和渤海，为我国北方沿海习见种。

（2）六线鱼亚目（Hexagrammoidei）

本亚目鱼分 3 科，我国仅产六线鱼科，有 2 属 4 种，都是北方种类。主要分布于黄海，栖息于沿岸的岩礁石砾地带或海藻丛中。秋季产卵，卵沉性，常结块附着在海藻或岩礁上，雄鱼保护卵子孵化。

大泷六线鱼（图 3-155）：地方名黄鱼、黄棒子。背鳍长，鳍棘与软条部之间有一深凹，鳍棘部后上方有一显著大棕黑色斑；鳞细小，侧线在每侧各有6条；体呈黄褐色，色彩艳丽，自眼后至尾部背侧有9个灰褐色大暗斑，臀鳍浅绿色。其肉质与味道如同石斑鱼，故称“北方石斑”。在我国产于黄海和渤海，它对低温的适应性强，生长快，经济价值高，可以活鱼上市，是北方进行网箱养殖的较为理想鱼种。

图3-154 短鳍红娘鱼

图3-155 大泷六线鱼

（3）杜父鱼亚目（Cottoidei）

分8科，我国产4科，即杜父鱼科、八角鱼科、圆鳍鱼科、狮子鱼科。常见的如松江鲈鱼（图3-156），其体前部宽且平扁，向后渐细且侧扁；头大，头背面的棘和棱被皮肤所盖；鳃孔宽大，鳃膜具橙红色带状斑而似2片鳃叶，故又称四鳃鲈；胸鳍宽大，椭圆形；体背黄褐色，体侧具4条暗褐色横带，腹黄白，其体色可随环境和生理状态发生变化。松江鲈鱼在淡水水域生长，幼鱼在4月下旬至6月上旬溯河，以5月为最盛，成鱼11月至翌年2月降海，是中国四大淡水名鱼之一。

图3-156 松江鲈鱼

7. 鲽形目（Pleuronectiformes）

体侧扁，成鱼的身体不呈左右对称：两眼位于头部的左侧或右侧；口、齿、偶鳍呈不对称状态；肛门通常不在腹面正中线上；两侧的体色亦有所不同，无眼侧通常无色素。各鳍一致，均无鳍棘（鳒有），背鳍与臀鳍基底均长。成鱼一般无鳔。在仔鱼阶段尚为左右对称，变态后一眼移向另一侧，统称比目鱼。

本目有3亚目，即鳒亚目、鲽亚目、鳎亚目，10科约118属538种，我国产3亚目8科50属134种。

（1）鲽亚目（Pleuronectoidei）

背鳍起点至少在上眼的上方或眼方；口通常前位，下颌发达，大多向前突出，无眼侧鼻孔接近头部背缘；有肋骨；胸鳍发达。分2科，即鲆科和鲽科。

① 鲆科（Bothidae）：鲽亚目中最大的一群。它的两眼都位于左侧。鲆的各鳍均无硬棘，胸鳍和腹鳍的鳍条都不分叉，有眼侧的腹鳍基比无眼侧的长。我国产19属54种，在中国南海属种最多，北方较少。

褐牙鲆（图3-157）：地方名牙片、左口、比目鱼。左右侧线同样发达。牙鲆体扁平，呈卵圆形，体长为体高的2.3～2.6倍。双眼位于头部左侧，有眼侧小鳞，具暗色或黑色斑点，呈褐色，无眼侧端圆鳞，呈白色。口大，前位。口裂斜、左右对称。有眼侧的两个鼻孔约位于眼间隔正中前方，前鼻孔后缘有一狭长瓣片；无眼侧两个鼻孔接近头部背缘，前鼻孔亦有类似瓣片。背鳍约始于上眼前缘附近，左右腹鳍略对称，尾鳍后缘呈双截形。奇鳍均有暗色斑纹，胸鳍有暗点或横条纹。为冷温性凶猛的底栖鱼类，具有潜沙习性。广泛分布于朝鲜、日本、俄罗斯远东沿岸海区以及中国渤海、黄海、东海、南海。自从20世纪末在南方度夏成功后，牙鲆养殖就得到了极大的发展，在福建、广东等地的养殖鱼类中仅次于真鲷与石斑鱼，是很有发展潜力的养殖品种。

大菱鲆（图3-158）：音译“多宝鱼”。体呈菱形，身体扁平，因背、臀鳍较宽，所以整体又近似圆形。两眼位于头部左侧，大菱鲆的头部比例与身躯之比相对较小，尾鳍宽而短。背面体色深褐，有隐约可见的黑色和棕色花纹，体色还可随环境而变化。系栖息于大西洋东北部沿岸的一种特有比目鱼。大菱鲆适应于低水温生活和生长，能耐受0～30℃的极端水温，大菱鲆对不良环境的耐受力较强，喜集群生活，互相多层挤压一起，除头部外，重叠面积超过60%，对生长、生活无碍。大菱鲆在自然界中营底栖生活，以小鱼、小虾、贝类、甲壳类等为食。

图3-157 褐牙鲆　　图3-158 大菱鲆

② 鲽科（Pleuronectidae）：两眼都位于右侧，口小，下颌较突出；前鳃盖骨后缘游离；侧线单一，在胸鳍的上方呈“U”形弯曲，或者是近乎直线；各鳍皆无硬棘。我国现知16属25种，常见的如高眼鲽、钝吻黄盖鲽、木叶鲽（图3-159）。

（2）鳎亚目（Soleoidei）

背鳍起点至少在上眼的上方或眼方；口通常前位或下位，下颌不向前突出，无眼侧鼻孔不接近头部背缘；无肋骨；成鱼胸鳍多退缩或消失。共4科，我国产鳎科和舌鳎科。

① 鳎科（Soleidae）：有31属117种，多分布于热带。中国已知18种，主要分布在南海。体呈鞋底状或舌状，眼位于头右侧，前鳃盖后缘不游离。

② 舌鳎科（Cynoglossidae）：约有3属103种，我国已知约32种。体呈长舌状，眼常位于头左侧，奇鳍完全相连，无胸鳍。

常见的如半滑舌鳎（图3-160）、三线舌鳎、焦氏舌鳎，其中以半滑舌鳎最为名贵。半滑舌鳎出肉率高、口感爽滑、营养丰富，且生长速度快、食物层次低、适温范围广、能耐低氧、病害少，适合在目前养殖大菱鲆、牙鲆的大棚内养殖，是我国目前最具发展潜力的工厂化和土池养殖海水品种之一。

图3-159 木叶鲽

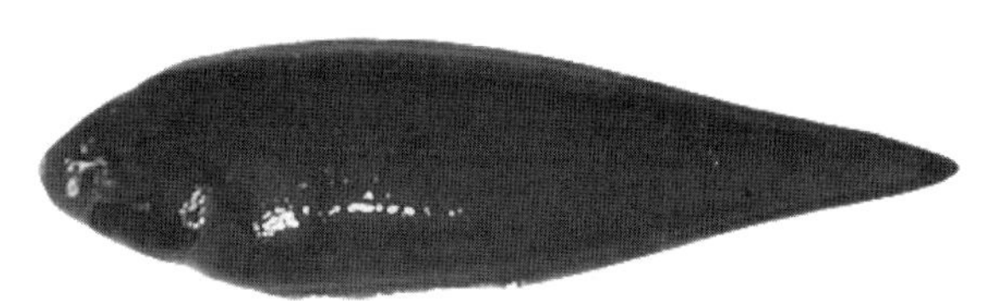

图3-160 半滑舌鳎

8. 鲀形目（Tetraodontiformes）

本目鱼体通常短而粗笨，体裸出或被以刺或骨板，无下肋骨，下颌常与前颌骨牢固地相连或愈合，口小，鳃孔小，侧位。

鲀形目有4亚目11科92属320余种，国产11科52属106种。大多为海洋鱼类，只有少数生活在淡水中，或在一定季节进入江河。多数为近海底层鱼类，少数为中上层鱼类。多以甲壳类、贝类、幼鱼等为食，其中鲀科、刺鲀科等的牙齿愈合成牙板，能咬碎坚硬的食物。其食道构造特殊，向前腹侧及后腹侧扩大成气囊，遇敌时吞空气或水，使胸腹部膨大成球状，飘浮于水面。许多种类在春夏季向近海移动，在沿岸海区产卵，少数种类进入淡水江河生殖。

本目不少种类为有毒鱼类，其内脏含有一种天然毒素，称为河鲀毒素，以卵巢和肝脏所含毒素最强（特别在繁殖季节），人畜误食后会引起中毒甚至死亡，其中尤以东方鲀属（河鲀）毒性最甚。河鲀毒素亦可作止血、止痛、解痉的药物。本目有不少种类为经济鱼类，如东方鲀，虽毒素很强，但肉味鲜美，蛋白质含量高，营养丰富。日本、朝鲜和中国不少地方，都嗜食河鲀。现马面鲀成为捕捞产量甚高的经济鱼类之一，红鳍东方鲀、双斑东方鲀等东方鲀的养殖也已经在我国得到推广。

（1）鳞鲀亚目（Balistoidei）

本亚目鱼体均为长椭圆形，侧扁，尾柄细；2个背鳍，第一背鳍具鳍棘；无气囊。本亚目多为热带或亚热带浅海鱼类，高纬度或深海区皆种类较少。我国有5科，即拟三刺鲀科、三刺鲀科、鳞鲀科、革鲀科、须鲀科，30属约48种。

马面鲀（图3-161），又称绿鳍马面鲀，俗称剥皮鱼或象皮鱼。我国东海、黄海、渤海均产，为海洋捕捞中较为重要的鱼类，可供鲜食或制成咸干品，肉质细嫩，蛋白质丰富，皮可制明胶，其他非食用部分可制成鱼粉饲料，经济价值高。

（2）鲀亚目（Tetraodontoidei）

本亚目鱼体短而呈长椭圆形，无第一背鳍，无腹鳍；有气囊；齿在上下颌各愈合成2个大板状齿。本亚目鱼类种类多、分布广，几乎全世界温、热带海区均有分布，有些种类也进入淡水，多栖于底层，活动能力不强，常以硬壳的底栖动物为食。肉味甚鲜美，但体内含有较强鲀毒，若处理不当，食后会引起中毒，可致人死亡。我国有3科，即鲀科、三齿鲀科、刺鲀科，13属约46种，其中最重要的是鲀科。

鲀科鱼类一般栖息在近海及咸淡水中，有些进入江河，也有少数鲀属仅生活于淡水内，为底层肉食性鱼类。性贪食，主食虾、蟹、贝类及小鱼等。食道向前腹侧及后腹侧扩大成气囊，遇敌能吸水和空气，使腹部膨胀如球，浮于水面。多数种类在春季由外海游向近岸，在潮间带及小石砾中产卵，产卵季节一般在4～6月；少数种类溯河至淡水中产卵。

鲀科鱼类国产包括东方鲀属等11个属，39种鱼类。常见的如横纹东方鲀、红鳍东方鲀、假睛东方鲀、暗纹东方鲀等，近几年因养殖的需要，在南方开发了双斑东方鲀、菊黄东方鲀等种类。

红鳍东方鲀（图3-162）：地方名河鲀。红鳍东方鲀在我国产于黄海、渤海和东海，在朝鲜、日本沿海有分布。为近海底层食肉性鱼类，一般生活在水深40～50m处，栖息在岛礁区附近，昼沉夜浮。红鳍东方鲀的适宜生长水温为14～27℃；最适水温为16～23℃；水温降至12℃左右时，摄食减少；9℃以下，停止摄食；7℃以下死亡；超过28℃时，鱼体活动缓慢，抗病力减弱。广盐性鱼类，适盐范围为5‰～45‰，最适盐度为15‰～35‰。红鳍东方鲀生性凶猛，从稚鱼的长牙期开始一直到成鱼，均会出现互相残杀，咬伤的各鳍可再生，主要摄食贝类、甲壳类和小鱼。

图3-161　马面鲀

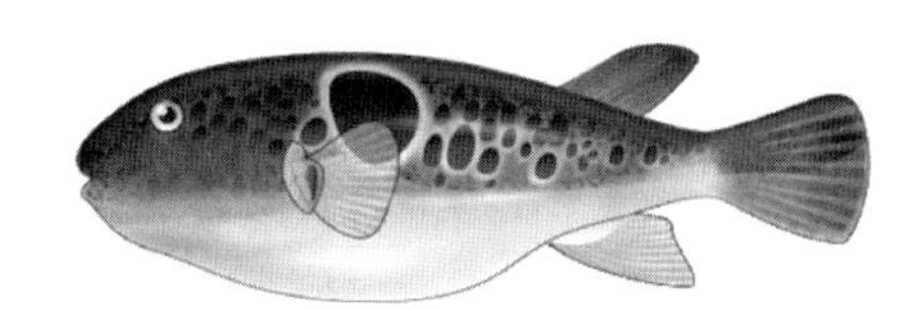
图3-162　红鳍东方鲀

（3）翻车鲀亚目（Moloidei）

本亚目鱼体很侧扁，尾部很短，无尾柄；背鳍和臀鳍各一个，无鳍棘，无腹鳍，尾鳍很短；皮厚如革。只产翻车鱼科，包括3属5种，遍布世界各大洋，我国已知3种。常见的是翻车鱼，是世界上最大、形状最奇特的鱼，常漂浮到水面晒太阳以提高体温。主要以水母为食，产卵量大，雌鱼可产下约3亿颗浮性卵。

十二、蟾鱼总目

本目鱼体较短，肥壮，平扁或侧扁，头骨顶平而宽，皮肤裸出面时有小刺或有小骨板，鳃裂小，腹鳍喉位、胸位或亚胸位，阔展，胸鳍骨骼有2～5辐状骨，均为底栖的肉食性鱼类。

本总目共有4个目，我国仅产鮟鱇目。

鮟鱇目（Lophiiformes）：体粗短或延长，长卵圆形、球形，体平扁或侧扁，无鳞，裸露或被小骨片、鳍具棘。本目可分3个亚目16科62属257种，我国产3亚目11科20属33种。

图3-163　黄鮟鱇

鮟鱇目为海洋鱼类，大多为深海产。肉质鲜美而有经济价值的是鮟鱇科鱼类。鮟鱇科（Lophiidae）有腹鳍，体平扁，口大，头宽阔，有伪鳃。有一定经济价值的为鮟鱇属，我国产黄鮟鱇（图3-163）。

思考探索

1. 硬骨鱼纲特征有哪些？

2. 分析一下，在淡水硬骨鱼类中，为什么鲤形目为生产的主要对象？

3. 鲟形目有哪些特征？怎样区分白鲟和中华鲟？中华鲟和长江鲟又如何区分？

4. 鲱形目中的哪些种类具有重要开发养殖价值？

5. 鲑形目中的鲑鱼、茴鱼、银鱼、香鱼、池沼公鱼、狗鱼都具有极高的养殖价值，请查阅课外资料了解其养殖技术。

6. 鲤科区别于其他鱼类的特征有哪些？

7. 在鲜活状态下，如何从外部特征区分草鱼和青鱼？

8. 如何区别鳡和鳤以及鯮?

9. 赤眼鳟外形似草鱼，二者如何区分?

10. 如果将团头鲂和三角鲂放在一起，如何区分?

11. 为什么常将细鳞斜颌鲴和银鲴作为池塘的混养对象?

12. 中华倒刺鲃和光倒刺鲃，如何从外部特征加以识别?

13. 银鲫与鲫的主要区别有哪些? 如果将白鲫与它们混放在一起，又如何区分?

14. 胡子鲇和鲇显著的不同点是什么? 为什么胡子鲇生命力很强?

15. 在淡水中能见到两种鳉形目鱼类，它们的名字是什么，如何正确区分?

16. 黄鳝与鳗鲡在体形上很相似，是否同属一目? 它们在外形特征上有哪些不同?

17. 比较莫桑比克罗非鱼和尼罗罗非鱼的不同特征。

18. 罗非鱼、淡水白鲳和虹鳟都是良好的养殖对象，在养殖时必须考虑哪些先决条件?

19. 如何区分塘鳢科和虾虎鱼科?

20. 将鲐鱼、马鲛鱼和金枪鱼混放在一起，从外形特征上如何区分这三类鱼?

21. 养殖生产中，鲤、鲫有哪些品种?

22. 有哪些无鳞鱼类? 它们有何共同特点?

23. 查阅资料了解石斑鱼的养殖种类与相关养殖技术要点。

24. 刺鳅与泥鳅同属于鲤形目吗? 查阅相关资料了解它们的养殖开发前景。

25. 比目鱼类包括哪些种类? 查阅相关资料了解养殖上主要采取哪些关键技术措施?

26. 鲀科鱼类有哪些? 有何开发价值?

27. 将常见的杂食性鱼类、肉食性鱼类、滤食性鱼类、草食性鱼类、热带鱼类、冷水性鱼类、洄游性鱼类、刮食性鱼类等进行归类并总结其生物学、养殖学特点。

实验九　软骨鱼纲和硬骨鱼纲鲑形目、鲤形目、鲇形目、鳉形目、合鳃目鱼类的分类鉴定

【实验目的】

① 了解软骨鱼纲的基本分类和主要分类特征。

② 熟悉检索表的使用，掌握鉴定鱼类的方法。

③ 认识硬骨鱼纲鲑形目、鲤形目、鲇形目、鳉形目、合鳃目的一些经济鱼类，掌握它们的分类学地位和主要特征。

④ 学会制定简单的检索表。

【工具与材料】

（1）工具　解剖盘、镊子、直尺、鱼类分类学专著等。

（2）材料　鲨鱼、鳐鱼、河刀鱼、草鱼、团头鲂、翘嘴红鲌、鲤、鲫、鲢、鳙、泥鳅、鲇鱼、黄颡鱼、鲮鱼、黄鳝等。

【实验内容】

1. 软骨鱼纲的分类

1（4）鳃裂 5 ～ 7 个，无膜状鳃盖……………………………………板鳃亚纲

2（3）眼和鳃裂位于头部两侧……………………………………侧孔总目（鲨形总目）
3（2）眼背位，鳃裂位于头部两侧……………………………下孔总目（鳐形总目）
4（1）鳃孔 1 个，具有膜状鳃盖……………………………………全头亚纲

2. 硬骨鱼纲鲑形目的分类

凤鲚：鲱形目、鳀科、鲚属。

河刀鱼的主要特征：体长，头侧扁，口大而斜，半下位；上颌骨游离，向后延伸至胸鳍基部；腹鳍小，臀鳍很长，鳍条在 90 根以上，基部后方与尾鳍基相连。

3. 硬骨鱼纲鲤形目的分类

（1）草鱼　鲤形目、鲤科、雅罗鱼亚科。

草鱼的主要特征：下咽齿 2 行，5，2-3/2，4，栉状；体背圆鳞，侧线鳞 36 ～ 48，背鳍无硬刺，体呈浅茶黄色，背部青灰，腹部灰白，腹鳍、臀鳍灰白色，鳞片斜格状。

（2）团头鲂（又称武昌鱼）　鲤形目、鲤科、鲌亚科。

团头鲂的主要特征：腹棱自 V 基部至肛门，口前位，体较高，体长 / 体高 =1.9 ～ 2.8；背鳍棘长度短于头长；侧线至 V 起点的鳞片 7 ～ 9，体侧鳞片边缘灰黑，沿各纵行鳞出现数条灰白色条纹。

（3）翘嘴红鲌　鲤形目、鲤科、鲌亚科。

翘嘴红鲌的主要特征：背鳍 3-7；具强大而光滑的硬刺；头背面几乎平直，头后背部略隆起；口上位，垂裂，下颌急剧向上翘，突出于上颌前缘；咽齿 3 行，2，4，5/5，4，2，齿端呈钩状；腹棱不完全。

（4）鲤　鲤形目、鲤科、鲤亚科。

鲤的主要特征：须 2 对，吻须长约为颌须的一半；咽齿 3 行，1，1，3/3，1，1，呈臼齿状，齿面上有 2 ～ 5 条沟纹；背、臀鳍均具有带锯齿的硬棘。

鲤的品种：鲤的品种很多，有 2000 多种，如鳞鲤、镜鲤、红鲤、丰鲤、岳鲤、建鲤、华南鲤、元江鲤、和荷包鲤等。

（5）鲫　鲤形目、鲤科、鲤亚科。

鲫的主要特征：口端位，无须，下咽齿 1 行，背、臀鳍最前 1 根不分支鳍条均为带锯齿的硬棘。鲫的品种很多，分布全国各地，金色鲫是鲫的一个变种。

（6）鲢　鲤形目、鲤科、鲢亚科。

鲢的主要特征：头较大，其长约为体长 1/4；腹部正中角质棱自胸鳍下方直延达肛门，胸鳍不超过腹鳍基部；体银白色，各鳍色灰白。

（7）鳙　鲤形目、鲤科、鲢亚科。

鳙的主要特征：头大，其长约为体长的 1/3，故亦称胖头鱼；腹面仅腹鳍甚至肛门具皮质腹棱；胸鳍长，末端远超过腹鳍基部；外形酷似鲢，但因背侧的体色较暗，呈灰黑色，并有不规则黑点而俗称花鲢；腹部灰白，两侧杂有许多浅黄色及黑色的不规则小斑点。

（8）泥鳅　鲤形目、鳅科。

泥鳅的主要特征：体细长，前端稍圆，后端侧扁；口小，下位，呈马蹄形；无眼下刺，头部无细鳞；体鳞极细小，侧线鳞 150 左右，须 5 对。

4. 硬骨鱼纲鲇形目分类

（1）鲇鱼　鲇形目、鲇科。

鲇鱼的主要特征：头平扁；口大，须2对；背鳍短，无硬棘；无脂鳍；臀鳍基部很长，后端与尾鳍相连；胸鳍通常有硬刺；腹鳍腹位。

（2）黄颡鱼　鲇形目、鲿科。

黄颡鱼的主要特征：头大且平扁，吻圆钝，口大，下位，上下颌均具绒毛状细齿，须4对；无鳞；背鳍和胸鳍均具发达的硬刺，脂鳍短小；体青黄色，大多数种具不规则的褐色斑纹，各鳍灰黑带黄色。

5. 硬骨鱼纲鲻形目分类

鲮　鲻形目、鲻科。

鲮的主要特征：体细长，前部圆筒状，后部侧扁，一般体长20～40cm，体重400～2000g；背平直，吻宽短，口裂略呈“人”字形，下颌前端中央具一突起，可嵌入上颌相对的凹陷中；眼较小、红色，脂眼睑不发达，体侧上方有数条黑色纵纹。

6. 硬骨鱼纲合鳃目分类

黄鳝　合鳃目、合鳃科。

黄鳝的主要特征：体呈鳗形；鳍无棘，无胸鳍，背鳍、臀鳍与尾鳍连在一起；鳃孔相连为一横裂，位于喉部，鳃通常为退化状，呈黄褐色并布满不规则黑色斑点。

【作业】

1. 列出实验鱼类的分类学地位，描述实验鱼类的主要特征。

2. 编制草鱼、团头鲂、翘嘴红鲌、光倒刺鲃、鲮、鲤、鲫、鲢、鳙、泥鳅、鲇鱼、黄颡鱼、黄鳝的检索表。

3. 列出本次实验用到的主要分类特征。

实验十　硬骨鱼纲鲈形目、鲽形目、鲀形目、鮟鱇目鱼类的分类鉴定

【实验目的】

① 熟悉检索表的使用，掌握鉴定鱼类的方法。

② 认识硬骨鱼纲鲈形目、鲽形目的一些经济鱼类，掌握它们的分类地位和主要特征。

③ 学会制定简单的检索表。

【工具与材料】

（1）工具　解剖盘、镊子、直尺、鱼类分类学专著等。

（2）材料　花鲈、大黄鱼、小黄鱼、眼斑拟石首鱼、布氏鲳鲹、带鱼、鲐、蓝点马鲛、银鲳、乌鳢、牙鲆、大菱鲆、高眼鲽、半滑舌鳎、绿鳍马面鲀、红鳍东方鲀、黄鮟鱇等。

【实验内容】

1. 硬骨鱼纲鲈形目分类

（1）花鲈　鲈形目、鲈亚目、鮨科。

花鲈的主要特征：体延长，侧扁；口大，倾斜，下颌突出，齿绒毛状；前鳃盖骨具锯齿，鳃盖骨具扁平棘 1 ～ 3，鳃条骨 5 ～ 8；背鳍鳍棘部与鳍条部分离或仅于基部相连，中间有明显缺刻；体被小栉鳞，体背侧、背鳍上有黑色斑点，大个体不明显。

（2）大黄鱼　鲈形目、鲈亚目、石首鱼科。

（3）小黄鱼　鲈形目、鲈亚目、石首鱼科。

石首鱼科主要特征：体延长，侧扁，被有栉鳞；背鳍连续，具一缺刻，臀鳍 2 鳍棘；鳔具分支，耳石大；颌齿细小，呈绒毛状，或有犬齿，犁骨、腭骨及舌上均无齿。

大黄鱼、小黄鱼主要区别如下：

1（2）尾柄长为尾柄高的 3 倍，臀鳍第 2 棘长等于或稍大于眼径，背鳍与侧线间具 8 ～ 9 行鳞……………………………………………………………………………………………………大黄鱼

2（1）尾柄长为尾柄高的 2 倍，臀鳍第 2 棘长小于眼径，背鳍与侧线间具 5 ～ 6 行鳞.....小黄鱼

（4）眼斑拟石首鱼　鲈形目、鲈亚目、石首鱼科，又称为美国红鱼、拟红石首鱼等。

美国红鱼的主要特征：体延长，呈纺锤形，侧扁，头部钝圆，背部略微隆起，外形与黄姑鱼较为相似，区别在于其背部和体侧的体色微红，幼鱼尾柄基部上方有 1 黑色斑点。

（5）布氏鲳鲹　鲈形目、鲈亚目、鲹科。

布氏鲳鲹的主要特征：体呈鲳形，高而侧扁。

（6）带鱼　鲈形目、带鱼亚目、带鱼科。

带鱼的主要特征：体延长，侧扁，口裂大，上下颌具强大犬齿，背鳍及臀鳍均很长。

（7）白腹鲭　鲈形目、鲭亚目、鲭科，又称鲐。

鲐的主要特征：体呈纺锤形，被细小圆鳞；背鳍 2 个，第二背鳍及臀鳍相对，背鳍和臀鳍后方上下各有 5 个小鳍；尾鳍深叉形，尾柄两侧有 2 条隆起嵴；体背呈青黑色或深蓝色，体两侧胸鳍水平线以上有不规则的深蓝色虫蚀纹、腹部白而略带黄色。

（8）蓝点马鲛　鲈形目、鲭亚目、鲭科。

蓝点马鲛的主要特征：尾柄细，每侧有 3 个隆起脊，以中央脊最长而且最高；头长大于体高，口大，稍倾斜，牙尖利而大，排列稀疏；体被细小圆鳞，侧线呈不规则的波浪状，体侧中央有黑色圆形斑花；背鳍和臀鳍后方各有 8 ～ 9 个小鳍。

（9）银鲳　鲈形目、鲳亚目、鲳科。

银鲳的主要特征：头较小，吻圆钝略突出；口小，稍倾斜，下颌较上颌短，两颌各有细牙一行，排列紧密；体被小圆鳞，易脱落，侧线完全；体色银白，背部较暗。无腹鳍；背鳍与臀鳍呈镰刀状。

（10）乌鳢　鲈形目、攀鲈亚目、鳢科。

乌鳢的主要特征：具有辅助呼吸的鳃上器官，由第一鳃弓的上鳃骨等扩大而成；鳔后部扩大；腹鳍胸位，棘 1 枚；背鳍及臀鳍无鳍棘，体被圆鳞，鳞较小。

2. 硬骨鱼纲鲽形目分类

（1）褐牙鲆　鲽形目、鲽亚目、鲆科。

褐牙鲆的主要特征：牙鲆体扁平，呈卵圆形；双眼位于头部左侧，有眼侧小鳞，具暗色或黑色斑点，呈褐色，无眼侧端圆鳞，呈白色；口大，前位，口裂斜、左右对称；背鳍约始

于上眼前缘附近，左右腹鳍略对称、尾鳍后缘呈双截形；奇鳍均有暗色斑纹，胸鳍有暗点或横条纹。

（2）大菱鲆（多宝鱼） 鲽形目、鲽亚目、鲆科。

大菱鲆的主要特征：体形呈菱形，身体扁平，因背、臀鳍较宽，所以整体又近似圆形；两眼位于头部左侧；大菱鲆的头部比例与身躯之比相对较小；尾鳍宽而短；背面体色深褐，有隐约可见的黑色和棕色花纹，体色还可随环境而变化。

（3）高眼鲽 鲽形目、鲽亚目、鲽科。

高眼鲽的主要特征：体长卵圆形，侧扁，尾柄狭长；两眼均位于头部右侧，上眼位于头部被缘的正中线上；口大，前位，左右对称；有眼侧大多被弱栉鳞，间或杂以圆鳞；无眼侧被圆鳞；侧线几乎呈直线状；背鳍始于无眼侧，有眼侧的胸鳍较长，尾鳍呈截形；体呈黄褐色或深褐色、无斑纹。

（4）半滑舌鳎 鲽形目、鳎亚目、舌鳎科。

半滑舌鳎的主要特征：背鳍起点在上眼的上方或眼方；体呈长舌状；眼常位头左侧；奇鳍完全相连；无胸鳍。

3. 硬骨鱼纲鲀形目分类

（1）马面鲀 鲀形目、鳞鲀亚目，俗称“剥皮鱼”或“象皮鱼”。

马面鲀的主要特征：体均为长椭圆形，侧扁，尾柄细；2 个背鳍，第一背鳍具鳍棘；无气囊。

（2）红鳍东方鲀 鲀形目、鲀亚目、鲀科。

红鳍东方鲀的主要特征：体亚圆筒形，吻圆钝，口小，前位，上下颌各具 2 个喙状牙板；体侧皮褶发达；头部与体背、腹面均被强小刺；背面和上侧面青黑色，腹面白色，体侧在胸鳍后上方有一白边黑色大斑，斑的前方、下方及后方有小黑斑，臀鳍白色，背鳍黑色。

4. 硬骨鱼纲鮟鱇目分类

黄鮟鱇 鮟鱇目、鮟鱇科。

黄鮟鱇的主要特征：体粗短，长卵圆形、球形，体平扁，无鳞，裸露或被小骨片、鳍具棘；口大，头宽阔；皮肤裸出面有小刺或有小骨板；鳃裂小；腹鳍阔展。

【作业】

1. 列出实验鱼类的分类地位，描述实验鱼类的主要特征。
2. 编制花鲈、大黄鱼、小黄鱼、白腹鲭、银鲳、带鱼、乌鳢、牙鲆的检索表。
3. 列出本次实验用到的主要分类特征。

第四章　鱼类的生长

知识目标：

掌握鱼类卵子和精子的形态结构及发育分期、受精过程及人工授精方法、胚胎发育过程及影响胚胎发育的因素；掌握鱼类的生长特点及影响鱼类生长的因素；掌握年轮的形成及年龄的鉴定方法。

技能目标：

能够观察鱼类卵子和精子的形态结构；能够鉴别卵子和精液的质量；能够进行人工授精和孵化操作；能够观察胚胎发育过程，并鉴别胚胎发育分期；能够观察与测量鱼类的生长，并鉴定鱼类的年龄。

第一节　生殖细胞

1. 鱼类的生殖细胞在养殖生产上具有什么意义？
2. 如何鉴别卵子的成熟度？如何鉴别精子的质量？
3. 鱼类的受精过程受哪些因素的影响？人工授精时应注意哪些事项？

一、卵子

1. 卵子的形态

大多数硬骨鱼类的成熟卵呈圆球形，这种形状的卵受力均匀，所受阻力最小，有利于发育，如青鱼、草鱼、鲢、鲤和鲫等的卵子。有些鱼类的卵具有各种形态的卵膜，从而使卵子呈现不同的外形，有圆柱形、梭形、管柱形、半球形等。成熟卵的大小因种而异，如虾虎鱼的卵径只有0.3～0.5mm，鼠鲨的卵则可达150～220mm。真骨鱼类的卵径一般为1～3mm，如鳊、鲢、鲤等的卵径为1.0～1.4mm，鲟鳇鱼类的卵径为2.0～3.0mm，鲑鳟鱼类卵径为5.0～7.5mm。一般卵生鱼类，尤其是产卵后不进行护卵的鱼类，所产的卵较小，产卵量大；胎生和卵胎生鱼类的卵子较大，产卵量小。卵子大有利于仔鱼初次摄食、生长、避敌和提高成活率。

2. 成熟卵子的结构

（1）卵核　即卵子的细胞核，由核膜、核质、核仁和染色体组成。在成熟的卵细胞中，卵核以第二次成熟分裂中期纺锤体的形式，存在于卵子动物极受精孔下方的卵质中，其长轴垂直于卵子的质膜，此时核膜已消失。在鱼类繁殖中可以依据卵核的偏移程度（位于中心无偏移、1/4偏移、1/2偏移、3/4偏移等）来判断卵的成熟度。

（2）卵质　即卵子的细胞质，可分为两个区，在质膜下的表层为皮层，呈凝胶状态，其余部分为内质。卵质中除了含有与体细胞相同的细胞器外，还具有卵子特有的结构，如皮层颗粒、卵黄、油球、胚胎形成物质、酶和激素等。其中，作为胚胎发育营养物质的卵黄是卵质中非常重要的组成部分。卵黄是胚胎发育的能源，根据化学成分可分为糖类卵黄、脂肪卵黄和蛋白质卵黄。有些鱼类如鲤、青鱼、草鱼、鲢和鳙等的卵黄呈颗粒状，而虹鳟和光鲽的成熟卵黄融合成一个卵黄块。大部分鱼类的卵子为端黄卵，卵黄含量丰富。在鱼类早期发育过程中，卵黄囊期是鱼类由内源性营养向外源性营养转化的一个关键时期。

（3）卵膜 是覆盖在卵子外面的膜状结构。根据其来源和形成方式，可分为以下三种。

① 初级卵膜：又称卵黄膜，在卵子发生过程中，由卵子分泌的物质围绕在卵子表面而形成。

② 次级卵膜：次级卵膜在初级卵膜的外层，在卵子发生过程中，由卵周围的滤泡细胞分泌的物质充塞于滤泡细胞伸出的微绒毛周围而形成。次级卵膜遇水后大都产生很强的黏性，在卵的周围形成很厚的胶质层，使卵粘于水中的物体上，如鲤、鲫、团头鲂、泥鳅等；有的鱼类产于水中的卵子相互粘成胶带状的卵群，如鲈鱼。

③ 三级卵膜：软骨鱼类在这两层卵膜外还有一层由卵壳腺分泌的卵壳，称为三级卵膜。因此，软骨鱼类的卵虽为圆形或卵圆形，但其外的卵壳形状却各异（图 4-1）。

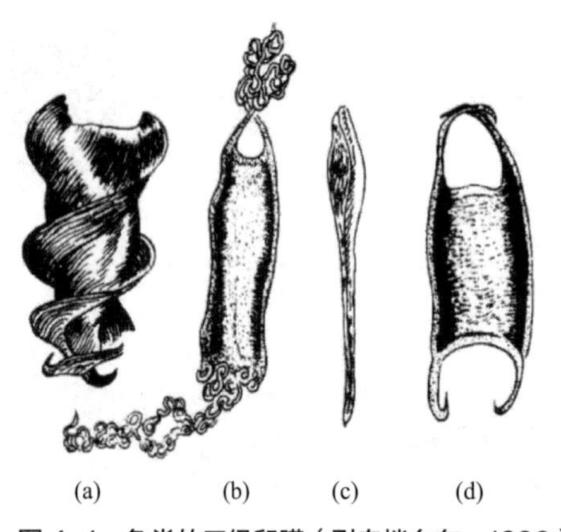

图 4-1 鱼类的三级卵膜（引自楼允东，1996）

（a）虎鲨；（b）猫鲨；（c）银鲛；（d）鳐

3. 卵子的发育和成熟

（1）卵细胞的发育分期 卵子的发生是指由原始生殖细胞发育形成卵原细胞，再由卵原细胞进一步发育成卵子的整个过程。大多数鱼类卵细胞的发育过程可以分为6个时期（时相）。

① 第Ⅰ期：卵原细胞增殖（分裂）期。在这一时期内，卵原细胞长大并向初级卵母细胞过渡。卵原细胞反复进行有丝分裂，细胞数目不断增加，经过若干次分裂后，卵原细胞停止分裂，开始生长，向初级卵母细胞过渡。此阶段的卵细胞为第Ⅰ时相卵原细胞，以第Ⅰ时相卵原细胞为主的卵巢为第Ⅰ期卵巢。

② 第Ⅱ期：初级卵母细胞小生长期，是初级卵母细胞的原生质生长期。开始时，细胞质呈微颗粒状，细胞核为卵形，占卵母细胞的大部分，其内壁四周排列着许多小核（或称核仁），中央为粒状的染色质，有时细胞质中可见卵黄核。初级卵母细胞因原生质的积累，体积增大。此期以初级卵母细胞卵膜外生长出一层扁平的滤泡上皮细胞而结束。这时的卵母细胞，称第Ⅱ时相卵母细胞，以第Ⅱ时相卵母细胞为主的卵巢为第Ⅱ期卵巢。未性成熟的鱼类，常以相当长的时期停留在第Ⅱ期。

③ 第Ⅲ期：初级卵母细胞大生长期，是初级卵母细胞的卵黄积累时期。卵母细胞由于卵黄颗粒及脂肪的积贮，体积大大增加。卵细胞内有卵黄颗粒出现，即大生长期的开始。卵黄沉积可分为两个阶段，分别为卵黄开始积累阶段和卵黄充满阶段。卵黄开始积累阶段，滤泡上皮细胞分裂成两层，此时初级卵母细胞的体积逐渐增大。卵黄开始沉积阶段的卵母细胞称为第Ⅲ时相卵母细胞，以第Ⅲ时相卵母细胞为主的卵巢为第Ⅲ期卵巢。

④ 第Ⅳ期：生长成熟期，是完成了营养物质生长的卵母细胞进行核的成熟变化时期。该期末期核极化，生殖泡偏位，营养物质的积累到此结束，细胞内充满卵黄，体积达最终大小。细胞核进行一系列变化，发生两次成熟分裂，即减数分裂和均等分裂。本期末的卵母细胞可以接受人工催产，能对催产药物和外界环境起反应，即排卵反应。这时卵母细胞即达到生长成熟，称为第Ⅳ时相卵母细胞，以第Ⅳ时相卵母细胞为主的卵巢为第Ⅳ期卵巢。

⑤ 第Ⅴ期：生理成熟期，是初级卵母细胞经过成熟分裂向次级卵母细胞过渡的阶段。初级卵母细胞细胞质中的卵黄颗粒开始融合，核膜消失，进入第一次成熟分裂，排出第一极体，进入第二次成熟分裂期。此时卵粒排出滤泡之外，落到卵巢腔中成为游离的成熟卵，能接受正常的精子并受精。这时的卵称为生理成熟的卵子。在静水水域生长的青鱼、草鱼、鲢和鳙等鱼类的卵母细胞，经过人工催情后才能发育到此期。鲤、鲫、鲈鱼、牙鲆等鱼类的卵母细胞可自行发育到此期。以处于流动状态的第Ⅴ时相的次级卵母细胞为主的卵巢为第Ⅴ期卵巢。

⑥ 第Ⅵ期：卵母细胞开始退化期。当第Ⅳ期卵母细胞体积达到最大，即生长成熟之后经过一段时间（约 20d），如果不进行人工催产，就会趋向生理死亡或自然退化。此期的卵巢为第Ⅵ期卵巢。产完卵后的卵巢，主要为第Ⅱ期的初级卵母细胞和已经排出卵的空滤泡膜，还有少量未产出的成熟卵正在退化吸收。

（2）排卵和产卵　卵细胞进行成熟变化时，成熟卵细胞的滤泡膜破裂，成熟的卵细胞排出滤泡之外，落到卵巢腔中成为游离的成熟卵，此过程称为排卵。在卵巢腔中处于游离状态的成熟卵，在适宜的生理生态条件下，从卵巢腔经生殖孔产出体外的过程称为产卵。在正常情况下，排卵和产卵是紧密衔接的，排卵后卵子很快可以产出体外，卵子产出体外受精后放出第二极体，完成第二次成熟分裂。卵子成熟期一般很短，仅数小时便可完成。

（3）卵巢发育过熟和卵的过熟　在鱼类的人工繁殖中，经常提及过熟一词。过熟的概念包括两个方面：卵巢发育过熟和卵的过熟。

卵巢发育过熟是指卵的生长过熟。当卵巢发育到第Ⅳ期中期或末期时，卵母细胞已经生长成熟，正等待合适的条件进行成熟分裂，此时的亲鱼已达到可催产的程度，人工繁殖生产上称亲鱼已成熟。在此等待期内注射催产剂能产生正常排卵的反应，可获得较好的催产效果。但等待时间有限，过了等待期，卵巢对催产剂不敏感，不能引起亲鱼正常排卵。这种催产不及时而引起卵巢发育过熟的现象，称为卵巢发育过熟。

卵的过熟是指卵的生理过熟，即已经排出滤泡的成熟卵，由于未能及时产出体外或未能及时人工授精而失去受精能力，成熟卵因条件不适应，错过了产出时间，而变成过熟卵退化、被吸收。一般排卵后，卵在卵巢腔中成熟的时间只有 1 ～ 2h，此时的卵称为成熟卵或适当成熟卵；超过了此时的卵称为过熟卵；尚未达到此时的卵称为未成熟卵。

4. 卵子质量的鉴别

卵子质量主要根据卵子的颜色、大小、卵膜弹性和膨胀速度等鉴别。通常把产出的卵分为适当成熟卵、过熟卵和未成熟卵三大类。

（1）适当成熟卵的特征　产卵顺利而集中，卵子流出母体时有一定的黏滞性；卵子晶莹透亮，饱满均匀；颜色依种类而异，呈黄色或青灰色或其他颜色，但均色正且具有光泽；卵子遇水后吸水力强，卵膜弹性强，膨胀快。这种卵的质量好、受精率高，但在鱼体内一般只能维持 2h 左右，如果不产出，就会成为过熟卵，所以人工授精时应掌握这个时期。

（2）过熟卵的特征 产卵顺利而集中，但产出卵的颜色呈灰白色或灰黄色等（因种而异），无光泽，弹性差，入水后膨胀慢；缺乏适当的黏性；卵膜皱缩。这种卵受精率极低，即使受精，发育也不正常，多为畸形胚胎。卵子过熟多是催产晚、鱼体受伤、外界环境突变或人为干扰等因素造成的。过熟卵中有部分是死卵。

（3）未成熟卵的特征 卵径小，核未极化，不透明，色素不鲜明，吸水力差，膨胀慢，卵粒大小不整齐。

四大家鱼卵子质量鉴别要点如表 4-1 所示。

表 4-1 四大家鱼卵子质量鉴别要点

性状	质量	
	成熟卵	未成熟卵或过熟卵
颜色和轮廓	鲜明，轮廓清晰	暗淡，轮廓模糊
弹性和大小	卵球饱满，弹性强，大小整齐	卵球扁塌，弹性差，膨胀不足
吸水情况	吸水膨胀速度快	吸水膨胀速度慢，卵吸水不足
鱼卵在胚盘上静止时胚胎位置	胚盘（动物极）侧卧	胚盘朝上，植物极朝下
胚胎发育情况	卵裂整齐，分裂球清晰，发育正常	卵裂不规则，分裂球大小不一，发育不正常

二、精子

1. 精子的形态结构

精子是经过变态的成熟精细胞，体积小而活力强。硬骨鱼类精子的长度一般只有 20 ～ 60μm，如白鲢为 30μm，鲽为 35μm，鲑为 60μm；软骨鱼类的精子较长，如刺鳐的精子长达 215μm。硬骨鱼类精子的形态结构均为鞭毛型（图 4-2），由头、颈、尾三部分组成：头部是主体，具一较大的细胞核，核外有很薄的原生质，前部有钻孔体或顶体，以便于精子入卵完成受精；颈部很短；尾部细长，呈鞭毛状，为推进器。

2. 精子的发生

精子的发生是指由原始生殖细胞发育形成精原细胞，进一步发育到精子成熟并排出体外的整个过程。全过程是在精巢内进行的。精子的发生一般分为四个阶段：精原细胞增殖期、初级精母细胞生长期、成熟分裂期和精子细胞变态期。

（1）增殖期 即精原细胞增殖期。由原始生殖细胞经过有丝分裂形成精原细胞，精原细胞本身通过有丝分裂，其细胞数量不断增加。

（2）生长期 即初级精母细胞生长期。精原细胞经过多次分裂之后，不再分裂增殖，进入生长期。此时精原细胞将吸收的营养物质同化为细胞的原生质，因此细胞不断生长，体积增大，变为初级精母细胞。

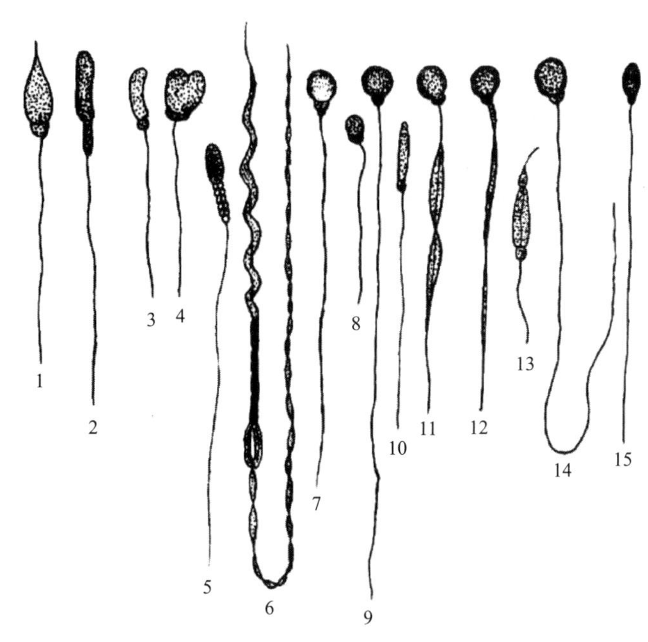

图 4-2　各种鱼类的鞭毛型精子（引自楼允东，1996）

1—肺鱼；2—七鳃鳗；3—绵鳚精子侧面观；4—绵鳚精子正面观；5—魟；6—鳐；7—梭鱼；8—鳟；9—鲑；10—鲟；11—鲈；12—狗鱼；13—鳗鲡；14—鲂；15—金鱼

（3）成熟期　即成熟分裂期，初级精母细胞连续进行两次成熟分裂形成精子细胞的时期。一个初级精母细胞通过第一次减数分裂（同源染色体分离），形成两个较小的次级精母细胞，核内染色体数目变成了原本的一半（单倍体）。紧接着进行第二次成熟分裂，次级精母细胞中的姐妹染色单体分开，形成单倍体的精子细胞，其体积比次级精母细胞小得多。经过两次成熟分裂之后，每一个初级精母细胞分裂成 4 个精子细胞，染色体由 $2n$ 变成 n。

（4）变态期　即精子细胞变态期，是精子细胞形成精子的阶段。精子细胞经过一系列复杂的变态过程，具备了复杂的结构和特定的形态，形成具有活力的精子。整个过程相当复杂，涉及 5 个主要事件：精子的顶体形成；染色质凝缩和精核重组；鞭毛生长；多余细胞质排出；位于精膜上的卵子结合蛋白产生。

3. 精液质量的鉴别

鱼类的精液中含有大量的精子。青鱼、草鱼、鲢、鳙、鲤、团头鲂等主要养殖鱼类的精液密度大都在（2 ～ 4）$\times 10^{10}$/mL。好而浓的精液中精子数量多一些，差而稀的精液中精子数量就少一些；繁殖季节中期精液中精子的密度高一些，早期和晚期精子的密度低一些。

可用肉眼观察精液的流出情况、颜色、黏稠度等来评价精液的质量。用肉眼看，优质的精液呈浓乳状、乳白色，精液量大，轻轻触摸精巢即可排出，精液遇水后立即散开；反之，精液呈稀水状、粉白色，有时带有血丝，通常为过熟或排过精的雄鱼的精液；牙膏状、遇水不易散开的精液则为不成熟的精液。也可以通过精子在水中的活力试验观察精子的活力：把一点精液放在载玻片上，滴一滴水，精液会产生“涡动”现象。“涡动”越剧烈，“涡动”时间越长，说明精子活力越好。

4. 精子的寿命

精子在精液中是不活动的，遇水便开始激烈运动，不久便死亡。精子在水中活动所持续的时间称为寿命。精子的寿命甚短，淡水真骨鱼类仅几十秒至数分钟，鲢、草鱼的精子在淡水中的寿命一般为 50 ～ 60s，中华鲟精子的寿命为 5 ～ 40s。海水真骨鱼类精子存活时间略长。由于精子在水中的寿命很短，人工授精时动作要快。

精子在水中寿命短的主要原因是本身含有的原生质非常少，缺乏供运动消耗的能量贮备。精子在水中活动时，只有部分能量消耗在运动方面，大部分能量消耗在调节渗透压方面。

在低温或等渗的溶液里或弱酸性水环境中，精子寿命会延长。

5. 影响鱼类精子活力和寿命的外界因素

（1）盐度 盐度对精子的寿命和活力影响较大，其影响是通过渗透压而实现的，这是由于精子的原生质与水的盐分不同，海淡水鱼类的精子入水后均要消耗大量的能量来调节渗透压，从而影响精子的寿命和活力。在等渗液（生产上常用蔗糖液、林格液等）中，精子的寿命和活力则大大提高。因此，一些学者认为淡水鱼类的受精过程在等渗溶液中进行，或干法受精，都比在淡水中进行好，可提高受精率。

（2）水温 各种鱼类精子的活动都要求一定的适宜温度，水温过高或过低都不利于精子存活。四大家鱼精子的寿命在水温 22℃时最长为 50s，30℃和 0℃时分别为 30s 和 20s。精子的寿命在一定范围内随温度升高而缩短的主要原因：温度越高，精子代谢强度越大，活力也越强，本身能量很快耗尽；相反，低温能够降低精子的代谢活动，故能延长精子寿命。因此生产上常采用低温方法保存离体精液，温度越低保存时间越长，如家鱼冷冻精液可在液氮中保存 60 ～ 90d（最长超过 700d）而不影响受精率。

（3）pH 值 鱼类的精子在弱碱性水中活动力和寿命显著提高。如鲤的精子活动力和寿命在 pH 值为 7.2 ～ 8.0 的水中表现最佳；金鱼精子在 pH 值 6.8 ～ 8.0 时受精率最高。而弱酸性水溶液能麻醉精子，降低其代谢活动，也可以延长精子的寿命。

（4）氧和二氧化碳 鱼类的精子在缺氧和二氧化碳浓度高的环境下，活动受抑制，寿命延长。干法受精就是利用精子这一生物学特点，使精子在无水、缺氧条件下均匀分布于卵子表面，延长寿命，加水后精子便强烈运动，钻进卵中，以提高受精率。

（5）光线 紫外线和红外线对精子具杀伤作用，如鲤的精液经阳光直接照射 10 ～ 15min 后，精子死亡率达 80% ～ 90%，但白天的散射光对精子无不良影响。故人工授精应避免阳光直射，保存精液最好用棕色瓶。

6. 精液的保存

保存鱼类的精子，使其不失去受精能力，对鱼类养殖、良种培育和种质资源保护具有实际意义。鱼类精液的保存包括低温保存和超低温保存两种方法。低温保存主要是利用低温降低精子的代谢率，通常是在普通冰箱的冷藏室（0 ～ 4℃）保存鱼类精液，这种方法操作简便、成本低廉、保存时间较长，可保存精液几天至数十天，可在生产实践中广泛推广使用。

超低温保存是指将精液保存在 −196℃的液氮生物容器中，可长期保存精液，但冷冻和解冻过程中的一系列理化变化，会对精子造成损伤。因此，长期保存精液就必须添加防冻剂。

精子超低温冷冻保存的具体做法如下：采集鱼类精液，加入稀释液和抗冻剂后等温稀释（精液和稀释液比例为 1∶3），降温平衡，放入液氮中长期保存，需要用时解冻复苏，进行活力检测。常用的鱼类精液抗冻剂有二甲基亚砜（DMSO）、乙二醇或甘油等。

三、受精过程

1. 自然受精

卵子和精子的结合叫受精。受精作用是精子通过卵膜和卵的表层原生质与卵核结合的一系列过程。受精的结果是形成一个有双倍染色体的新细胞，即受精卵。大多数鱼类的受精是在水环境中完成的，硬骨鱼类的卵子在第二次成熟分裂中期接受精子。精子在精巢内是不活动的，因为精液内有一种称为雄配子素 I 的分泌物能抑制精子的活动。精子被排入水中后，立即活动起来，精子头部（顶体）能够分泌一种类胰蛋白酶的物质，可以溶解受精孔处的卵膜，使精子通过受精孔进入卵内，随后受精孔关闭，防止其他精子入卵。所以鱼类为单精受精，多精受精现象很少发生，此后精卵细胞核融合，完成受精过程。主要养殖鱼类的受精过程大体可分为受精膜形成、胚盘形成及雄、雌原核形成与融合等几个阶段。下面以家鱼受精卵为例说明受精过程。

（1）受精膜形成　精、卵接触后 3 ～ 5 min，卵表面的辐射膜向外隆起，形成的一层透明膜叫受精膜。受精膜在精子入卵处先突起，并迅速扩展到全卵（通常在 1min 内完成）。受精膜和质膜之间的腔隙叫围卵腔或围卵周隙。随着受精膜向外扩展，围卵腔逐渐增大，直到受精卵分裂成 8 ～ 16 个细胞时期才完全定形。不同鱼类的围卵腔大小不同，卵吸水后受精膜向外扩展的程度也不尽相同，因而卵径各异。如鲢、鳙和草鱼的卵径为 5mm 左右，罗非鱼、鲤、鲫的卵径为 1.5mm 左右，花鲈、黑鲷、真鲷、牙鲆和石斑鱼等鱼类的卵径多在 1mm 左右。受精膜扩展膨大的速度是鉴别卵子质量的标准之一，一般来说，质量好的卵子膨胀快且大，质量差的卵子膨胀慢且小（在纯淡水中）。

精子头部接触处的卵细胞质形成一个透明的小锥状突起，叫作受精锥，它的作用是把精子夹持入卵。在适宜温度下，受精后 2 ～ 30s 精子即迅速进入卵中。精子入卵后，精孔管的内孔立即被一种物质堵塞。

（2）胚盘形成　精子入卵后（水温 24 ～ 26℃，25 ～ 30 min），细胞原生质向动物极流动而集中成较透明的盘状突起，称“胚盘”（未受精卵入水受到刺激后也形成胚盘），是未来胚胎的基础。

（3）雄、雌原核形成与融合　包括下列几个重要特征。①形成雄性原核和精子星光。精卵结合后，只有精子头部深入卵内，头部渐自膨大，趋向核化，精子星光形成。受精后 20min 左右，精子头部完全核化，雄性原核形成，一个星光发展成双星光。②卵子完成第二次成熟分裂，排出第二极体，卵核形成雌原核。③受精后 30min 左右，原来的中心粒和星光分裂为二，雌原核和雄原核互相靠拢，位于两个中心粒和星光之间。两性原核的界线逐渐不清楚，最后完全结合为一个受精卵的细胞核或合子核。当两性原核开始靠近和结合时，星光逐渐萎缩并向四周退却。受精后 40 ～ 45min，两性原核形成的合子核的核膜消失，第一次有丝分裂纺锤体出现；受精后 50min，出现第一次卵裂；以后，每隔 10min 分裂一次。青鱼卵子受精后的形态学变化如图 4-3 所示。

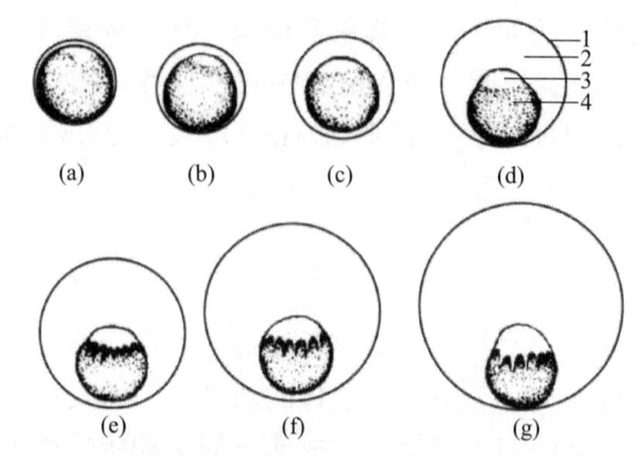

图 4-3　青鱼卵子受精后的形态学变化（引自楼允东，1996）

（a）成熟未受精卵；（b）受精后 3min；（c）受精后 6min；（d）受精后 8min；
（e）受精后 15min；（f）受精后 25min；（g）受精后 45min
1—受精膜；2—围卵周隙；3—胚盘；4—卵黄

2. 人工授精

用人工方法采取成熟的精子和卵子，将它们混合后使之完成受精过程即叫人工授精。在鱼类的人工繁育生产中，或进行杂交、育种等科研工作时，或在雄鱼少或性腺发育差时，或在鱼体受伤较重及产卵时间已过而未产卵的情况下，可采用人工授精。进行人工授精需密切观察发情鱼的动态，当亲鱼发情至高潮之际，迅速捕起亲鱼采卵采精，并立即进行人工授精，人工授精分以下三种。

（1）干法授精　将发情至高潮或到了预期发情产卵时间的亲鱼捕起，一人抱住鱼，使其头部向上尾部向下并用手按住生殖孔，以免卵子流到水中。另一人用手握住尾柄并用毛巾将鱼体腹部擦干，然后用手柔和地挤压腹部（先后部，后前部），把鱼卵挤入盆中（每盆可放 20 万粒左右），盆中不要带进水，然后把精液挤于鱼卵上，用羽毛或手均匀搅动 1min 左右后，再加少量清水拌和，静置 2 ～ 3min，慢慢加入半盆清水，继续搅动，使精子和卵子充分结合，然后倒去浑浊水，再用清水洗卵 3 ～ 4 次，看到卵膜吸水膨胀后便可移入孵化器中孵化。

（2）湿法授精　在脸盆内装少量清水，每人各握一尾雌鱼或雄鱼，分别同时将卵子和精液挤入盆内，并用羽毛轻轻搅和，使精卵充分混匀，之后的操作步骤同干法人工授精。该法不适合黏性卵，特别是黏性强的鱼卵。

（3）半干法授精　将精液先用 0.7% 的生理盐水稀释后，再与挤出的卵子相混合，最后加清水再搅拌 2 ～ 3min 使卵受精。

生产上最常用的是干法授精。人工授精时要避免亲鱼受伤，不要让精子和卵子受阳光直射。操作人员要配合好，动作要轻、快、准，否则易造成亲鱼受伤，人工授精失败，并引起产后亲鱼死亡。

一般自然受精产的精、卵质量较好，亲鱼受伤概率小。因此，当亲鱼性腺成熟、体质健壮、雌雄比例合适时，应尽量进行自然产卵、受精，或以自然受精为主，人工授精为辅。

3. 影响受精的主要因素及其在人工授精中的应用

生产上一般用受精率来衡量催产技术水平的高低，当鱼苗发育到原肠期时，取鱼卵 100 粒，在白瓷盆中肉眼观察，统计受精卵数和浑浊、发白的死亡卵数，受精卵占统计总卵数的百分比即受精率。影响受精率的因素有以下几种。

（1）精子和卵子的质量 精子、卵子质量高，受精率自然较高，亲鱼性腺发育不良或已过熟、退化，或者催产技术不当，均会降低鱼类卵子和精子质量。精子、卵子质量不高，往往会影响受精率，而且受精后胚胎的畸形率和死亡率也较高，从而影响孵化率。

因此，人工授精时要准确掌握效应时间。过早地拉网挤卵，不仅挤不出，还会因惊扰而造成泄产；若过晚则错过了生理成熟期，鱼卵受精率低，甚至不能受精。

（2）雌雄鱼比例 硬骨鱼类虽为单精入卵受精，但在受精时，却有成千上万的精子附着在卵的表面，这对保证单一精子入卵完成受精起着重要作用。一般每粒鱼卵占有2万～20万精子时，受精率随占有精子数量的增加而快速提高，当达到30万～40万精子时，受精率趋于稳定。所以，需要一定数量的精子才能保证所有卵子都能受精，当雌雄鱼比例失调或雄鱼产精量不足时，会制约受精率。

（3）人工授精过程 人工授精的每个细节都有可能影响到受精率，如挤精和挤卵的同步性、光照、水温、血污、水分、精子和卵子混匀程度等。为了提高受精率，人工授精过程应尽量避免光照，授精时间最好在早上，挤精和挤卵应做到同步。如采用干法授精，要将雌雄鱼用毛巾擦干，避免水对精子和卵子造成影响。

思考探索

1. 鱼类卵细胞发育过程中的6个时期分别有哪些特征？
2. 如何区别排卵和产卵？
3. 如何区别卵巢发育过熟和卵的过熟？
4. 如何鉴别成熟卵、过熟卵和未成熟卵？
5. 精子发生的4个阶段分别有哪些特点？
6. 如何鉴别青鱼、草鱼、鲢、鳙、鲤、团头鲂等主要养殖鱼类的精液的质量？
7. 如何提高鱼类精子的活力和寿命？
8. 哪些方法保存精液的效果好？
9. 人工授精的方法有哪些？

第二节 胚胎发育

问题导引

1. 鱼类胚胎发育各阶段有哪些主要特征？
2. 在人工孵化中，影响鱼类胚胎发育的环境因素有哪些？

一、胚胎发育过程

以草鱼为例，鱼类胚胎发育过程如下：草鱼的卵子受精后，卵膜遇水迅速膨胀，卵膜直径为5～6mm，卵膜透明，厚约2μm，卵质逐渐向动物极集中形成胚盘，在解剖镜下可以看到卵质流动的情况。水温20～24℃时，卵受精后30min左右，外周原生质向动物极移动、集中，形成胚盘。

1. 卵裂期

卵子受精后由单个细胞的受精卵经过一系列的分裂形成一个多细胞胚体的过程称为卵裂。大多数鱼类的卵属于端黄卵，在动物极的胚盘上进行盘状卵裂。卵子受精后35～60 min，胚盘沿动物极向植物极的轴向分割成左右两个大小相等的分裂球，称经裂。第二次卵裂方向与第一次的相垂直，4个分裂球大小仍相等。第三次卵裂与第一次卵裂方向平行，形成8个分裂球，中间4个较大，两侧4个较小。第四次卵裂方向与第二次卵裂方向平行，分裂为16个细胞。第五次卵裂方向与第一、第三次平行，32个细胞排列成4排，大小相近。第六次卵裂形成64个细胞，大小不一致，排成一层。此后，细胞分裂速度很不一致，卵裂球越分越小，堆积在卵黄上端，呈桑椹状，又称桑椹期（胚）。

2. 囊胚期

卵子受精后2～3h，当卵裂进行一定时间后，胚胎表面由于分裂球很小而显得平滑，细胞界限不够清楚，分裂球排列成层，共同组成囊胚层，这便是囊胚。依形态特征，可将囊胚期分为早、中、晚三个阶段。早期囊胚的胚层突起较高，尚可看见模糊的细胞界限，未形成囊胚腔。中期囊胚的囊胚层较前者低，看不出细胞界限，固定后解剖可以看到囊胚腔。晚期囊胚由于囊壁的细胞向下生长，逐渐将卵黄部分包围起来，这一过程称为“下包”。因而，囊胚腔被压缩到极小的程度，这时囊胚层“下包”约达整个胚胎的1/3，它的外形也变扁。

3. 原肠期

卵子受精后4～6h，囊胚层不断发育，下包到卵黄的1/2处，便有一部分囊胚层细胞向胚胎内部卷入，这就是原肠形成的开始。由于内卷，在胚盘的边缘形成一肥厚的环，即胚环，这时胚胎已进入原肠早期。再经过50 min左右，在胚环的一定部位，细胞集中增厚，形成胚盾（未来胚体的背面），此时为原肠晚期。胚胎继续发育，卵黄被包围的越来越大，最后卵黄被包围3/4左右时，胚胎的位置亦有改变，由原来的卵黄向下、胚盘向上的头尾站立转为侧卧水底。下包至胚体4/5时，背唇两侧的侧唇和其对面的腹唇相继形成，共同组成一圆形孔，叫胚孔或原口，未包被而裸露在外的卵黄，称为卵黄栓。

4. 神经胚期

卵子受精后10h左右，囊胚层从包围卵黄的4/5到逐渐完全包围卵黄，在胚胎背面出现增厚的神经板，胚胎转入神经胚。之后，在神经板中线出现柱状的脊索，神经板的前端较隆起，显出头部的位置，胚孔已闭合。这时胚体已具有3个胚层和原肠腔，并从这些胚层分化出各种器官原基。最初的体节出现后1h，前脑两侧向外突出一对肾形的团块，这是眼的原基，之后变为椭圆形，更加突出。此时脑分化为3个略膨大的前脑、中脑和后脑。

畸形多产生在该期。畸形的特点是：多数胚体前端的胸部胸腔扩大，不能正常发育，脊索不能前后伸直，或是弓背，或是弯曲；神经不能正常发育，眼睛和其他感觉器官也被破坏。畸形的产生是卵子本身质量不好或外界因素影响导致的。从胚胎器官发生上来看，畸形是原肠胚细胞内卷运动秩序的破坏，诱导作用被扰乱，致使神经胚时期中轴器官不能正常形成的结果。

5. 尾芽期

卵受精后 12 ～ 16h 胚体逐渐增长，体节数目增加。由于胚体增长，差不多把卵黄都包围起来，头和尾相距很近，在胚体后端腹面，有一个稍微突起的部分，叫作尾芽。胚体主要依靠尾芽组织不断地向前、后增生使胚体加长，尾部向后延伸，此时，卵黄囊还是圆球形。

6. 出膜前期

卵子受精后 23 ～ 28h，胚体已接近出膜叫出膜前期。在这段时间里胚体逐渐扩展，尾部起初弯向腹面，尾尖指向头端，后来逐渐伸直，卵黄囊由圆球形变为前端膨大后端较为细长的梨形，心脏开始跳动，脑出现。起初胚体做微弱的抽动，继而收缩能力增强，使胚体左右摆动。当胚体沿膜内缘不停地转动时，标志着胚胎即将出膜。

7. 出膜期

鱼卵受精后 24 ～ 30h，胚胎头部存在的泡状单细胞腺体叫孵化腺。孵化腺是一种由表皮细胞分化而来的单细胞腺体。大多数鱼类的孵化腺细胞，如草鱼、鲤等分布在胚胎的头部、卵黄囊和口腔，一般胚体前半部多于后半部。

孵化腺的分泌活动、酶的形成和释放均与水温密切相关。在草鱼胚胎发育适宜温度范围内（20 ～ 29℃），腺体分泌正常，酶能及时形成和分泌，使胚胎能顺利从卵中孵化出来。如果温度过低（20℃以下），腺体分泌受阻，胚胎发育速度与脱膜的时间不一致，孵化酶对卵膜的溶解作用不能及时跟上，部分或全部胚胎不能破膜而出，导致中途死于膜中。

8. 仔鱼前期

仔鱼期就是刚孵出的鱼苗到下塘前的时期（孵出后 3 ～ 4d）。该期的鱼苗仍以卵黄为营养，即行内源性营养生活。这个时期的明显变化是身体逐渐伸直，增长，卵黄囊缩小。

硬骨鱼类初孵仔鱼的形态结构与成体相比有很大的差异，其体内和体表的部分器官尚未形成或未发育完善，需在破膜后继续发育，如鳔、消化道及鳍条等器官。鱼类胚胎在破膜后继续发育的特点是：胚胎继续增长；长出胸鳍；由消化道背壁细胞分化形成鳔；体表色素逐渐增多；卵黄囊逐渐因被吸收而缩小，最终消失。当卵黄囊即将耗尽时，仔鱼已可以开口主动摄食，各器官基本完备，此时鱼苗可以从孵化器中移至室外育苗池中，下塘饲养。

斑鳜的胚胎发育过程见图 4-4，黄鳍东方鲀的胚胎发育过程见图 4-5，雌核发育草鱼早期胚胎发育过程见图 4-6。

二、影响鱼类胚胎发育的因素

1. 水温

水温是胚胎发育的重要因素之一。水温对鱼类胚胎发育的影响因种而异，每种鱼类的胚胎发育都要求有一定的适温范围，如大麻哈鱼、虹鳟等冷水性鱼类孵化的适温为 8 ～ 12℃；牙鲆、黑鲷等冷温性鱼类的孵化适温为 10 ～ 21℃；四大家鱼和鲤、鲫等温水性鲤科鱼类为 18 ～ 31℃；罗非鱼、短盖巨脂鲤和胡子鲇等热带鱼类为 24 ～ 32℃。

一般来说，在其他条件正常的情况下，在适温范围内，胚胎发育所需时间与温度呈负相关。当水温过低时，胚胎发育速度减慢，显著延迟仔鱼孵化，且会导致胚胎成活率急剧下降；水温升高虽然能促进卵的发育，但孵化期水温能影响仔鱼的体长、卵黄囊大小、肌节、色素沉着和上下颌的分化等，如果水温过高，会使仔胚发育太快，仔胚器官发育不完善。因此，温度过高或过低都会引起不良后果。

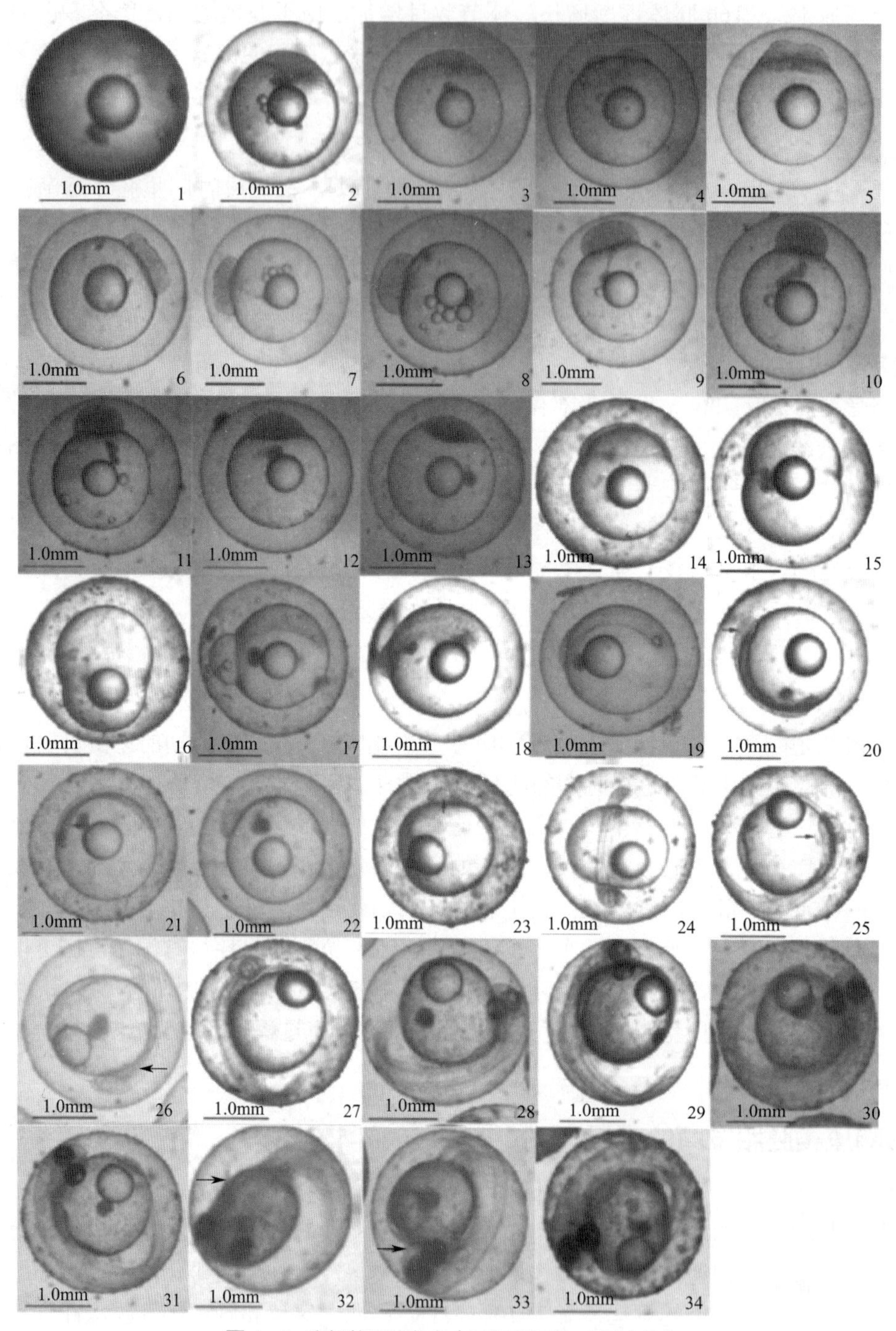

图 4-4　斑鳜的胚胎发育（引自胡振禧，2014 年）

1—成熟卵；2—受精卵；3—胚盘隆起；4—2 细胞期；5—4 细胞期；6—8 细胞期；7—16 细胞期；8—32 细胞期；9—64 细胞期；10—多细胞期；11—囊胚早期；12—囊胚中期；13—囊胚晚期；14—原肠早期；15—原肠中期；16—原肠晚期；17—神经胚期；18—胚孔封闭期；19—肌节出现期；20—眼囊期（箭头示眼囊）；21—尾芽期（箭头示克氏囊）；22—尾鳍期；23—晶体形成期（箭头示眼晶体）；24—肌肉效应期；25—心跳期（箭头示围心腔）；26—耳石期（箭头示耳石）；27—血液循环期；28—胸鳍基形成期；29—眼色素形成期；30—口裂形成期；31—鳃盖形成期；32—胸鳍扇动期（箭头示胸鳍）；33—口裂开启期；34—出膜期

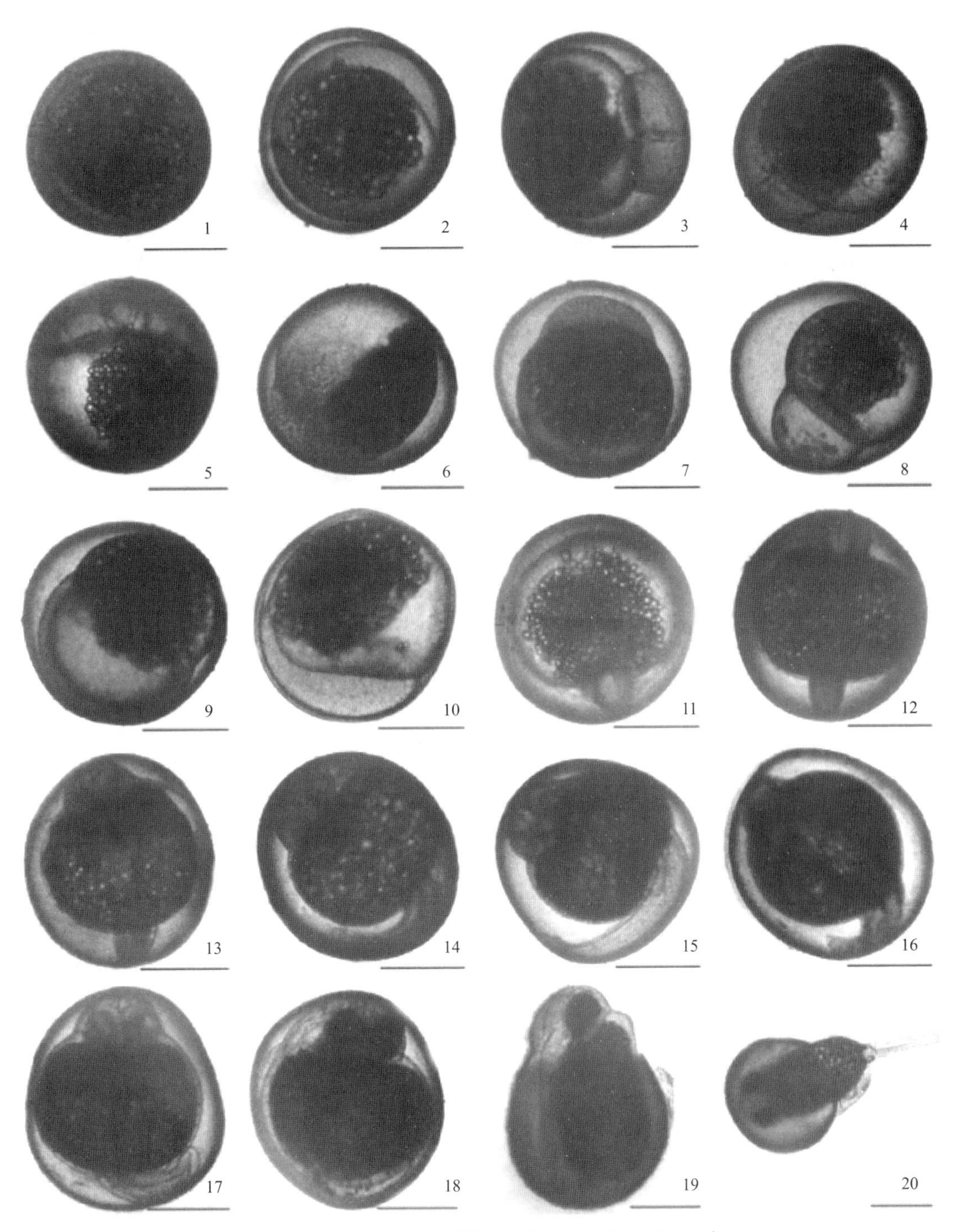

图 4-5　黄鳍东方鲀的胚胎发育（引自钟建兴等，2015 年）

1—受精卵；2—卵膜举起；3—2 细胞期；4—4 细胞期；5—8 细胞期；6—多细胞期；7—桑椹期；8—高囊胚；9—低囊胚；10—原肠前期；11—原肠中期；12—原肠后期；13—眼泡形成期；14—体节形成期；15—心跳出现期；16—色素形成期；17—晶体形成期；18—孵出前期；19，20—出膜期

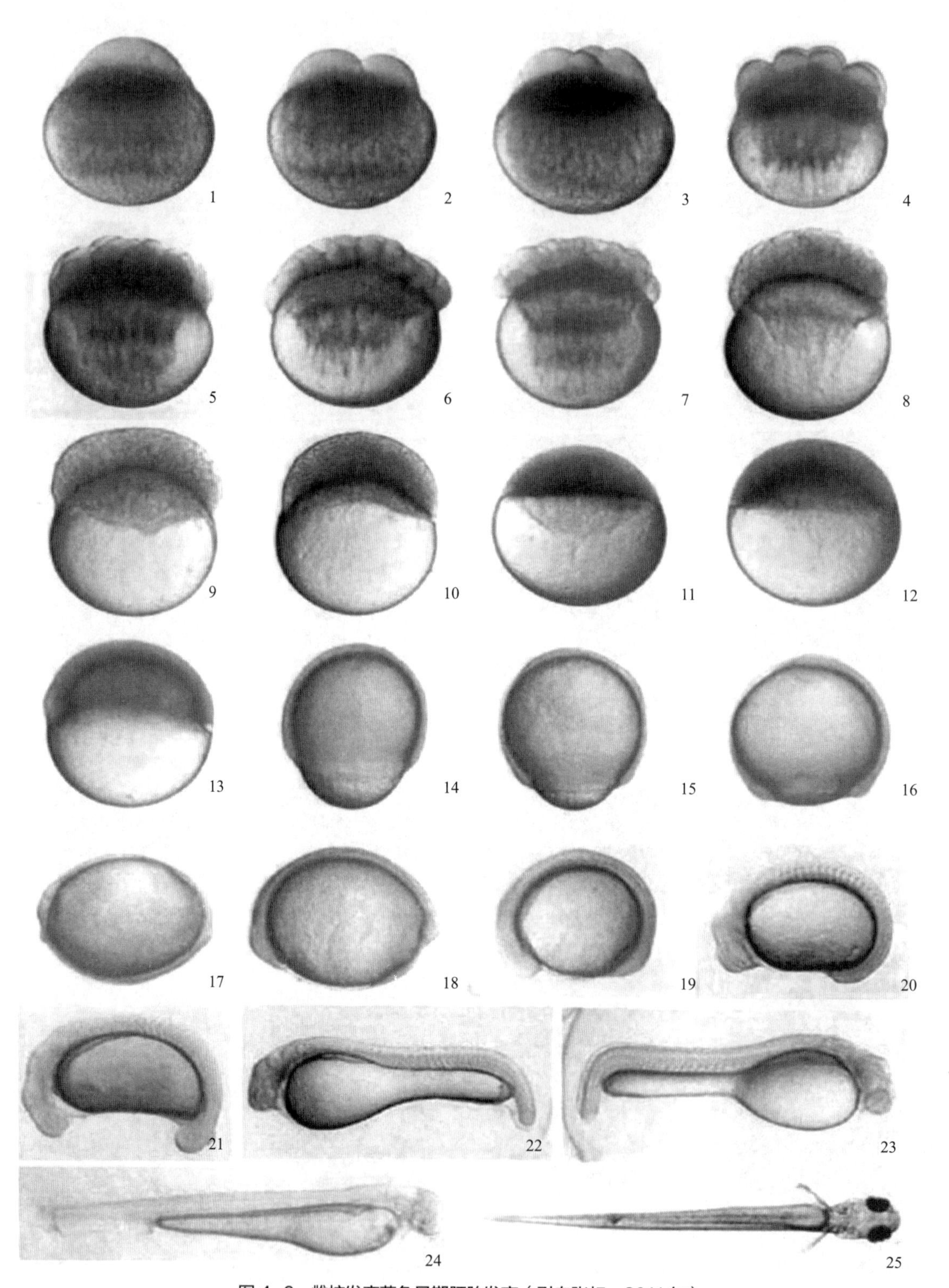

图 4-6 雌核发育草鱼早期胚胎发育（引自张虹，2011 年）

1—受精后 50min，胚盘隆起；2—2 细胞期；3—4 细胞期；4—8 细胞期；5—16 细胞期；6—32 细胞期；7—64 细胞期；8—桑椹期；9—囊胚早期；10—囊胚中期；11—囊胚后期；12—原肠早期；13—原肠中期；14，15—原肠晚期；16—神经板期；17—神经沟期；18—神经管期；19 ~ 21—器官形成期；22，23—孵化期；24，25—仔鱼期

2. 溶氧量

鱼类耐缺氧的能力一般在卵发育期最差，因此溶氧量对胚胎的发育和成活至关重要。溶氧量低将导致胚胎发育异常，易出现畸形，当水中溶氧量降至 2mg/L 时，胚胎易发育不正常或死亡，在整个胚胎发育期，溶氧量应不低于 4mg/L ，最好为 6 ～ 8mg/L。此外，随发育进展需氧量逐渐提高，至出膜期达到高峰。孵化期间调整适宜水流，保证充足的氧气是提高孵化率的重要措施之一。卵表面水流的循环是保证对卵供氧的一个基本条件，故人工孵化器多采用流水型。海水鱼类人工孵化时一般均进行充气，流水孵化。充气、流水能使卵在孵化箱中滚动，使卵表面的溶氧能顺利扩散到卵中。

3. 水流

流水式的孵化工具，如孵化桶、缸、槽和孵化环道等，均是为了满足胚胎发育所需氧等条件而设计的。受精卵在流动的水体中孵化时，可以得到充足的氧气，且流水可以溶解并及时带走胚胎代谢产物，减少水质污染；流水还能刺激孵化酶的分泌，使仔鱼提前出膜，鳜鱼的受精卵在流水孵化环道中孵化要比在静水中孵化快得多。调节水的流量使受精卵在水中适度地悬浮，可以有效抑制真菌的感染，同时也可将死卵和活卵分开。在胚胎发育早期，胚胎对外界刺激比较敏感，此时流量不应过大，微悬浮即可。达到眼点期后，流量可增大，使受精卵悬浮运动增强。在鱼苗孵化出膜时，对流量变化更为敏感，应适当调小水流量。在确定水流量时，还应考虑鱼的种类差异，有些鱼类可能对悬浮较为敏感。

4. pH 值

胚胎发育过程中要求水质清新，中性或弱碱性水为好。鱼类胚胎发育较为适宜的 pH 值为 7.0 ～ 8.5，偏酸或偏碱的水会使卵膜早溶，提早破膜，损害卵子，严重时能引起大量死亡。

5. 光照

鱼类胚胎发育对光的反应具有遗传因素。因此，光线对不同生态类群的鱼类胚胎发育有不同的影响。鲟鱼受精卵在有光线条件比在黑暗条件下胚胎发育速度平均要快 18 ～ 26h，而且在有光线情况下孵出的仔鱼个体较长和较重。黄鳝受精卵的发育需要有光的条件，在 500 ～ 1500lx 时孵化率较高，在这范围内随着照度的升高出膜时间逐渐缩短，但不能超过 1500lx，否则会导致孵化率下降。直射的光线对于产卵于石砾中的鲑鳟鱼类的胚胎发育不利，会引起胚胎畸形率增加。一般来说，沉性卵多需要避光或弱光，而浮性卵需要有充足的光照才可正常发育。

6. 盐度

海淡水鱼类的胚胎发育各自适应不同的盐度范围，海水鱼类的胚胎一般在盐度 12‰～ 35‰的海水中发育，淡水鱼则随着盐度的升高死亡率增大。盐度剧变对胚胎发育不利。

7. 敌害生物

水中的敌害生物对鱼类的正常发育会造成严重威胁。在天然水域中，鱼类的胚胎和幼苗是许多昆虫的幼虫、成虫、细小的甲壳动物和大小肉食性鱼类的良好食物。在人工孵化容器中，敌害主要是卵膜外的细菌和各种微生物，特别是在溶氧不足时，细菌更易滋生，会使卵坏死。所以在采集受精卵过程中，最好能把表面脏东西洗掉，或用抗生素浸泡处理后再孵化。水霉菌是鲤、鲫、虹鳟等鱼类胚胎的主要敌害。水霉菌在水温低于20℃时大量繁殖，危害鱼类胚胎，应采用相应药物消毒防治。剑水蚤也是人工孵化器中胚胎和刚孵出鱼苗的主要敌害。因此，人工孵化的水源要经过筛绢严格过滤，防止小动物流入孵化容器。

 思考探索

1. 鱼类的胚胎发育可以分为哪几个时期？各期的主要特征是什么？
2. 分析鱼类人工孵化胚胎发育的环境影响因素，如何在生产中应用？

第三节　鱼类的生长规律

 问题导引

1. 鱼类有哪些生长规律？如何根据生长规律提高鱼类的生长速度？

2. 影响鱼类生长的环境因素有哪些？池塘养鱼中，如何控制合适的环境条件，促进鱼类的生长？

一、鱼类生命周期的划分

1. 生命周期

鱼类的一生（生活史）可分为胚前发育、胚胎发育和胚后发育三个发育阶段。胚前发育是指精子与卵子的发生和形成阶段；胚胎发育是精子和卵子结合形成受精卵到鱼苗孵出的阶段；胚后发育是孵出的鱼苗到成鱼衰老死亡的阶段。

2. 胚后发育

鱼类的胚后发育根据形态特征和生理特征差异通常可分为以下5个时期。

（1）仔鱼期　从仔鱼刚破膜孵化出到卵黄囊吸收完毕为仔鱼期。仔鱼期的主要特征是鱼苗身体裸露无鳞片，眼无色素，具有鳍褶。该期又可分为前仔鱼期和后仔鱼期。前仔鱼期具卵黄囊，仍由卵黄囊作为营养来源；后仔鱼期卵黄囊吸收完毕，眼、鳍条、口和消化道逐步形成，但发育不完善，开始吸收外源性营养，营浮游生活，转向外界摄食，一般与浮游生物生活在同一水层。此期在生产中称为鱼苗期。

（2）稚鱼期　从鳞片开始形成至鳞被发育完成为标志。稚鱼期内各鳍发育完毕，运动器官形成，消化器官向成鱼基本形态发育完善。早期稚鱼仍营浮游生活，吃浮游生物，后期才转向各类群自己固有的生活方式。通常指孵化出不超过1个月的夏花鱼种。

（3）幼鱼期　全身被鳞，侧线明显，体色和斑纹与成鱼相似，具有种的形态特征，内部结构也与成鱼基本相同，但性腺发育尚未成熟。

（4）成鱼期　初次达到性成熟，可进行生殖，出现第二性征。营养物质大部分用于生殖

腺发育，并积累脂肪等物质，以供洄游、越冬和繁殖时所需。自然死亡率降至最低，而捕捞死亡率急剧上升。

（5）衰老期 成鱼期与衰老期无明显界限。特征是性机能减退，生长停滞或极为缓慢，摄取的营养物质主要用于维持生命活动，自然死亡率上升。

二、鱼类的生长特点

1. 相对不限定性

高等脊椎动物一般在达到性成熟后，身体就停止生长，为确定性生长。鱼类生长则不同，如果给予适合的环境条件，大多数鱼类在其一生中几乎可以连续不断地生长，如野生的巨型石斑鱼。鱼类在生长过程中，速度有时快有时慢，随着年龄的增长趋于下降，所以鱼类的生长有相对不限定性和延续性。

2. 阶段性

鱼类在不同的时期生长速度不同。通常把鱼的生长分为性成熟前、性成熟后和衰老期三个阶段。性成熟前是生长的旺盛阶段，鱼类还没有达到性成熟，从营养学的角度看，鱼类吸收的营养物质除维持日常活动所需外，剩余部分用于躯体生长，此阶段生长最快，有利于鱼类摆脱其他动物捕食，提高存活率，尽快达到性成熟，是一种维持种群数量的重要进化适应性。鱼类性成熟后生长进入稳定阶段，吸收的营养部分用于性腺发育和性成熟，生长速度自然减慢，此时为很多鱼类体重增长最快的阶段。一般在初次性成熟后的 1 ～ 2 年，鱼类进入衰老阶段，生长缓慢，性机能衰退，摄取的营养主要用于维持生命和越冬。

掌握鱼类生长的阶段性规律，从鱼类个体来说，可以确定鱼类的最佳捕捞时间；从鱼类群体的角度考虑，可以确定大型渔场的资源量，估算最佳生产量。

3. 可变性

同种鱼在不同的环境条件下，生长差异很大，一般来说，低纬度水域中的个体比高纬度的个体生长迅速，因为低纬度水域气温高的时间长，饵料生物丰富。青鱼在长江、珠江、黑龙江 3 个水系生长速度的顺序是：长江种群 > 珠江种群 > 黑龙江种群，这是生长适宜温度、饵料丰度、性成熟时间等综合作用的结果。虽然珠江水系水温比长江水系高，但是青鱼的性成熟时间提早，生长速度的减慢也提前，再加上饵料生物等其他因素的综合影响，长江水系的青鱼生长速度比珠江水系快；黑龙江水系气温低，生长期太短，青鱼生长速度最慢。

4. 季节性

由于水温、饵料生物、鱼类生理活动、代谢强度、摄食强度等因素的影响，鱼类在一年四季中的生长速度不一致，一般会有周期性的变化。温水性鱼类，在春夏季由于水温高，饵料生物增多，鱼的新陈代谢旺盛，生长迅速，秋冬季节生长缓慢甚至停滞。冷水性鱼类，冬春季生长速度快，夏秋季生长缓慢或停滞。热带鱼类的生长季节性不明显，但在内陆水域有雨季和旱季之分。

鱼类的生长也受繁殖活动的影响。鱼类一般性成熟后，繁殖季节前生长缓慢，繁殖季节后生长迅速。

5. 性别差异性

鱼类一般雌性个体比雄性大，因为雄性个体先成熟，生长速度提前下降。也有例外，有护幼特性的鱼类，通常是雄性个体大，如黄颡鱼。

三、影响鱼类生长的因素

生长是鱼类机体在遗传基础和环境条件共同作用下新陈代谢的结果，生长是鱼类物种延续的保证。影响鱼类生长的因素较多，环境因素主要有水温、饵料、水质等因素。

1. 水温

水温是鱼类生长的控制因素。水温通过改变机体的新陈代谢速度影响鱼类的活动和生长。在适温范围内，随着水温的升高，鱼类的生长速度加快；过高、过低的水温会导致鱼类生长速度降低、停止，严重的时候会死亡。

2. 饵料

饵料是影响鱼类生长的重要因子。充足的饵料是鱼类快速生长的基本条件之一，如果饵料供应不足，鱼类就不能获取最大的生长速度，严重的时候可能会出现鱼体生长停滞、消瘦、死亡等现象。同一种鱼，达到同样体重需要的时间，养殖的比野生的短，最主要的影响因素就是饵料是否充足。轻微的饵料不足，就会导致鱼类的规格差异较大，大小不均。

3. 水质

水质是鱼类生长的限制因子，由于水质本身是一个综合的体系，包括溶解氧、盐度、pH 值等，对鱼体内的生物化学反应产生限制。鱼类的遗传性、生态分布、生活习性等不同，故不同鱼类对水质的需求不同。不同种类的鱼对溶解氧的需求不同，如巴沙鱼比较耐低氧，篮子鱼在低氧条件下容易发病甚至死亡。

第四节　鱼类的年龄

问题导引

1. 鉴定鱼类的年龄具有什么意义？举例说明。

2. 鱼类鳞片上的年轮是如何形成的？在鳞片上形成的轮纹都是年轮吗？其他组织上有年轮吗？

3. 如何用鳞片鉴定鱼类的年龄？不同鱼类鳞片上年轮的类型一样吗？

一、年轮的形成

水域环境的变化会对鱼类的生长产生一定的影响，而这些影响在鳞片及骨骼组织上留下了标志，故可以利用这些标志来鉴定鱼类的年龄。

在季节等环境因素和性腺发育因素的影响下，鱼类的生长不均衡，并具有年周期性，这种规律性的变化会在鳞片、鳍条、脊椎骨等硬组织上留下生长痕迹，形成年轮。一般春夏季水温高，饵料生物丰富，鱼类摄食强度大，代谢旺盛，生长迅速，在鳞片上形成的环片宽而疏，称为宽带或夏轮；而秋冬季水温低，鱼类代谢强度降低，生长减慢或停止，形成的环片窄而密，称为窄带或冬轮。一年之中形成的宽带和窄带合称为一个生长年带。鉴定年龄时，以秋冬季形成的窄带和翌年春夏季形成的宽带之间的分界线为年轮标志，同理，在耳石、脊椎骨、匙骨、鳃盖骨等其他骨骼上也存在宽窄、疏密相间的生长年带。除了温度以外，其他环境条件的变化也可导致年轮的形成。如洄游的鲑科鱼类，在江河中生长较慢，环片较窄，在海洋中生长较快，环片较宽。

二、年龄的鉴定

可以用作鱼类年龄鉴定的材料有鳞片、耳石、鳍条、鳍棘、支鳍骨、脊椎骨、鳃盖骨和匙骨等，鱼类生长的周期性在这些材料上留下了各种宽窄不同的轮纹。一般用鳞片鉴定鱼类的年龄最简易方便，但不同鱼类鉴定年龄最理想的材料是不同的。我国一些经济鱼类年龄鉴定常采用的材料：鲤、鲫、草鱼、鲢、鳙等鲤科鱼类以鳞片为主，鳍条为辅；太平洋鲱、鳓以鳞片为主，耳石为辅；大、小黄鱼以耳石为主，鳞片为辅；鳜鱼用鳃盖骨；鲇鱼以脊椎骨为主，鳍棘为辅；中华鲟以匙骨为主，鳍棘为辅；长吻鮠以鳍棘为主，脊椎骨和尾舌骨为辅。

1. 用鳞片鉴定鱼类的年龄

鉴定鱼类年龄最常用的材料是鳞片，其取材方便，不损坏鱼体，不需特殊加工，容易观察。但高龄鱼生长速度缓慢，相邻年轮之间的距离较近甚至接近重叠，因此其年龄的鉴定不宜使用鳞片。

（1）鳞片的采集 鉴定年龄的鳞片一般取自鱼体中段近侧线上方到背鳍前半部下方的区域，如果有两个背鳍，则在第一背鳍下方取。没有侧线的鱼类，则取鱼体侧正中背鳍下方的鳞片。再生鳞不能作为年龄鉴定的材料，因其中心部位的大小就是脱落时的大小，只有纤维质的基片，无年轮标志，从再生后的部分开始才有环片。每尾标本通常采集鳞片10～20片。取下的鳞片用清水洗净表皮和黏液，拭干后夹在两载玻片中间即可在解剖镜下观察。野外采集的鳞片放入鳞片袋压平，以防在干燥过程中卷曲。

（2）鳞片上年轮的类型 不同鱼类有不同的年轮标志，即使是同一种类也因栖息环境、饵料条件和捕捞强度不同产生生长的变化，导致环片生长和排列的差异（图4-7）。

① 疏密型：最常见的年轮类型。环片上宽而疏的宽带和窄而密的窄带相间排列。多见于某些海水鱼类，如牙鲆、小黄鱼、刀鲚等；以及部分淡水鱼类，如鲑鳟类、青海湖裸鲤、泥鳅等。

② 切割型：由于环片群走向不同而形成的切割现象。生长旺盛时形成的环片比较完整，后端到达鳞片的后缘；生长缓慢时形成的环片不完整，后端不到达鳞片的后缘。第2年生长旺盛时新形成的环片走向与内侧不完整环片的走向不同，即出现类似切割的现象。形成的一个切割线即为年轮。切割型又可分为普通切割型、闭合切割型和疏密切割型3种。

a. 普通切割型：切割相在侧区明显，有时也伴随有环片断裂、稀疏、缺少等现象同时出现，如草鱼、鲤、鲫、赤眼鳟、细鳞斜颌鲴等。鲤、鲫鳞片的后区有颗粒状突起，年轮不清，切割型环片终止于后侧区。

b. 闭合切割型：当年形成的U形环片与翌年形成的O形环片在鳞片的后侧区相切，同时环片也由密变疏。此型为鲢、鳙所特有。

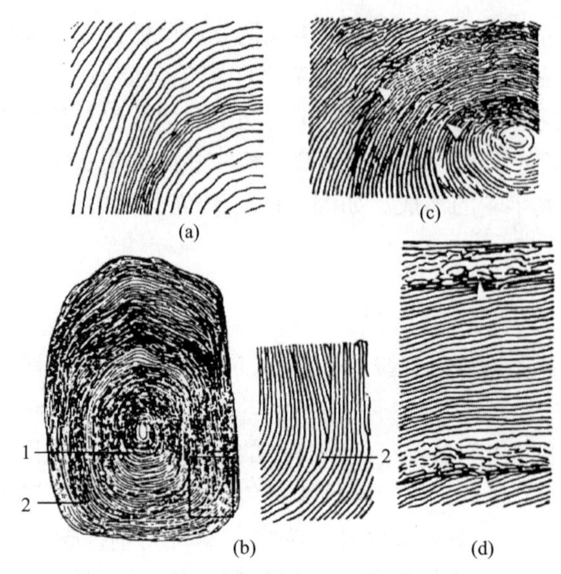

图 4-7 几种年轮的标志（引自叶富良，1993）

（a）疏密型（小黄鱼，局部放大示意图）；（b）切割型（鲢）；（c）疏密切割型（鳊）；（d）疏密破碎型（吻鮈）

1，2—年轮

c. 疏密切割型：密型与切割型同出现在一个年轮处，切割相内缘为密带，外缘为疏带，如蒙古鲌、拟尖头鲌等。

③ 疏密碎裂型：在一个生长年带即将结束时，因生长缓慢，常有 2 ～ 3 个环片变粗、断裂，并形成短棒状突出物，如吻鮈、圆筒吻鮈。

④ 间隙型：在两个生长年带处，因 1 ～ 2 个环片消失而形成间隙，因而形成年轮，如长春鳊。

⑤ 其他类型：有些鱼类，如石首鱼科和鲷科在年轮处环片有不规则分支，或环片中断、变细、变向、增厚变粗、合并等，均可以成为年轮标志。

一种鱼类的鳞片上往往同时有几种年轮出现，同一鳞片不同区域的年轮类型也有不同。因此，鉴定某种鱼类的年龄、观察年轮标志时，不能一概而论，应尽量多地认真观察，摸索其规律性，再具体分析确定。

一般认为，典型的年轮具有清晰、完整和连续的特征。所谓清晰是指年轮的界限清楚，在透射光下，出现透亮的年轮环；完整是指在鳞片表面的四个区（至少在基区和侧区）均有年轮标志；连续是指不论鳞片上有几种年轮类型，它们在各区应相互衔接成一个完整的年轮环，至少基区、上下侧区应连接成一个半圆形。通常侧区年轮较为清晰，后区由于被放射沟所截断、或磨损、或有突起而不易区分年轮。

（3）假年轮 鱼类鳞片或其他硬组织上除了年轮以外，还可能有一些其他轮纹，这些轮纹不是因生长的年周期性形成的，会干扰和妨碍年轮的正确鉴别，即假年轮。假年轮一般有以下几种。

① 副轮：副轮是鱼类在生活中由于发生饥饿、疾病、水温等环境因子非周期性的偶然变化，造成其生长速度减慢或停滞时在鳞片或其他组织上留下的痕迹。

一般可以根据以下几点区别副轮与年轮：副轮仅在某些鳞片上出现，通常不会在全部鳞片上出现；副轮只出现于鳞片的某一区域，没有形成完整的轮圈；与前后年轮的距离较近，且疏密带的比例不协调，副轮的内缘为疏带，外缘为窄带，与年轮正好相反。

② 幼轮：是指在鳞片的中心区（鳞焦）附近出现的一个小轮纹，这是不满一年的幼鱼食性转变、得食不均、幼鱼入河、降海或环境突变而致，在洄游鱼类中较常见，如大麻哈鱼。幼轮不是在每个个体的鳞片上都出现，而且一般距鳞焦较近。幼轮的疏密排列或切割特征容易与第一年轮相混淆。判断幼轮的方法为用该轮推算出的体长，与一龄鱼的实际体长相比较，如推算体长明显小于实际体长，则该轮为幼轮，若两者相等或相近，则为年轮。

③ 生殖轮：由于生殖原因而形成的轮纹。鱼类在产卵前停止摄食，储存在鳞片及其他骨骼中的钙被重新吸收利用，并在鳞片上留下了痕迹，因而鱼类生殖季节停食是生殖轮形成的一个重要因素；此外，鱼类因产卵活动而体力衰竭，或因生殖行为剧烈地机械摩擦，也可导致生殖轮的出现。这种鳞片的边缘常常变形或缺损，侧区较为明显，可见断裂、分支和不规则排列的环片。在溯河的鲑鳟鱼类中生殖轮特别明显，与年轮形态不同。

2. 用耳石鉴定年龄

耳石也是鱼类年龄鉴定的重要材料，用耳石鉴定的结果准确性较高，如石首鱼科的大、小黄鱼年龄的鉴定就以耳石为主。鉴定材料最好是新鲜的耳石标本，浸制耳石标本会因变脆而使年轮模糊。

（1）耳石的摘取　耳石位于头骨后部的内耳的球囊内，剖开鱼头或横切鱼头后枕部，在脑后部两侧一般可以找到。也可以从鳃盖下方取出，较小的鱼，可把鳃除掉，将颅骨底面两个球囊暴露出来，用镊子挑破球囊薄骨，即可取出耳石；较大的鱼，操作时将鳃盖翻向一边，用解剖刀剔去球囊处肌肉，然后切开球囊壁，取出耳石。

（2）耳石的加工与观察　小而透明的耳石可以直接浸泡于二甲苯中观察，或置于酒精灯上灼烧后观察；大而不透明的耳石如石首鱼科鱼类的耳石，必须经过加工后观察。加工的方法：先用沥青包裹耳石后沿中轴将其锯开，注意不要将中心核弄掉，而且一定要通过中心核；然后将其断面用细油石磨光，用二甲苯浸润后，再用放大镜观察，或将其磨成 0.3mm 的薄片，透明后用树胶固定在玻片上，润以甘油观察。耳石在入射光下，宽层（夏带）为淡色，窄层（冬带）为暗色；在透射光下，宽层暗黑，窄层亮白。内部的窄层和外部的宽层交界处即为年轮（图 4-8）。

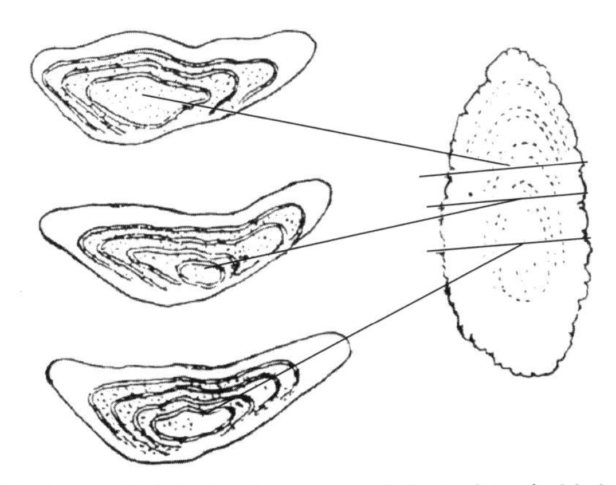

图 4-8　大西洋鳕耳石横切面，示不同切面显示出的不同年层（引自李承林，2004）

3. 用鳍条、鳍棘、支鳍骨鉴定年龄

此方法适用于鳍条、鳍棘、支鳍骨较粗大的鱼类，如鲢、带鱼、鲇科、鮠科、鲟科等鱼类。背鳍、胸鳍和臀鳍粗大不分支的鳍条、鳍棘和支鳍骨均可作为鉴定材料，而且取新鲜材料观察为好，浸制标本效果较差。运用此方法鉴定年龄，虽然操作上较麻烦，但较准确，一般用来核对鳞片所测定年龄的正确程度，特别是研究高龄鱼的年龄时，鳍条切片是一项必需的对照材料。

（1）鳍条或鳍棘 从关节处完整取下，在距鳍条基部 0.5mm 处截下厚 2 ～ 3mm 的片段，然后用砂纸粗磨、油石细磨，磨时为避免干裂可适当加水，最后制成厚 0.2 ～ 0.3mm 的透明薄片。或先浸于明胶的丙酮浓稠液中，取出晾干后切锯。处理后，较大的样本可直接用肉眼观察，较小的材料可加 1 ～ 2 滴苯或二甲苯透明液在解剖镜下观察。仍不清晰的样本，还可用烘箱加热数分钟或用酒精灯灼烧。在鳍条或鳍棘的切面上，宽、窄层相间排列，宽、窄层交界处即为年轮。

（2）支鳍骨 在支鳍骨最膨大处用钢锯横断，磨成 0.5 ～ 1.0mm 薄片，用 5 ～ 10 倍放大镜观察，较大者可直接用肉眼观察。支鳍骨切面上宽、窄层相间，呈同心圆排列，以窄层为年轮标志（图 4-9）。

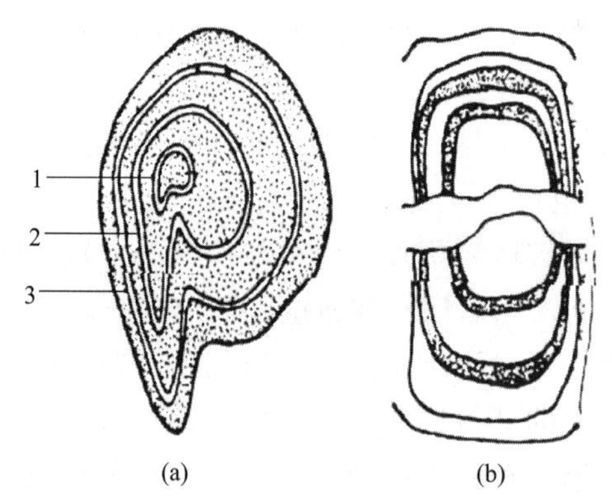

图 4-9 鳍条和支鳍骨上的年轮（引自叶富良，1993）

（a）鲢胸鳍第一鳍条断面轮纹

1 ~ 3—3 个年轮；（b）沙鳢胸鳍支鳍骨（2 个年轮）

4. 用脊椎骨、鳃盖骨、匙骨等骨片鉴定年龄

大多数鱼类的脊椎骨上存在年轮，脊椎骨是最早使用的年龄鉴定材料。一般脑颅后椎 10 余节较大，年轮较为清晰。将材料取出后，浸在 0.5% ～ 2% 的氢氧化钾溶液中 1 ～ 2d，再放入乙醇或乙醚中脱脂，然后用肉眼或放大镜观察。或将其纵向剖开，观察其凹面上的年轮。脊椎骨前后凹面上显示出宽窄交替的同心圆，白色的宽纹与暗色的窄纹组成一个生长年带，内侧暗色的窄纹与外侧宽纹的交界处即为年轮（图 4-10）。

用鳃盖骨、匙骨等扁平骨片鉴定年龄适用于鳜、鲈、鲟、狗鱼等鱼类，并以新鲜材料为宜。小的骨片用开水烫 1 ～ 2 次或稍煮片刻，直接用肉眼在透光处观察即可。大的材料要将不透明部分用刀刮薄或锉弄薄，再用乙醚、汽油脱脂，时间可达数周，其间要多次更换脱脂液。如仍不清晰可用稀释的墨水、苦味酸洋红等染色，或浸于甘油中 10 ～ 15min，并加热到沸点，用肉眼观察即可。

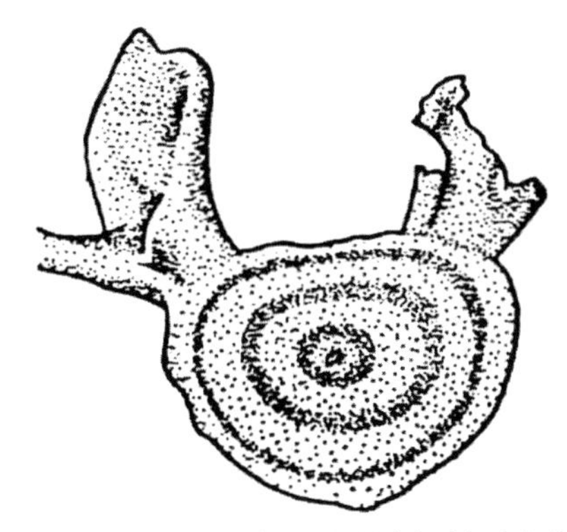

图 4-10　脊椎骨上的年轮（3 个年轮）（引自叶富良，1993）

三、年龄及年龄组的划分

1. 鱼类的年龄特征

鱼类的寿命因种类而不同，有些鱼类只能存活 1 年甚至不到 1 年；大多数鱼类的寿命在二三年以上乃至十几年；有的鱼类则寿命较长，能生存百年之久。一般小型鱼类、性成熟早的鱼类寿命短；大型鱼类、性成熟晚的鱼类寿命较长。

香鱼、前颌间银鱼、太湖新银鱼、青鳉等在 1 年内可生长到最大长度，并达到性成熟，产卵后死亡，寿命只有 1 年。青鱼、草鱼、鲢、鳙、鲂、鳜鱼、翘嘴红鲌、鳡等鱼类的寿命一般为 7 ～ 8 年。鲤、鲫少数个体可以活 20 ～ 30 年。鲟科鱼类一般可以活 20 ～ 30 年，个别达到 100 年。

鱼类在自然界的寿命和它们一生的经历有密切的关系。很多种类，特别是洄游鱼类在第一次产卵后全部或大部分死亡，它们的寿命与性成熟年龄有关。如香鱼的幼鱼在海中育肥，春季溯河，秋冬季生殖后，亲鱼体力不支，绝大部分死亡，因此香鱼大多数只能存活 1 年。洄游性的大麻哈鱼，3 ～ 5 龄的个体从海洋进入河流生殖，生殖后死亡，寿命 3 ～ 5 龄。鳗鲡一般活 20 多年，有的可达 50 年。

2. 鱼类年龄的表示方法

对于自然水体中的鱼类，通常是根据鳞片或其他硬组织上的年轮来确定年龄。由于鱼类繁殖季节不一致，生长的特点以及形成年轮的时间不同，捕捞时间不同，在鳞片上显示的生长状况也不一样。因此，鱼类的年龄很少用周岁表示。通常表示年龄的方法有年龄组和世代两种。

（1）年龄组　通常把生长状况比较接近的个体归为一个年龄组来表示鱼类的年龄，以便于统计分析。记载年龄组时，一般将鳞片上观察到的年轮数用阿拉伯数字表示（也有的学者用罗马数字表示），如 3 表示有 3 个年轮。年轮形成后，在轮纹的外侧新增生的部分，可在年轮数的右上角加上“+”表示，如 1^+、2^+、3^+……。

（2）世代　世代则是将同一年产生的全部个体，以其出生的年代来表示，也称为年龄级。如 1999 年产生的鲤，称为 1999 世代，或 1999 年龄级。

3. 年龄组的划分

通常采用的方法有两种：按照经历的生长周期（实际年轮数法）；按照鳞片上的年轮数

（龄组法）。

（1）实际年轮数法 是按照实际生长周期划分年龄组。这种方法要求在观察记录年轮时，不仅要记录年轮数，而且要记录最后 1 个年轮外缘鳞片的增长情况。如第一个年轮正好在鳞片边缘形成或即将形成，记录为 1^+，第 2 个年轮正好在鳞片边缘形成或即将形成，则记录为 2^+。但是这种方法也不能反映鳞片边缘新增长部分的宽度，即年轮形成后所经历的生长时间，因此，年龄组的划分，必须了解鱼起水的季节，才能准确记录它们的年龄。常见的以实际年轮数法划分鱼类年龄组见表 4-2。

① 1 龄组（0^+～1）：大致度过了 1 个生长周期，一般在鳞片上无年轮或经过第一个冬季，第一个年轮正在形成过程中。包括当年鱼和 1 冬龄的鱼。

② 2 龄组（1^+～2）：大致度过了 2 个生长周期，鳞片上有 1 个年轮，或经过 2 个冬季，第二个年轮正在形成过程中。包括 2 夏龄鱼和 2 冬龄鱼。

③ 3 龄组（2^+～3）：大致度过了 3 个生长周期，鳞片上有 2 个年轮，或经过 3 个冬季，第三个年轮正在形成过程中。包括 3 夏龄鱼和 3 冬龄鱼。

④ 4 龄组、5 龄组……以此类推。

表 4-2 以实际年轮数法划分鱼类年龄组

年龄组		1	2	3	4
度过的生长季节		1	2	3	4
秋季	年轮数目	无	1 个，并有增生部分	2 个，并有增生部分	3 个，并有增生部分
	名称	当年鱼	2 夏龄鱼	3 夏龄鱼	4 夏龄鱼
	年龄符号	0^+	1^+	2^+	3^+
冬季	年轮数目	第一个年轮正在形成	第二个年轮正在形成	第三个年轮正在形成	第四个年轮正在形成
	名称	1 冬龄鱼	2 冬龄鱼	3 冬龄鱼	4 冬龄鱼
	年龄符号	1	2	3	4

（2）龄组法 完全按照鳞片等骨质组织上的年轮数记载鱼类的年龄。没有年轮的记录为“0 龄组”，有 1 个年轮的记录为“Ⅰ龄组”，有 2 个年轮的记录为“Ⅱ龄组”，以此类推。

① 0 龄组（0^+）：鳞片（或其他骨质组织）上尚未出现年轮，指当年鱼。

② Ⅰ龄组（1～1^+）：鳞片（或其他骨质组织）上已经有 1 个年轮，但第二个年轮尚未形成，包括 1 冬龄鱼和 2 夏龄鱼。

③ Ⅱ龄组（2～2^+）：鳞片（或其他骨质组织）上已经有 2 个年轮，但第三个年轮尚未形成，包括 2 冬龄鱼和 3 夏龄鱼。

④ Ⅲ龄组（3～3^+）：鳞片（或其他骨质组织）上已经有 3 个年轮，但第四个年轮尚未形成，包括 3 冬龄鱼和 4 夏龄鱼。

⑤ Ⅳ龄组、Ⅴ龄组……以此类推。

思考探索

1. 鱼类鳞片、鳍条、脊椎骨等硬组织上的年轮是如何形成的？
2. 如何用鳞片鉴定鱼类年龄？

3. 如何用耳石、鳍条和骨片鉴定鱼类的年龄？

4. 如何利用龄组法记录鱼类的年龄？

实验十一 鱼类的年龄鉴定

鳞片鉴定鱼类年龄

【实验目的】

① 掌握鱼类鳞片上几种常见的年轮特征和年龄鉴定的方法。

② 能够通过鳞片鉴定鲤、鲫、草鱼、鲢、鳙等鱼类的年龄。

【工具与材料】

（1）工具 解剖镜或低倍显微镜、放大镜、镊子、载玻片、直尺、目测微尺、培养皿、胶布、标签纸、纱布或吸水纸等。

（2）材料 鲤、鲫、草鱼、鲢、鳙、鳊、牙鲆、小黄鱼、刀鲚、大麻哈鱼等鱼类的鳞片制片；耳石、脊椎骨、鳃盖骨、鳍棘或鳍条等其他年龄鉴定的材料。

【实验内容】

1. 观察若干种鱼类鳞片的年轮特征

用各种鱼类鳞片制片，在解剖镜或低倍显微镜下观察其年轮特征。

（1）疏密型 以牙鲆、小黄鱼、刀鲚、大麻哈鱼为代表。环片在一年中通常形成疏、密两个轮带，当年秋冬季形成的窄带与翌年春夏季形成的宽带的交界处即为年轮。

（2）普通切割型 以鲤、鲫、草鱼为代表。其年轮标志在侧区与前区或后区的交界处最为明显。

（3）闭合切割型 以鲢、鳙为代表。在后侧区可见切割相，其他区域疏密带清晰可见。

（4）疏密切割型 以鳊为代表。

2. 用鳞片鉴定年龄

（1）鱼体测量 测定所选取标本鱼的体长和体重。

（2）采集鳞片 应选择鳞片较大、鳞形正规、轮纹清晰、不易受伤或脱落的区域采集鳞片。一般选择在鱼体中段背鳍或第一背鳍起点下方，侧线上方之间。大麻哈鱼、鲈科鱼类采自胸鳍后上方，裂腹鱼类则采臀鳞。再生鳞、侧线鳞和损伤的鳞片不能作为年龄鉴定的材料。一般每尾标本采集鳞片 10 ～ 20 枚。

（3）处理鳞片 将野外采集的鳞片放入鳞片袋压平，以防在干燥过程中卷曲，并在袋上做好有关记录（鱼名、规格、采集地点、性别等）。将鳞片带回实验室中，用清水或肥皂水清洗，如还未洗净可在淡氨水、质量分数为 4% 的 NaOH 或 KOH 溶液或硼酸水中浸洗数分钟或 1 ～ 2d；为方便观察，可做染色处理。用硝酸银溶液浸泡鳞片，然后曝于日光下，再用清水洗涤。大型鳞片可用没食子酸染色，小型鳞片可用红墨水、印台用墨水、苦味酸及红色素染色。

（4）制片 将处理完的鳞片自然干燥后（最好不要完全干透，以免卷曲），夹在两个载玻片中，贴上标签，写上鱼名、编号、体长、体重，然后用胶带将两端封好。

（5）鉴定年龄 用解剖镜、低倍显微镜、投影仪等设备观察鳞片上年轮的类型和数目，选择适当的放大倍数，最好能在一个视野中观察到整个环片群的大小和排列情况，以便能更清楚地辨别年轮与假年轮。要观察所取的所有鳞片，进行比较对照，记录观察结果。

3. 观察其他年龄鉴定的材料

对已经制备好的耳石、脊椎骨、鳃盖骨、鳍棘或鳍条等材料，直接用肉眼或者用放大镜观察其年轮特征；如无制备好的材料，可以从新鲜鱼体上采集样本并按本章第四节中介绍的方法进行加工，然后进行观察。

【作业】

把观察的鳞片绘制成简图并标注出年轮，描述其年轮形态及年龄鉴定依据。

第五章　鱼类的生理与行为

知识目标：

掌握鱼类的血液、呼吸、消化与吸收等生理；掌握鱼类的摄食、繁殖、运动、对环境的适应等行为习性及其在生命活动中的重要作用；了解鱼类的洄游行为及其在渔业上的利用。

技能目标：

能够运用血液、呼吸、消化与吸收等生理知识指导鱼类养殖生产；能够辨别常见鱼类的食性；能够测定鱼类的性腺成熟系数、绝对繁殖力和相对繁殖力；能够利用鱼类的趋性行为提高养殖生产和捕捞效率；能够利用渗透压调节的原理，指导生产上进行海水鱼“淡化”养殖和淡水鱼“海化”养殖。

第一节　鱼类的血液生理

1. 什么是内环境？体液和内环境有何区别和联系？
2. 为什么鱼类的血液是红色的？

一、鱼类机体的内环境和血液功能

1. 机体的内环境及意义

（1）内环境　有机体内的液体总称为体液，包括水和溶解于其中的物质。根据存在部位不同，体液被分为细胞内液和细胞外液。细胞内液是指存在于细胞内部的液体，是细胞内进行生化反应的场所，占体重的 40% ～ 45%；细胞外液是指存在于细胞外的液体，包括血浆、组织液、淋巴和脑脊液等，占体重的 20% ～ 30%，由于它是细胞直接生活的具体环境，故称为机体的内环境。各种体液彼此隔开又相互联系，通过细胞膜和毛细血管壁进行物质交换（图 5-1）。

（2）内环境稳态及其生理意义　机体通过神经和体液对影响内环境相对稳定的各种因素进行调节，从而使内环境的理化性质只能在一定生理机能允许的范围内发生小幅度的变化，并维持动态平衡。这种内环境相对稳定的状态称为稳态。

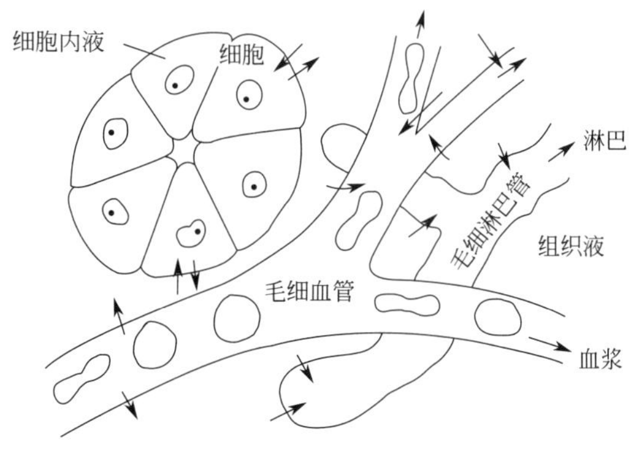

图 5-1　体液的分布（引自魏华等 ,2011）

内环境的相对稳定性是细胞进行正常生命活动的必要条件。内环境的相对稳定性能保证机体内各种酶促反应所需要的温度、pH 值及某些离子的浓度的稳定；此外，细胞内外的物质交换，可兴奋细胞的生物电活动等，也都有赖于内环境的相对稳定。

2. 血液的总量

动物体内血液的总量称为血量，是血浆量和血细胞量的总和，包括循环血量和贮备血量。鱼类的血量通常比其他脊椎动物低，并因鱼类种类和个体不同而有差异，变化较大。大多数鱼类血量仅为体重的 1.5% ～ 3%，但某些软骨鱼类血量可达到体重的 15%。

3. 血液的功能

（1）运载与联系功能 血浆中白蛋白、球蛋白是许多激素、离子、脂质、维生素和代谢产物的载体。氧气以及由消化道吸收的营养物质，需要依靠血液运输才能到达全身各组织。二氧化碳、尿素等代谢废物也需要由血液运输到呼吸器官、排泄器官等进而排出体外。许多体液性因素（如激素）主要依靠血液运输才能到达它们所作用的靶组织或靶器官使之发挥稳定的生理作用。因此，血液在动物体内有运载物质和联系机体各部分机能的作用。

（2）维持内环境稳态功能 血浆虽然只占细胞外液的 1/5，但其作为机体内环境的一部分，在维持内环境的稳定中起到重要的作用。

（3）防御和保护功能 机体具有防御或消除伤害性刺激的能力，这种自我保护的能力在血液中主要体现在白细胞的吞噬作用、白细胞及各种免疫物质的免疫作用以及机体的生理凝血机能等三个方面。

（4）营养功能 血浆中的蛋白质还具有营养贮备作用。

二、鱼类血液的组成和理化特性

1. 血液的组成

血液可分成液体和有形成分两部分。液体部分即血浆，为淡黄色的液体，约占血液体积的 55%，鱼类血浆中水分含量高，一般占血浆量的 80% ～ 90%，此外还有 13% ～ 15% 的固体物质，包括蛋白质、无机盐、小分子有机物等。有形成分也叫细胞部分，指悬浮于血浆中的血细胞，分为红细胞、白细胞以及血栓细胞，约占血液体积的 45%。

取一定量的血液与少量抗凝剂混匀置入血细胞比容管中，以 3000r/min 的速度离心 30min 后，管中血液分为上、中、下三层，上层为淡黄色透明的血浆，下层为压紧的呈暗红色的红细胞，中间夹一薄层白色、不透明的白细胞和凝血细胞。利用此方法，可测定出红细胞在全血中所占的容积百分比，称为红细胞比容。红细胞比容的变化，可反映血液中红细胞的相对浓度，比容增大表示机体内红细胞数量增多或机体失水。

抽出的血液不做抗凝剂处理，静置一段时间，血凝块收缩并析出淡黄色的透明液体，这就是血清。

下面重点介绍血浆的化学成分。

（1）血浆蛋白 血浆中的主要有机物是血浆蛋白，它是血浆中多种蛋白质的总称，包括白蛋白、球蛋白和纤维蛋白原。纤维蛋白原容易凝胶化成纤维蛋白析出，因此，除纤维蛋白原外的其他蛋白（白蛋白和球蛋白）统称为血清蛋白。

白蛋白在三种蛋白质中分子量较小，但数量最多。白蛋白的主要功能是形成和维持血浆的胶体渗透压，调节血浆和组织液间的水分平衡。

球蛋白可分为 α、β、γ 三类。在机体防御和免疫方面起重要作用。

纤维蛋白原主要参与凝血和抗凝血作用。

(2)无机盐 血浆中有多种无机盐，大多以离子形式存在。重要的阳离子有 Na^+、K^+、Ca^{2+}、Mg^{2+} 等，重要的阴离子有 SO_4^{2-}、Cl^-、PO_4^{3-}、HCO_3^- 等。阳、阴离子中分别以 Na^+ 和 Cl^- 占主体，NaCl 是构成硬骨鱼类晶体渗透压的主要成分，作用是维持细胞内外水分平衡、细胞形状和大小；$NaHCO_3/H_2CO_3$ 构成血浆中主要的缓冲对，和其他弱酸（碱）及其盐的混合物一起，维持体内的酸碱平衡。

(3)非蛋白氮 非蛋白氮是血浆中除蛋白质以外的含氮物质的总称，主要包括尿素、尿酸、肌酸、肌酐、氨基酸、多肽、氨和胆红素等物质，除氨基酸、多肽是营养物质外，其余的物质多为机体代谢产物，大部分经血液带到鳃或肾脏排出。

(4)其他物质 血浆中的其他物质包括血糖、脂肪、激素、维生素等。

2. 血液的理化特性

(1)血色 鱼类血液为红色，其颜色由血液中红细胞所含的呼吸色素决定。

(2)血液的密度 血液的密度是衡量血液中含水量、血细胞量以及血浆蛋白量的指标，大小主要取决于红细胞数量和血浆蛋白质的浓度。

(3)血液的黏滞性 黏滞性是指液体流动时，由于液体内部的分子摩擦形成的阻力，表现为流动缓慢、黏着。血液黏滞性对血流速度和血压都有重要影响。鱼类血液的黏滞性平均为 1.49 ～ 1.83。

(4)血浆渗透压 血浆渗透压由两部分构成。大部分渗透压来自溶解于其中的晶体物质（葡萄糖、尿素、无机盐等），特别是电解质，这种由血浆中的小分子晶体物质形成的渗透压称为晶体渗透压，对于维持细胞的正常形态和大小、保持细胞内外的水分平衡极为重要。血浆中另外一部分数值较小的渗透压是由血浆中的大分子物质（蛋白质）所形成的，称为胶体渗透压。胶体渗透压虽然很小，却对血管内外的水分平衡有重要作用。

鱼类血液渗透压随鱼类的种类不同而异，并且很不稳定。按照渗透压大小的顺序排列，通常为：海水板鳃鱼类＞海水鱼类＞海水硬骨鱼类＞淡水硬骨鱼类＞淡水鱼类。

(5)血液的酸碱度 血液的酸碱度变动范围很小，鱼类通常为 7.52 ～ 7.71，但根据种类不同而存在差异。血液酸碱度在正常情况下之所以能保持相对稳定，有赖于血液中若干缓冲对所形成的一套缓冲机制。血浆中缓冲对主要有 $NaHCO_3/H_2CO_3$、Na_2HPO_4/NaH_2PO_4、蛋白质 / 蛋白质钠盐等；血细胞中缓冲对主要有 $KHCO_3/H_2CO_3$、K_2HPO_4/KH_2PO_4、血红蛋白钾盐 / 血红蛋白、氧合血红蛋白钾盐 / 氧合血红蛋白等。

三、鱼类血细胞生理

1. 红细胞

(1)红细胞的形态和数量 红细胞（RBC）是脊椎动物血液中数量最多的血细胞。鱼类的红细胞是有核的、椭圆形细胞。

绝大多数鱼类的红细胞含量均占其血细胞总量的 90% 以上。鱼类的红细胞数量存在着种间差异、季节差异、性别差异以及生理状态差异等，红细胞数变动范围为 14 万～ 360 万 / mm^3。一般硬骨鱼比软骨鱼多，偏运动、活泼鱼类和洄游鱼类红细胞偏多。

(2)红细胞的机能及其与血红蛋白的关系 红细胞的主要机能是运输氧气和二氧化碳，

主要由血红蛋白（Hb）完成。红细胞中的血红蛋白也具有碱贮备的作用，其中血红蛋白钾盐/血红蛋白、氧合血红蛋白钾盐/氧合血红蛋白等缓冲对与血液中其他缓冲系统一起，共同调节体液的酸碱平衡。

有些鱼类的红细胞除具有上述功能外，还有与吞噬细胞类似的吞噬能力，因此红细胞还具有一定的非特异性免疫功能。

（3）红细胞的生理特性

① 红细胞渗透脆性与溶血　红细胞膜具有选择通透性。所有胶体物质，包括各种蛋白质和酶都不能透过细胞膜，但水和绝大部分晶体物质，如葡萄糖、氨基酸、尿素等可自由通过。正常情况下，红细胞内的渗透压与其周围血浆的渗透压相等，所以红细胞得以保持一定的形状和大小。将红细胞置于低渗溶液，水分就会进入红细胞，引起细胞膨胀，水分进入红细胞过多，红细胞体积膨大超过最大弹性限度时，细胞膜就会破裂，血红蛋白溢出，这种现象称为红细胞溶解，简称溶血。

② 红细胞的悬浮稳定性与血沉　红细胞的密度比血浆大，但在血管中流动时，彼此之间有一定的距离，在血浆中保持悬浮状态而不易下沉，这种特性即称为红细胞的悬浮稳定性。当将抽出的血液在防止凝固的条件下静置或离心时，红细胞会逐渐下沉，通常将放置不动的红细胞沉淀的速度称为红细胞沉降率，简称血沉。

③ 红细胞凝集与血型　红细胞膜上镶嵌有一种特殊的抗原性物质，统称为凝集原，而在血清中含有相应的特异性抗体，总称为凝集素。当含有某种凝集原的红细胞与另一种与之相对抗的凝集素相遇时，就会发生一系列反应，使红细胞聚集成团，进而产生红细胞的溶解。红细胞聚集成团的现象就称为凝集，其本质是抗原抗体反应，因此是一种免疫现象。

2. 白细胞

（1）白细胞的数量及分类　白细胞（WBC）是血液中除红细胞、血栓细胞以外其他各种细胞的总称，无色、有核、形状多为圆形，也可变形为其他形状。鱼类的白细胞在血液中占的比例很小，分类研究尚不完善，目前仍参照人体白细胞瑞氏-吉姆萨染色方法等进行分类，分为有颗粒白细胞（包括嗜中性粒细胞、嗜酸性粒细胞、嗜碱性粒细胞）和无粒白细胞（包括单核细胞和淋巴细胞）。

鱼类的白细胞数量比哺乳动物大得多。鱼类血液中白细胞数一般都在1万～2万个/mm^3以上。鱼类白细胞数量随鱼种不同有相当大的变动。白细胞数量也存在着雌、雄差异。温度上升及运动，都可引起白细胞数量的增多。鱼类患病或受到有毒物质感染时，其白细胞数也会发生变化。

（2）白细胞的生理特性与功能　白细胞是机体防御和保护机能的重要组成部分。白细胞具有向某些化学物质游移并集中的特性，称为趋化性。细菌毒素、抗原-抗体复合物、机体细胞的降解物均能引起白细胞向其游走靠近，同时借助变形运动穿过血管壁，按照趋化物质的浓度梯度游走到这些物质的周围，将其包围并吞入胞浆内，此过程称为吞噬（图5-2）。各类白细胞功能如下。

① 中性粒细胞：具有活跃的变形能力、高度的趋化性和很强的吞噬及消化能力，它通过变形运动穿过毛细血管壁，进入感染发炎的组织，吞噬与消化侵入机体的各种病原微生物以及自身老化与坏死细胞。虽然该细胞的吞噬能力没有单核细胞强，但由于数量较多以及比较活跃，因此也是鱼类十分重要的非特异性免疫细胞。

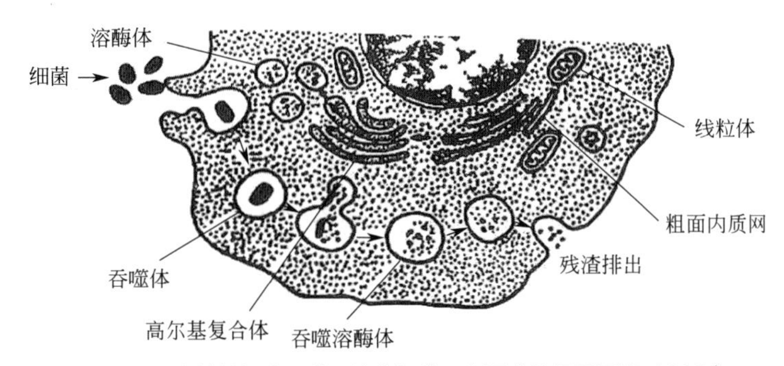

图 5-2　中性粒细胞吞噬和消化细菌示意图（仿杨秀平等，2002）

② 嗜酸（碱）性粒细胞：在鱼类中数量很少或无发现。嗜酸性粒细胞有一定的吞噬功能，能非特异性地吞噬病原和伤亡的自身组织，并释放其颗粒内的活性成分。该类细胞对环境以及外来刺激较为敏感，夏季以及受到剧烈刺激后数量增多。嗜碱性粒细胞内含有肝素，因而推测可能与抗凝血作用有关。

③ 淋巴细胞：在机体的特异性免疫过程中起重要作用，对"异己"构型物质，特别是对生物因素及其毒性具有防御、杀灭和消除能力。

④ 单核细胞：目前被认为是结缔组织中巨噬细胞的前身，功能与中性粒细胞相似，有活跃的变形运动和吞噬活动，能分解所吞噬的物质，同时又是非特异性免疫和特异性免疫之间的重要环节，能把抗原产物传递给淋巴细胞，协助淋巴细胞在免疫中发挥作用。

3. 血栓细胞

鱼类的血栓细胞常成群分布，呈纺锤形或泪滴状，常因发育阶段或生理状态不同而呈现 2 ～ 4 种不同形态，椭圆形的细胞核占据了细胞的绝大部分，细胞体积比红细胞小。血栓细胞具有彼此之间互相黏附、聚合的特性，通常为串链状或聚集成小块，形成松软的血栓堵住伤口，实现初步止血。血栓细胞内含有少量的凝血致活酶，而且表面的质膜还结合有多种凝血因子，当血栓细胞接触异常表面则激活凝血过程。此外，血栓细胞还具有相应的与吞噬作用直接相关的胞质小泡、溶酶体和边缘维管束等，表明血栓细胞还具有一定的吞噬功能。

 思考探索

1. 内环境相对稳定性的生理意义是什么？
2. 晶体渗透压和胶体渗透压有何生理意义？
3. 血细胞生理功能主要有哪些？

实验十二　鱼类血细胞形态观察

【实验目的】

① 掌握鱼类采血技术。
② 掌握血涂片制作方法。
③ 了解各种类型血细胞的形态特征。

【工具与材料】

（1）工具　显微镜、载玻片、玻片水平支架、采血针或注射器、小滴管、蜡笔、消毒棉球。

（2）材料　鱼（淡水鱼和海水鱼均可）、抗凝剂、染液。

① 抗凝剂的配制　1% 的肝素溶液或其他抗凝剂，配制方法如下。

1% 的肝素溶液：取 1g 肝素溶解于 100mL 质量分数为 0.7% 的生理盐水中。

乙二胺四乙酸二钠盐（EDTA）：每 0.8mg EDTA 可抗凝 1mL 血液。

② 瑞氏（Wright's）染液的配制　瑞氏粉 0.1g，甲醇 60mL。首先将瑞氏粉 0.1g 置于洁净研钵中，加入 10 ～ 20mL 甲醇，充分研磨，将已溶部分移入试剂瓶中，未溶部分加适量甲醇研磨，直至全部溶解，24h 后即可使用。

【实验内容】

1. 采血

将鱼置于解剖盘中，用纱布盖住鱼头及鱼体的大部分，露出尾部，用酒精棉球在采血部位消毒。注射器中吸入少量的肝素溶液，在尾柄腹面中线处插入注射器，将针头探入脊椎骨脉弓中的凹陷处，内有尾静脉（动脉），边轻轻拉动注射器的可动手柄，边转动针头，当有血液进入注射器时握稳轻拉即可将血液吸入注射器。每条鱼视体重大小，一般可抽取 0.5 ～ 10mL 血液。血液采出后要尽量与抗凝剂摇匀，以防凝结成块。每尾鱼可用此方法数次采血，但每次针头插入部位应在前次插入之前。

抽血

2. 血涂片的制作

取一滴血，滴于洁净无油脂的玻片一端。左手持玻片，右手再取边缘光滑的另一玻片作为推片。将推片边缘置于血滴前方，然后向后拉，当推片与血滴接触后，血即均匀附在两玻片之间。此后以两玻片呈 30° ～ 45° 的角度平稳地向前推至玻片另一端（图 5-3）。推时角度要一致，用力应均匀，即可推出均匀的血膜。将制好的血涂片晾干，不可加热。

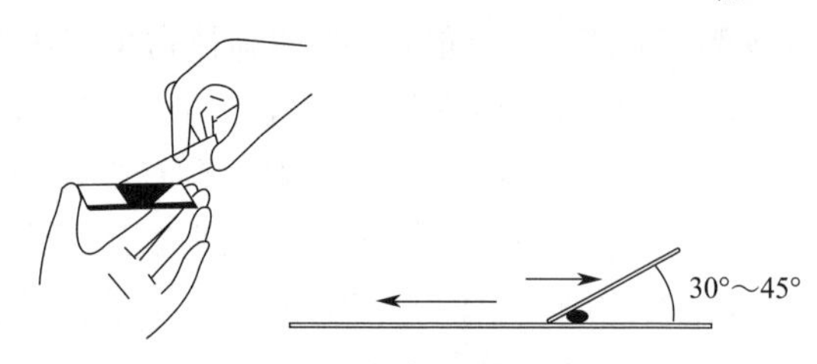

图 5-3　血涂片制备示意图

3. 固定和染色

待血涂片干后，用甲醇或其他固定液固定 5 ～ 15min（如不保存且立即染色，不固定也可）。当涂片在空气中完全干燥后，滴加数滴瑞氏染液直至盖满血膜为止，染色 1 ～ 3min，然后滴加等量蒸馏水，使其与染液均匀混合，静置 2 ～ 5min。用蒸馏水冲去染液，晾干。如长期保存，需用树胶加上盖玻片封片。

4. 血细胞形态观察

将染色并封好的涂片置于显微镜下，用低倍镜调好焦距后用高倍镜观察，必要时可用油镜头。在显微镜下，红细胞一般呈椭圆形，中央微凸，具有细胞核，为红色，染色质均匀；网织红细胞的核如同网状；白细胞的核为蓝色；嗜酸性颗粒白细胞呈红色。

【作业】

绘出血细胞形态图。

第二节　鱼类的呼吸生理

问题导引

1. 所有鱼儿都不能离开水，这种说法对吗？

2. 鱼类通过呼吸器官从水中摄取的氧气是如何进入细胞里的？

3. 用密闭的容器运输鱼苗，只要使水体里面保持足够的氧气，鱼苗就一定不会有窒息情况的发生，这种说法对吗？

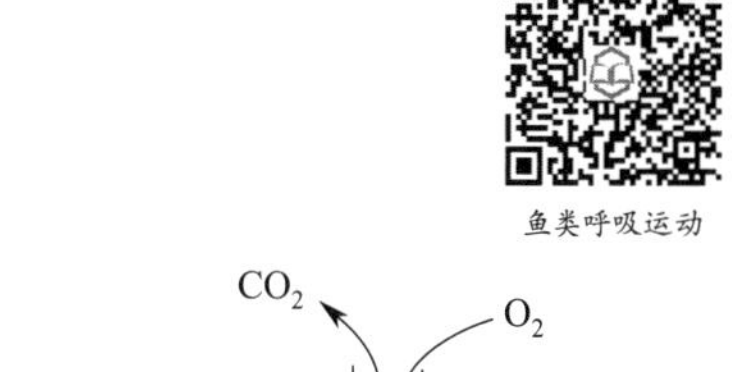

一、鱼类呼吸方式与运动

1. 鱼类呼吸方式

动物机体通过呼吸器官进行的呼吸活动，可以分为三个既相互衔接，又同时进行的过程：呼吸器官与外界水环境或空气的气体交换，称为呼吸器官的通气活动；呼吸器官中的水流或空气与其中毛细血管内血液之间的气体交换，称为呼吸器官的换气；气体在血液中的运输，血液与组织液之间的气体交换，称为组织换气。生理学中将呼吸器官的通气与换气过程合称为外呼吸，组织换气则称为内呼吸（图 5-4）。

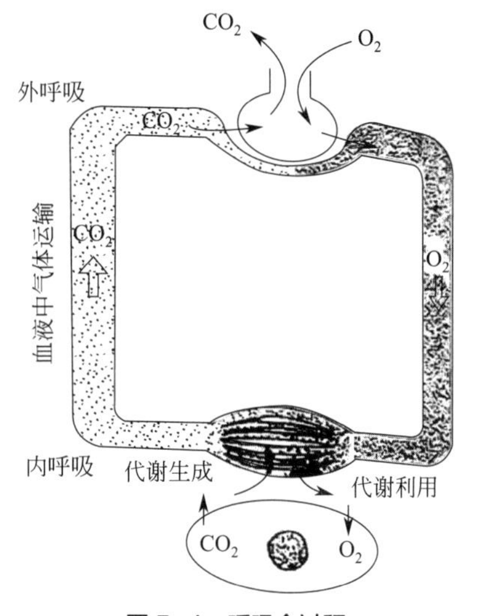

图 5-4　呼吸全过程

（引自魏华和吴垠，2011）

水生动物主要的呼吸器官是鳃。微血管中的血液与流经鳃的水进行气体交换，氧气经鳃扩散进入血液，二氧化碳则从血液扩散进入水中，气体的交换是从液相到液相，称为水呼吸。某些种类鱼具有辅助呼吸的器官，可以利用空气中的氧气，气体交换在气相和液相之间进行，称为（空）气呼吸。

（1）水呼吸　在温度相同时，水的密度约为空气密度的 800 倍，空气在水中的扩散速度要比在空气中慢得多，这给水呼吸的气体交换带来很大困难。另一方面，氧气在水中的溶解度很低，水体含氧量很低。虽然水生动物进行水呼吸的鳃可以很有效地摄取水中的氧气，但由于环境中含氧量低及氧气扩散速率的限制，一般鱼类的耗氧量要比陆生动物的耗氧量低很多。水中气体的含量不是恒定的，其中以氧气含量的变动最大。其影响因素主要包括温度、水生植物、微生物、水体与空气等。在低温条件下，水生动物的呼吸比较有利。有一些生长在寒冷水域中的鱼类，其耗氧量较高，而生活在温暖水域中的鱼类则反之，主要是长期以来对生存环境中含氧量适应的结果。

（2）气呼吸　对于适应特殊生存环境的鱼类，形成的辅助呼吸器官的种类很多，包括变态的鳔、部分消化道、咽腔、口腔、皮肤等。如鳗鲡的皮肤、泥鳅的肠、黄鳝的口咽腔黏膜、攀鲈的鳃上器官以及肺鱼的“肺”等，均具有呼吸的机能。

胡子鲇、乌鳢、月鳢、攀鲈、尖头鱼等都有鳃上器官。在干燥季节，月鳢、胡子鲇等鱼类营穴居生活，依靠这种辅助呼吸器官可以生存数月。鳃上器官虽然是一种气呼吸器官，但这种气体交换必须在潮湿的状态下进行。当鳃上器官干燥时，鱼便很快死亡。

用鳃在水中进行呼吸的鱼，并不是完全不能营气呼吸。有些鱼在含氧量不足时，偶尔也会进行气呼吸，称为兼性气呼吸。相反地，有些气呼吸的鱼类，即使在含氧量很高的水中，仍不能进行鳃呼吸，如南美肺鱼、电鳗、囊鳃鲇等，因为它们的鳃往往已退化了，称为专性气呼吸。

2. 鳃呼吸机械运动

鳃的呼吸运动又称鳃通气，是使水流经过鳃交换上皮的动力，绝大部分鱼类的呼吸运动则依靠口腔和鳃盖的运动所形成的“压水泵”结构进行。

鱼类的鳃通气活动是由口腔、鳃腔肌肉的协同收缩与舒张运动，鳃盖本身小片状骨骼结构特点及瓣膜的阻碍作用共同完成的。当鳃盖膜封住鳃腔时，口张开，口腔底向下扩大，口腔内的压力低于外界水压，水即流入口腔；接着口关闭，口腔瓣膜阻止水的倒流，鳃盖骨向外扩张，使鳃腔内的压力低于口腔，水从口腔流入鳃腔；然后口腔的肌肉收缩，口腔底部上抬，口腔内的压力仍高于鳃腔内的压力，水继续流向鳃腔；最后鳃盖骨内陷，使鳃腔内的压力上升，水从鳃裂流出（图 5-5）。

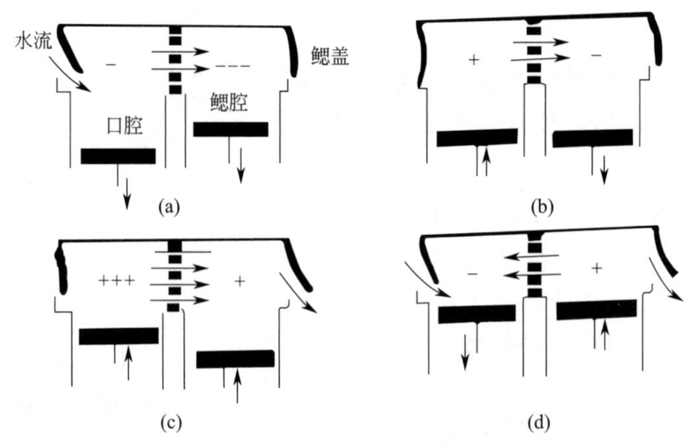

图 5-5 硬骨鱼呼吸运动图解（引自赵维信，1992）

图（a）~（d）分别表示呼吸的四步；+、- 分别表示口腔和鳃腔内压力与周围压力的关系

在呼吸运动中，口腔和鳃腔的作用因鱼类的栖息环境而不同。活动缓慢的鱼类主要依靠口腔和鳃腔的连续动作进行呼吸。快速游动的鱼类（如金枪鱼），因鳃盖肌肉退化，不能运动，但由于游动时口腔外水的压力大，依靠张口、快速游泳，使水自动从口和鳃流过，这种呼吸方式称冲压式呼吸，这种鱼的游动如果被限制，就会窒息死亡。

板鳃鱼类鳃的结构与硬骨鱼类的不同，没有形成硬骨鱼那样的鳃盖和鳃腔，但仍可利用上述的口腔泵进行呼吸。板鳃鱼类眼的后侧有一对喷水孔，口腔扩大时，水由喷水孔进入口腔，而口腔压缩时，水从鳃裂流出。此外，板鳃鱼类还有一点与硬骨鱼类不同，当水流过鳃时，水流与血流不是逆向的。鲨鱼在游泳时，也张着口，鳃裂外的膜开放，进行冲压式呼吸。

3. 呼吸频率

鱼类的呼吸运动具有节律性，呼吸频率是指每分钟呼吸的次数。呼吸频率影响鱼鳃的通水量，在一定范围内通水量随呼吸频率加快而增加。鱼的呼吸频率因受各种条件的影响而发生变化，如种类、体重、水温、水中的含氧量、季节、发育期等因素都与鱼的呼吸频率有关，其中水温和含氧量对鱼的呼吸频率有极大的影响。一般温度增高时，呼吸频率会加快。水中含氧量偏低时，呼吸频率也加快，当鱼类感到氧气缺乏时，会发生“浮头”现象，若不采取措施，就会导致大批鱼类窒息而死。此外，过度活动、贪食或者应激也能使呼吸加快；幼鱼的呼吸次数也比成鱼多。

二、鱼类气体交换与运输

1. 气体交换

（1）鳃的气体交换　在鳃部，当水流经鳃瓣进行气体交换时，很重要的机制是水流的方向与次级鳃瓣毛细血管内血液流动的方向是相反的，这种逆流系统（图 5-6）保证了接触鳃的水总是在更新，可以最大限度地提高气体交换效率。

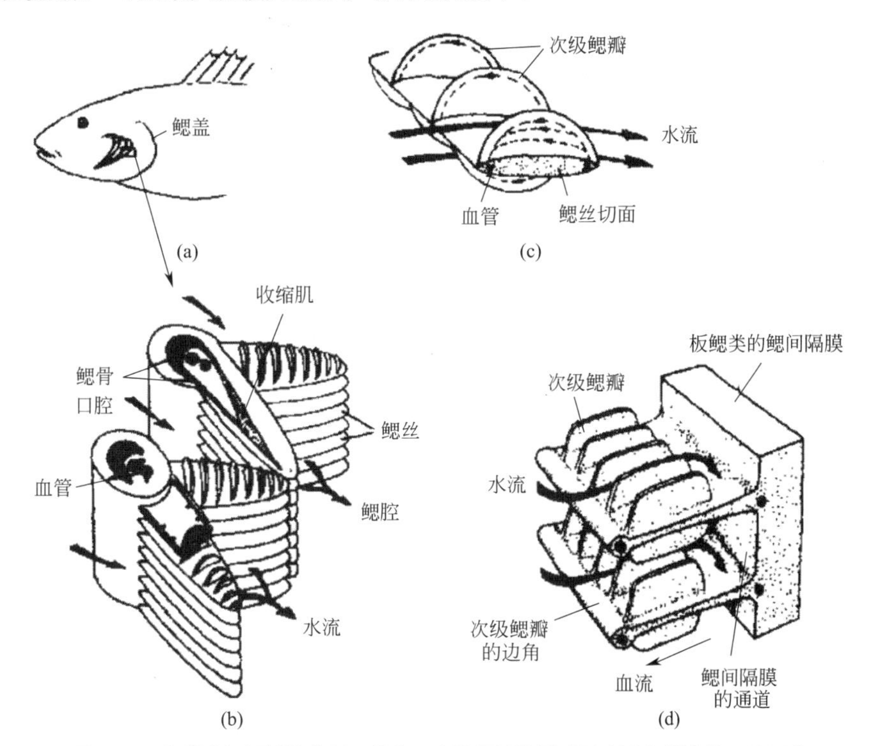

图 5-6　鱼类次级鳃瓣的位置、结构及水流通过的模式图（引自林浩然，1999）

图（a）表示四个鳃弓在自体左侧的位置；图（b）表示两个鳃弓的鳃丝和水流的方向；图（c）表示一个鳃丝上的三个次级鳃瓣及水流和血液流动的不同方向；图（d）表示鲨鱼鳃的一部分，水流和血液流动的方向相反

鱼类生活的水环境中含有各种气体，它们在水中有溶解态和结合态两种。氧在水中完全以物理性溶解状态存在，二氧化碳则大部分以 HCO_3^- 的形式存在，小部分以二氧化碳形式存在。因此，正常水体中氧分压高、二氧化碳分压低。

在鳃小片的任何部位，水中的氧分压总是高于血液中的氧分压，从而保证了氧气能够不断地从水中进入血液。静脉血到达鳃小片时，大量化学结合态的二氧化碳在鳃上皮细胞碳酸酐酶的催化下分解为游离二氧化碳，使血液中的二氧化碳分压大大地提高。二氧化碳通过鳃上皮向水中扩散，进入水中的二氧化碳很快被呼吸水流带走，而且在水中的大部分二氧化碳又转变为 HCO_3^-，从而使水体中二氧化碳的分压维持在较低水平，因而血液中的二氧化碳能不断地向水中扩散。

（2）组织中的气体交换 组织细胞的新陈代谢不断消耗氧和产生二氧化碳，所以组织细胞内的氧分压总是处于较低水平，而二氧化碳分压维持在较高水平。血液中的氧分压高于组织细胞的氧分压，保证了氧从血液到组织细胞的单向扩散。而组织细胞中的二氧化碳分压高于血液中的二氧化碳分压，二氧化碳从组织细胞向血液扩散，由于进入血液的大部分二氧化碳又形成化学结合态，血浆中溶解态的二氧化碳仍然很少，因此保证了组织细胞中的二氧化碳能不断地向血液扩散。

2. 气体运输

（1）氧气及二氧化碳在血液中的存在形式 气体在溶液中溶解的量与其分压和溶解度成正比，与温度成反比。以物理溶解形式存在的氧气和二氧化碳所占比例极少，而以化学结合状态存在的氧气和二氧化碳所占比例极大。

（2）氧的运输 氧气是难溶于水的气体，故而血液中以物理溶解状态存在的氧气量极少，仅占血液总氧气含量的 2% 左右，化学结合的约占 98%。溶解的氧气进入红细胞，与血红蛋白（Hb）结合成氧合血红蛋白（HbO_2）。血红蛋白是红细胞内的色素蛋白，其分子结构特征为运输氧气提供了很好的物质基础。

血红素中的亚铁与一分子氧以配位键结合，而亚铁原子不被氧化，这种作用被称为血红蛋白的氧合作用。

血液中的氧气主要以氧合血红蛋白（HbO_2）形式运输。氧气和血红蛋白的结合和解离是可逆反应，能迅速结合，也能迅速解离，这主要取决于氧气分压的大小。100mL 血液中，血红蛋白所能结合的最大氧气量称为血红蛋白的血氧容量，鱼类的血氧容量因其生活习性的多样而有差异，变动范围在 4 ～ 20mL/L。

血红蛋白实际结合的氧气量称为血红蛋白的血氧含量，其值可受氧分压的影响，氧分压越高，血氧含量也越高；血红蛋白的血氧含量占血氧容量的百分比称为血红蛋白的血氧饱和度。

血红蛋白饱和度与氧分压的关系曲线称为氧离曲线（图 5-7），曲线呈 S 形，与血红蛋白的变构效应有关，该曲线既表示不同氧分压下氧气与血红蛋白的分离情况，同样也反映不同氧分压下氧气与血红蛋白的结合情况。

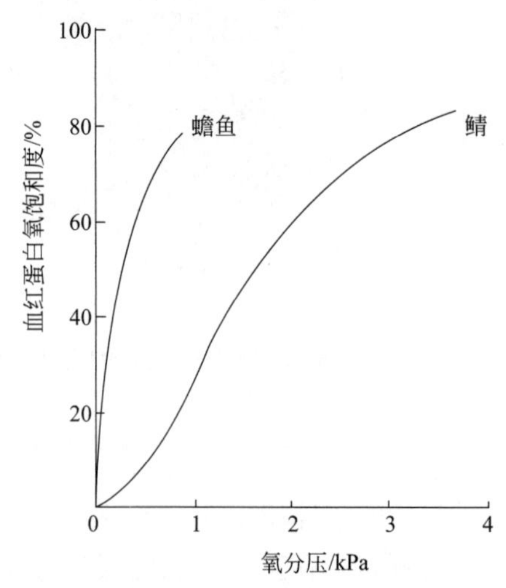

图 5-7　血红蛋白的氧离曲线（引自杨秀平，2009）

氧离曲线形态特点的生理意义：①血红蛋白氧饱和度随氧分压升高而增大，有利于血液在鳃内结合氧，随氧分压下降而变小，有利于在组织内释放氧；②在鳃部，氧分压较大，氧分压有很大变化时，血氧饱和度变化不大，这样可以保证对氧的摄取；③在组织内，氧分压较低，氧分压有较小变化时，血氧饱和度变化较大，这样有利于血液向组织内释放氧。

（3）二氧化碳的运输 进入血液的二氧化碳以物理溶解和化学结合两种方式运输，但以化学结合态为主。血液中二氧化碳仅有少量溶解于血浆中，大部分以结合状态存在，约占95%。化学结合的二氧化碳主要是碳酸氢盐，其次还有少量的氨基甲酸血红蛋白（不到10%）。

碳酸氢盐：从组织扩散进入血液的大部分二氧化碳，只有少量在血浆中与水形成H_2CO_3，绝大部分扩散进入红细胞，在红细胞内与水反应生成碳酸，碳酸又解离成HCO_3^-和H^+，该反应极为迅速。在此反应过程中红细胞内HCO_3^-的浓度不断增加，HCO_3^-便顺浓度梯度通过红细胞膜的载体扩散入血浆。在鳃等呼吸器官的毛细血管中，反应向相反方向（左）进行。从红细胞和血浆中释放出二氧化碳，排入呼吸器官的水流或空气中（图5-8）。

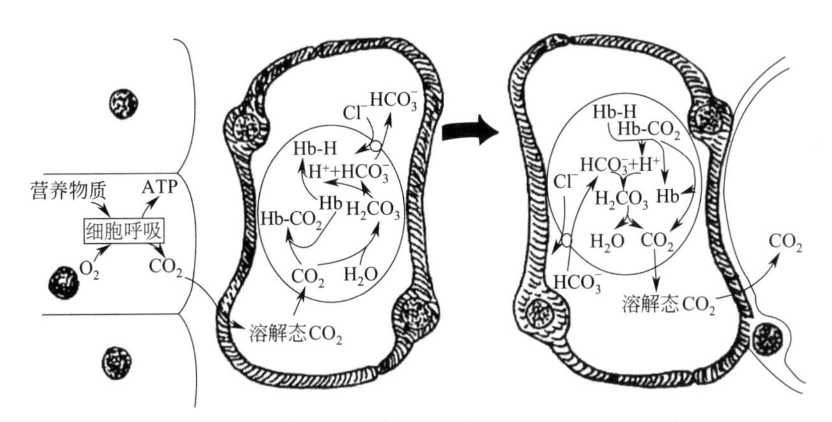

图5-8 二氧化碳在血液中的运输（引自魏华等，2011）

氨基甲酸血红蛋白：由组织进入血液并进一步进入红细胞的二氧化碳，一部分与血红蛋白分子中的氨基结合形成氨基甲酸血红蛋白，这一反应无需酶的催化，迅速、可逆，当静脉血流经呼吸器官时，由于其二氧化碳分压较低，于是二氧化碳从$HbCO_2$释放出来，经呼吸器官排出体外。

三、鱼类呼吸运动的调节

1. 呼吸运动的反射性调节

呼吸肌属于骨骼肌，本身没有自动节律性，呼吸肌有节律性的舒张和收缩活动来自中枢神经系统的节律性兴奋。呼吸中枢接收呼吸器官中感受器的传入冲动，从而实现对呼吸运动的反馈性调节。

（1）防御反射及本体感受性反射 在哺乳动物的呼吸过程中，由呼吸道黏膜受刺激引起的、以清除刺激物为目的的反射性呼吸变化，称为防御性呼吸反射。与此相类似，鱼类存在鱼鳃的洗涤反射，在鱼类正常呼吸过程中，时常会出现呼吸节律被突如其来的短促的呼吸运动所打乱的情况。这时，一部分水从口中吐出，同时部分水由鳃孔溢出，这种现象称为洗涤运动。洗涤运动的水流急促，其意义在于清除鳃上的外来污物，有利于鱼类进行正常的气体交换。

（2）化学感受性调节与化学感受器 鱼类呼吸运动的频率和幅度可因水环境以及血液中氧气、二氧化碳以及 H^+ 的变化而改变。这一变化是通过化学感受器将感受性信号传入呼吸中枢而实现的。按其所处位置，化学感受器可分为中枢化学感受器和外周化学感受器两类。对氧敏感的感受器主要分布于鱼类的鳃中，但口咽腔壁、假鳃、呼吸孔等中也有广泛分布。

环境中的物理和化学因素的变化，如水流、水温、pH 值、盐度、水体二氧化碳分压、溶氧量等都能明显影响鱼类的呼吸运动。

2. 环境理化因素对呼吸机能的影响

（1）二氧化碳 水中二氧化碳分压直接影响鳃部的气体交换，鱼类对水环境中的二氧化碳非常敏感，海水鱼比淡水鱼更加敏感。如果水中二氧化碳分压升高，血液中的二氧化碳就难以向水中顺利扩散，以致血液中二氧化碳积聚而分压增高，血红蛋白与氧的亲和性降低，血红蛋白的氧饱和度下降，所以即使水中的氧气很充足，鱼仍然会缺氧。若水中二氧化碳分压高于一定程度，鱼即产生中毒现象，甚至死亡。

如果水中的氧气充足，二氧化碳浓度达到 80mg/L 时，饲养的鱼表现为呼吸困难；超过 100mg/L 时，可能发生昏迷或仰卧的现象；超过 200mg/L 时，就会引起死亡。控制二氧化碳浓度，对鱼可起到麻醉作用，这可运用到活鱼运输上。

（2）水体溶氧量 鱼生活在缺氧的水环境中时，水中氧分压也会直接影响鳃内的气体交换，严重缺氧，鱼就会窒息而死。使鱼开始窒息致死的氧浓度称为窒息点。窒息点因鱼的种类、年龄、性成熟度及生活环境的温度和酸度而有所变化。

海水鱼类对于缺氧相当敏感，当氧含量下降到正常含量的 3/5 时，就会出现窒息现象。因此，养在水族箱中的海水鱼类比淡水鱼类更难以存活。

鱼类在适合自身生存的含氧量范围之内，单位时间内所摄入的氧气量在一定程度上受外界环境影响不大，含氧量变动的这一范围为氧的适应带。但是，当水中的含氧量低于某一限度时，鱼类所能利用的氧气开始减少。当氧气浓度下降到氧的适应带以下时，鱼类通过某种机制降低了气体代谢的强度，并且停留在这个低水平上。鱼类在获得这种适应性后，虽然能活泼地继续游泳，也可能没有什么异常的行为，但是它们的生长显著地停滞，同时食物的消耗也明显减少。

鱼类在缺氧情况下，会相应地发生红细胞增加，称为适应性红细胞递增现象。随着水中含氧量减少，红细胞数量升高，而且还可以看出红细胞的递增能力与个体的年龄负相关。所以，当环境中缺氧时，大鱼往往比小鱼先死亡，也就意味着幼龄的个体具有较强的适应低氧的能力。

（3）水体 pH 值 鱼类所生活水域的 pH 值有最适范围，淡水鱼为 6.5 ～ 8.5，海水鱼为 7.0 ～ 8.5，过碱性的水均能刺激鳃和皮肤的感觉神经末梢，反射性地影响呼吸运动，使鱼从水中摄取氧的能力减弱，因此，如果 pH 值不适宜，鱼即使在富氧的水域里也会出现缺氧症，当 pH 值高于 10 或低于 2.8 时，会使鳃的呼吸表面受到直接的破坏。

（4）水温 在适宜水温范围内，逐渐升高水温，会使鱼的呼吸逐渐加强、频率加快，其首先表现为每次呼吸运动的力量加大，然后呼吸频率才开始增加；反之，如果逐渐降低水温，则呼吸变弱减慢。水温的影响还与其变化速率有关，如果水温剧变，将抑制鱼的呼吸运动。

（5）盐度 水的盐度变化能够通过鳃黏膜和皮肤感觉神经末梢反射性地影响呼吸运动。

四、鳔的充气和排气过程及其机能

1. 鳔的充气和排气

（1）鳔内的气体组成　鳔内的气体组成因鱼的种类而异，淡水鱼及海水上层鱼的鳔内气体组成及其比例与空气接近，其中含氧量可能略高于空气；随着鱼类栖息水层深度的增加，鳔内含氧量显著增加，除氧气外，有些鱼类的鳔内还含有二氧化碳或氮气。

（2）鳔的充气和排气　喉鳔类的鳔直接通过鳔管充气和排气，鳔管与食道交界处有环形括约肌，可控制鳔管的开放与闭合，直接由口吞入或排出气体，也可由血管分泌或由血管吸收一部分气体。闭鳔类的鳔充气时靠气腺分泌气体。闭鳔类的鳔在卵圆窗排气。卵圆窗具有密集的毛细血管网，鳔内的气体分压大于血液中的气体分压，气体通过卵圆窗向血管内扩散。

2. 鳔的功能

（1）浮力调节功能　鳔是鱼类调节沉浮的重要器官。鱼类通过鳔的充气和排气，改变鳔的相对体积，从而调节鱼体的平均密度，使鱼自由沉浮。

现在认为，鳔的作用在于调节鱼体的平均密度，使之与其所生活的水体基本一致。只有鱼体的密度与其所生活的水体密度一致时，鱼类才能方便地栖息于不同的水层；鱼体大于或小于其所生活的水体密度，由于浮力的作用，势必要下沉或上浮，而为了克服这种浮力的作用，鱼类需要额外的运动来调整。鱼类作上浮或下沉运动时，其主要动力是身体鱼鳍的配合，当鱼游动上浮时，由于水压的降低，鳔的体积增大，所受到的浮力也增加，以加快鱼的上浮；反之，当鱼下沉游动时，水压增大而使鳔的体积减小，减小了鱼体所受到的浮力作用而可以加快其下沉。当鱼类需要较长时间栖息于深层或浅层水体时，才进行鳔的充气或排气活动，通过调整鳔内气体的量以调整鱼体的平均密度，使之更适合于所栖息的水层。

鳔的相对体积与鱼的生活环境有关。淡水的密度小、浮力小，所以淡水鱼类的鳔相对体积较大，占身体总体积的 7% ～ 9%。海水的密度大、浮力也大，所以海水鱼的鳔相对体积较小，占身体总体积的 4% ～ 5%。

（2）呼吸功能　多数鱼类鳔的呼吸作用并不重要，某些鱼的鳔对呼吸有重要作用。如巨骨舌鱼游到水面时，由于鳔腔的扩大，将空气吸入鳔内，该鱼以这种方式摄取的氧占 78%，通过鳃摄取的氧仅占 22%。

对某些鱼类，在鳔的协助下所进行的呼吸机能具有相当重要的意义。多鳍鱼、弓鳍鱼、雀鳝等鱼类的鳔具有类似哺乳类“肺”的作用，可进行直接气体交换。

（3）感觉功能　不少鱼类的鳔与平衡听觉器官相联系，大致有以下三种。

方式一：鳔的前方形成盲囊状突起，与听囊外壁的结缔组织相接触，此结缔组织与椭圆囊紧密相接，外界压力的变化被鳔接受后通过其传到内耳。如深海鳕科、海鲢科鱼类等。

方式二：鳔的前端有一条或一对很薄的细管状鳔分支，向前伸达内耳。外界压力从鳔传到前耳骨膜到达外淋巴，进一步传到椭圆囊的听斑。如鲱科鱼类。

方式三：鳔依靠韦伯器的一些小骨与内耳发生联系，如鲤形目鱼类的鳔经韦伯器与内耳相连，当外界压力变化时经鳔、韦伯器传入内耳，感受高频声波，鲤形目为 7000 ～ 10000 Hz，一般的鱼为 2000 ～ 3000Hz。

（4）发声功能　鳔在产生声音方面起着重要作用，鳔对附近器官所产生的声音起共鸣器的作用，如鳞鲀科鱼类带中的匙骨和后匙骨摩擦，以及咽齿摩擦而发声时，鳔就起共鸣器的作用，使声音扩大。

鳔管放气时往往会发出声音，如欧洲鳗鲡及一些鲤科鱼类。

鳔发声另一重要原因是有些鱼类具有特殊的发音肌，如大小黄鱼鳔外面附有两块长条状色稍深的肌肉，称为鼓肌，中间有韧带与鳔相连，此肌收缩时，则使鳔发生咕咕声，有经验的渔民能依声音的强弱确定鱼群的大小及距离的远近，甚至能区别雌雄。

 思考探索

1. 鱼类有哪些呼吸方式？
2. 鱼类鳃通气的特点是什么？
3. 氧离曲线有何生理意义？
4. 二氧化碳是如何在血液中运输的？
5. 鱼类鳔的机能有哪些？

第三节　鱼类的摄食行为

问题导引

1. 鱼类为什么存在食性的差别？
2. 鱼类如何摄食？
3. 如何对肉食性鱼类进行驯食？

鱼类摄食是一些单独的行为时相或动作依次交替的复杂过程，由机体获得环境中的食物信号开始，终止于最后将其吞食或摒弃，摄食行为的发生过程具体见图 5-9。鱼类摄食行为的特殊之处是鱼类的感觉器官无一例外地全部参与其中。鱼类寻找食物要通过视觉、机械感觉和化学感觉共同作用。

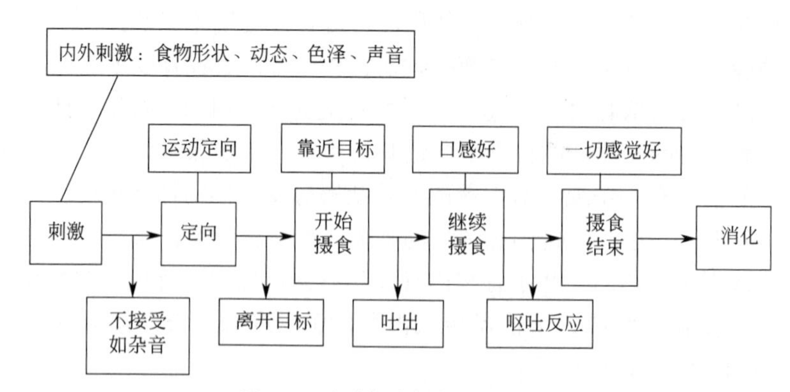

图 5-9　鱼类摄食行为的发生过程

一、鱼类的食性类型

1. 鱼类的食性

鱼类的食性是由其结构机能特征（主要是消化系统）和生活环境条件（主要是饵料增加与变化）共同决定的。因此，鱼类的食性既有由摄食器官的形态结构以及与之相适应的摄食方式决定的稳定性一面，也有由于摄食器官的形态结构随个体发育的不同阶段而变化的不稳定性一面。鱼类的食性在鱼苗阶段基本相似，仔稚鱼阶段摄食器官尚不完善，以原生动物或小型浮游动物作为食物，通常是在幼苗期以后食性开始出现分化，随着摄食器官形态结构的发育、栖息水层的变化和消化吸收机制的差异而逐渐形成不同的食性特点。通常鱼类的食性类型可以分为以下几类。

（1）滤食性鱼类　以浮游动植物为食，如鲢、鳙等，其特征为：口裂大，鳃耙数目多，致密细长，排列整齐，便于滤取食物，肠是体长的数倍。

（2）凶猛肉食性鱼类　主要以鱼为食，如鳜、鳗鲡、石斑鱼、真鲷、鳡、花鲈、翘嘴红鲌、红鳍鲌、乌鳢等，以及绝大多数的无鳞鱼类，如鲇鱼、黄颡鱼等。其特征为：口裂大，具锐利的口腔齿，鳃耙数目少而短，肠短于体长，有胃。

（3）草食性鱼类　以水生维管束植物（水草）或藻类为食，包括以水草为主食的淡水鱼类，如草鱼、团头鲂和长春鳊等，以及以大型海藻为主食的海水鱼，如褐篮子鱼。其特征为肠长，无胃。

（4）杂食性鱼　既食植物也食动物的鱼类称为杂食性鱼类，包括三类。①温和肉食性鱼类。主要以水中无脊椎动物为食，如青鱼以螺、蚬为食；中华鲟主食水生昆虫的幼虫，也食软体动物、虾、蟹和小鱼；东方鲀类咬食附着的贝类。②碎屑食性鱼类。这类鱼以碎屑中的动植物尸体和碎片，以及生活在腐殖质里的小型底栖动植物为食，或舔刮底层的周丛生物。罗非鱼、鲴类、鲮鱼都属于这一类。③食杂鱼类。这类鱼几乎摄食任何可食之物，是杂食性鱼类中的主要类群，它们的食性适应能力强。如铜鱼、胭脂鱼、鲤、泥鳅等以水生昆虫、水蚯蚓和一些水生植物等为食。其特征为：肠是体长的 1 ～ 2 倍。

一般来说，杂食性鱼类多数是广食性的，它们的消化器官能摄取、消化、吸收不同种类的动植物，当外界营养条件变化时能改变食物组成；滤食性鱼类、凶猛肉食性鱼类、草食性鱼类等只吃植物或动物，多数为狭食性鱼类，它们的摄食和消化器官较特化，当外界环境变化时，一般较难适应。

2. 食性变化

鱼类的食性随本身不同发育阶段和外界环境条件的变化而改变，这是长期进化过程中对环境和食物条件适应的结果。引起鱼类食性变化的因素主要有以下几个方面。

（1）不同生长发育阶段的食性变化　鱼类随个体生长，其消化器官不断发育完善和相对增大，内分泌机能加强，引起食性发生转变。草鱼在幼小阶段时，磨切食物的咽喉齿尚未形成，就不能摄食大型水生高等植物；肉食性的青鱼，在幼小时不能摄食体积大于口裂的螺蚬；白鲢在细密的鳃耙形成以前，则以比藻类大得多的浮游动物为食。尽管鱼类的食性各不相同，但鱼苗阶段，几乎毫无例外的都要以浮游动物为食。鱼类内分泌机能随生长而相应增强，对食性变化也起重要作用。

（2）环境因素引起食性的变化　食物条件随时间和空间的变化而引起鱼类食性的季节与

地域变化。黑龙江中的白鲢春季食物中腐屑占90%～99%，夏季食物中的浮游藻类占绝对优势，秋季以后随河流中浮游植物的减少，食物中腐屑又占主要地位，其他鱼类食性的季节性变化更为明显。中华鲟在长江中上游生活时，主要摄食水生昆虫幼虫及植物碎屑等，当洄游至长江口咸淡水中时，主要食物是虾、蟹和小鱼。

日本学者末广指出：鱼类的食性分为肉食性和杂食性两种，纯粹的所谓草食性几乎没有，鱼类的肉食性、草食性之间区分并不那么严格，大多是杂食性的，只是倾向程度不同而已。大多数鱼类在食物缺乏的情况下什么都吃，故食性的可塑性很大，便于人为地进行鱼类的食性驯化，为合理配制饲料，人工养殖获得成功提供依据。

3. 鱼类的食性与其肉质的关联

鱼类的肉质与其食性有一定的关联。一般凶猛肉食性鱼类的鱼肉细嫩、肉质鲜美，且无肌间刺，如鳜、花鲈、石斑鱼、鲇鱼等；滤食性鱼类如鲢、鳙、鲥等肉质也较细嫩；草食性的草鱼肉质较粗，但可以通过改良饲料成分等加以改善。“脆化”养殖是通过投喂蚕豆以改变草鱼的食性结构使其肉质变脆，脆化后的草鱼称“脆肉鲩”（两广地区将草鱼称为鲩鱼），其肉质紧硬而爽脆，不易煮碎，即使切成鱼片、鱼丝后也不易断碎，肉味反而更加鲜美而独特，提高了草鱼的市场竞争力和养殖效益。

二、鱼类的摄食习性

鱼类的摄食方式与消化器官结构和食性有密切关系。食性与消化器官结构相对应，摄食方式与食性相对应，摄食不同的食物时，鱼类也以不同的摄食方式获取。

1. 鱼类的摄食方式

鱼类的食物包括动植物，这些食物有活泼游泳的，也有固定不动的，多数生活在水层中，也有埋在泥土下面或岩石洞穴内的。鱼类为了有效利用它们作为食物，出现了多种多样的摄食方式。

① 吞食：几乎全部鱼类的仔稚鱼阶段都是直接吞食位于口前方的一些小型浮游动物，主要是轮虫、枝角类和桡足类等。

② 追捕：大多数凶猛肉食性鱼类均是以直接追捕吞食的方式摄食，如鳡能很快发现食物和追上食物，并且紧紧咬住食物。

③ 伏击：有些凶猛鱼类则采取伏击方式摄食，如鲇鱼、乌鳢、狗鱼等，平时潜伏在底部或草丛中，当食物对象进入伏击区时，一跃而出，先把食物横向咬住，然后从头倒吞下去。

④ 滤食：食浮游生物的鱼类，浮游生物随着水流进入口腔，然后通过细密的鳃耙过滤食物，如鲢、鳙。

⑤ 研磨：以无脊椎动物（如甲壳类、软体动物等）为食的鱼类，有适应于其食性的不同类型的齿，如青鱼。

⑥ 刮食：摄食底层生物的鱼类，如鲴类用锐利的角质口缘刮取附着藻类，东方鲀类用板状齿咬下附着贝类。其他还有白甲鱼、鲻鱼、鲮鱼等。

⑦ 挖掘：摄食底埋生物的鱼类，用此方法取食，如鲟、鲤用吻部掘出底泥后吸取摇蚊幼虫等小型动物。

⑧ 咬取：草食性鱼类以口咬断水草或陆生植物，如草鱼随着生长其口唇的角质化程度

加强，可用以咬断植物。

⑨ 吸食：海马、海龙等口呈长管状，它们以吮吸的方式摄取水层中的糠虾等无脊椎动物。

⑩ 寄生：七鳃鳗、盲鳗等鱼类利用口吸盘吸附于其他鱼体，营寄生生活。

同种鱼类在不同的发育阶段，其摄食方式会随着食性的不同而发生变化，如鲢、鳙由吞食过渡到滤食。

2. 鱼类摄食水层与食性的关系

鱼类的摄食水层与食性是相适应的。根据其摄食水层，将鱼类分为以下三种类型。

（1）中上层鱼类 鲢、鳙摄食浮游生物为主，它们通常在水的中上层活动，鲢在上层，鳙稍下。

（2）中下层鱼类 草鱼、青鱼、团头鲂、三角鲂、短盖巨脂鲤等多为中下层鱼类。草鱼多在水体中下层活动，觅食时则在上层活动。团头鲂和三角鲂适应栖息于底质为淤泥、有沉水植物的敞水区。鲴和短盖巨脂鲤等喜欢栖息于静水或微流水中，尤其是水草繁茂的湖泊、河流或水库的岩缝中；花鲈、鲻鱼、梭鱼属温带、热带浅海中下层鱼类，喜欢栖息于沿海近岸、浅海湾和江河入口咸淡水区育肥。

（3）底层鱼类 鲮鱼以附生藻类和腐屑为食，通常在水域的底层活动，夏秋季常在江河河湾、水库沙滩浅水处食物丰富场所摄食，冬季则在深水处越冬；鲤、鲫摄食底栖生物和腐屑，一般喜欢在水体下层活动，很少到水面上。泥鳅、黄鳝、胡子鲇、乌鳢、牙鲆、大菱鲆、真鲷、黑鲷、石斑鱼、六线鱼等均属底层鱼类。

3. 不同食性鱼类的摄食行为

不同食性鱼类的摄食行为与视觉、化学感觉、电觉、侧线机械感觉有关。几乎所有不同生态习性的鱼类特别是那些快速游泳的鱼类，觅食时通常都不同程度地利用嗅觉、听觉对食物进行距离定向，而当它们摄取食物后，一般利用嗅觉、口咽腔味觉对食物进行最后识别。

（1）食浮游生物鱼类的摄食行为

① 利用视觉白昼摄食。一般生活于水体中上层食浮游生物的鱼类，其活动性随照度的增加而增强，银汉鱼和竹荚鱼是典型的白昼集群鱼类，在白昼高照度条件下摄食，这些鱼的视觉在摄食时具有主导意义，通常被称为“视觉鱼类”。太平洋竹荚鱼在低照度时的摄食强度仅能摄食通常照度下一半数量的卤虫，而在黑暗情况下则完全不能摄食。美洲红点鲑和湖红点鲑幼鱼在 50 ～ 1400lx 时摄食正常，而在 10 ～ 50lx 则摄食强度下降。

② 利用化学感觉夜间滤食。有些食浮游生物的鱼类可以在夜间或黑暗中摄食，但仅能以滤食方式进行，嗅觉对饵料的化学刺激可用于探测饵料密度，能诱导滤食反应。如大西洋鲱和白鲢都能够在黑暗情况下用滤食方式摄食。

③ 利用特化视觉夜间捕食大型浮游动物。另一些食浮游生物的鱼类仅在夜间到水的表层摄食，可选择单个的浮游动物，而不是通过滤食方式进行摄食。研究表明其视网膜外存在十分发达的银色反光层，因而这些鱼类可利用其特化的视觉捕食夜间才进入表层的大型浮游动物，如大眼鲷和黑边单鳍鱼等。

④ 利用侧线机械感觉夜间或极低照度下捕食浮游动物。一些食浮游生物的鱼类在夜间捕食浮游动物时，是利用侧线机械感觉对猎物进行识别和定位的，如斑点杜父鱼、南极鱼、

针鱼、欧鳊均具有发达的侧线管系统，可摄食黑暗环境中的浮游动物。

（2）食底栖生物鱼类的摄食行为

① 主要利用视觉摄食。对一些浅水和近岸食底栖生物的鱼，视觉在其摄食中起主要作用。黑镖鲈主要依靠视觉捕食，其视觉对蠕动的活饵料很敏感，对冰冻的死饵料或碾碎的饵料则几乎没有反应，其嗅觉只用于饵料的远距离识别和定向。

② 利用视觉或化学感觉摄食。另一些食底栖生物的鱼类，它们可分别利用视觉或化学感觉进行摄食。大西洋鳕能利用视觉摄食水层中和底质上较大的食物，对较小的食物只能依靠触须、胸鳍上的味蕾感知后才可摄食。大西洋鳕还能利用嗅觉发现埋于沙石下的食物，并可用头推开沙石后摄食食物。大菱鲆可利用视觉捕食，同时食物的化学刺激也能诱导大菱鲆的捕食反应。

③ 利用化学感觉、侧线机械感觉或电觉摄食。还有一些食底栖生物的鱼类，如欧洲鳗后期仔鱼主要依靠侧线机械感觉捕食，其成鱼主要在夜间利用化学感觉摄食，视觉作用不大。中华鲟具有灵敏的电觉器官，并主要依靠电觉摄食。

（3）凶猛鱼类的摄食行为

① 利用视觉白昼捕食，化学感觉、听觉起辅助作用。追逐型凶猛鱼类（金枪鱼、马鲛、河鲈等）生活于敞水区中上层，视觉在其捕食中起主要作用。一般认为，视觉用于对猎物的近距离识别和定位，嗅觉、听觉则用于对猎物的远距离定向。

② 利用特化视觉和侧线机械感觉于凌晨、黄昏及夜间捕食。一些主要在凌晨、黄昏及夜间捕食的凶猛鱼类主要利用视觉和侧线机械感觉捕食，其视网膜由于具有很大的汇聚性，光敏感性极高，因而在非常低的照度下也能发挥作用，黑海凶猛鱼类（三须鳕、鲉、黑海石首鱼等）在照度为0.01 ～ 0.1lx时便开始活跃起来，捕食白昼型食浮游生物的鱼类（银汉鱼、竹荚鱼等）。

③ 利用化学感觉、侧线机械感觉、电觉夜间或低照度下捕食。欧洲鳗鲡依靠嗅觉、味觉和侧线机械感觉捕食。点纹裸胸鳝和紫颌裸胸鳝利用嗅觉对食物进行远距离定向，游近食物后再用鼻部接触食物，食物的味觉刺激诱导捕食反应，视觉在其捕食中的作用不大。电鳗能在完全黑暗的情况下利用化学感觉对猎物进行远距离定向，当到达电觉能起作用的近距离后则依靠电觉攻击猎物。

4. 摄食的时间和间隔

在摄食时间上，有些鱼类存在昼夜节律，有的在白昼摄食，有的则在夜间摄食，还有一些鱼类整天摄食。这和光照强度、水温、溶氧，以及饵料生物的移动有关。主要依靠视觉发现食物的鱼类往往在白昼摄食。主要依靠味觉、嗅觉发现食物的鱼类，如鲇鱼常在夜间摄食。

影响鱼类摄食间隔的因素很多，除了环境因素及食物的质和量外，还与鱼类本身的形态、生理特点有关。通常有胃鱼类摄食间隔较长，如吞食大型猎物的凶猛鱼摄食的间隔时间以天来计算。无胃鱼类，特别是杂食性鱼类摄食间隔较短。掌握不同鱼类摄食间隔的特点，对于养殖和捕捞具有现实意义。

5. 摄食量及其判断

（1）鱼类的摄食量　鱼类的摄食量可分为一次摄食量和日摄食量。一次摄食量即鱼类一次所摄食的饵料量。日摄食量即日粮，是鱼类24h所摄食的饵料量。

不同鱼类的一次摄食量差异较大，与其食性和胃的发达程度有关。通常凶猛鱼类的一次摄食量较大，往往饱食一次可满足一天甚至几天的营养需求，如狗鱼和鳜能够吃下与自身相同体重或体长的鱼。大多数温和鱼类，尤其是无胃的鲤科鱼类摄食比较均匀，一次摄食量不是很大，但摄食次数较多。因此一次摄食量决定了人工养殖的日投饵次数。

日摄食量通常用食物重量（干重或湿重）占体重的百分数来表示，与食物的类别和营养价值以及鱼类的生理状况有关，并且鱼类日摄食量和水温有密切关系，在鱼类的适温范围内，随着水温的升高，日摄食量增加。养殖品种中的青鱼、草鱼、鲢、鳙、鲤、鲫、鲂等鱼类，水温为5℃时开始摄食，日摄食量随水温的上升而增加，20℃以上摄食量急增，25～30℃时达到最大值。另外，鱼类的日摄食量与其体重关系密切，随着鱼类体重的增加，日摄食量下降，在同样条件下，当年鲤的日摄食量为体重的6.0%，2年鲤为2.0%。

一般情况下，鱼类的日摄食量在一定范围内保持稳定，不随食物量的上升而增加，这个食物量称为日饱食量。但当食物极丰盛时，可能出现过量摄食的情况，如草鱼在水草丰盛的水域，日摄食量达到300%，是正常情况的2～3倍。在食物量很少时，鱼类摄食受到限制，日摄食量减少。鱼类的摄食量还和性腺的成熟状况有关，接近产卵期的鱼，摄食量减少或停止摄食。

（2）人工养殖日投饵量与投饵次数的确定 一般鱼苗、鱼种阶段日投饵4～5次，9月份以后水温渐低，日投饵1～2次。日投饵量一般为池塘吃食性鱼总体重的2%～6%，实际投饵时，待鱼达到七八成饱或大部分鱼游离投饵区时，即可停止投饵。投饵过程中还应根据鱼的摄食情况、天气变化、水质肥瘦等情况酌情增减投饵量。

判断鱼是否吃饱及所达到的饱食程度可以通过测定鱼的胃肠饱满度来判断。

胃肠饱满度：又称充塞度或摄食等级，应在现场或材料新鲜的情况下进行观察，如果消化道内食物发生分解，所观察到的饱满度则没有意义。测定胃肠饱满度一般采用6级制。

0级：胃和肠中没有食物，即空肠，0/4。

1级：胃肠中仅有残食，约占肠管的1/4。

2级：胃肠中有少量食物，约占肠管的1/2。

3级：胃肠中有适量食物，约占肠管的3/4。

4级：胃肠中充满了食物，但不膨大，即4/4。

5级：胃肠中充满了食物，且胃肠壁膨大，即5/4。

有的情况下可对整个消化道分段测定饱满度，划分标准与上面相同，只是对食道胃肠或前肠中肠后肠（鲤科等无胃鱼类）分别测定等级。

如果进行全年胃肠饱满度的测定，就能看出周年不同季节的摄食强度和生殖季节前后的摄食变化。进行昼夜连续测定，则能看出其昼夜摄食强度的变化。

在测量时，同时还需要配合观察鱼的胆囊大小。同样规格的同种鱼，胆囊大而胃肠食物少，说明该鱼有很长时间未进食；胆囊大而胃肠食物多，说明该鱼刚刚进食；胆囊小而胃肠食物少，说明该鱼正在消化食物。

6. 影响鱼类摄食强度的因素

水生动物的摄食强度取决于动物的饱食水平和食物在消化道中的输送速度，即与胃肠道的排空速度有关。影响鱼类摄食强度的因素有下列几方面。

（1）鱼类的生理状况 当鱼类处于饥饿状态时，刚开始摄食强度有所增加，随后逐渐下降，直至恒定。而长期饥饿会抑制食欲。患病、繁殖期间摄食水平一般均会下降，甚至停食。但若鱼一旦达到饱食，其食欲就会下降，甚至停止摄食。另外当鱼处于应激状态下时，摄食水平会降低，其影响程度因种而异。

（2）鱼的体重 随着鱼体的生长，体重随之增加，其摄食量也相应增大，但其单位体重鱼体的摄食量反而下降。如在水温30℃时，50g鲤的投饲率为6.8%，800g鲤的投饲率仅为2.2%。

（3）水温 鱼类在其适宜的水温范围内，饲料消耗与水温呈正相关。水温升高，代谢率增加，饲料消化时间缩短，摄食量增加，则投饲量也应增加。如鲢在水温8～10℃以上时开始摄食，在16～18℃以上时，鲢日消耗饲料量急速增加，生长加快。夏季水温为26～32℃，摄食最盛，生长最快。水温从16.5℃上升至22℃时，其消化率从46%上升至68%。

（4）饲料的营养组成及饲料颗粒大小和丰度 鱼类饲料质量的好坏与投饲量直接相关。一般来说，饲料质量高，投饲量可相应减少；反之，投饲量则相应提高。特别是饲料的蛋白质含量对投饲量影响最大。其次，饲料颗粒大小和丰度直接影响鱼等饲养水生动物的摄食强度。饲料颗粒大小和丰度适宜，可提高食物遇见率，摄食耗能降低。

除上述因素外，影响摄食强度的因素还有投饲方法、鱼的种类等。不同鱼类，因其对饲料消化利用能力不同，摄食量不同，故其投饲量也不一样。一般草食性鱼类的投饲量最高，杂食性鱼类居中，肉食性鱼类最低。

7. 鱼类对食物的喜爱状况

鱼类对各种饵料生物的喜好程度是不一样的，这和饵料生物的味道、营养价值以及是否容易获得有关系。因而不少鱼类对饵料生物具有选择性。根据鱼类食物组成中各种类别生物的个体大小、所占比重及营养价值，通常把鱼类食物分为主要食物、次要食物和偶然性食物。

（1）主要食物 在鱼类食物组成中所占实际比重最高，对鱼类营养起主要作用。在人工投喂饵料的养殖鱼类中，人工饵料就是主要食物。

（2）次要食物 经常被鱼类所利用，但所占实际比重不大。

（3）偶然性然食物 偶然附带摄入，所占实际比重极小的饵料生物。

当主要食物丰富时，鱼类主要摄食主要食物；当自然水域中主要食物不够丰富时，鱼类就转向摄食次要食物，在这种情况下鱼体的生长会受到一定影响。

鱼类对饵料生物的选择性一方面与鱼类的口裂大小、游泳能力、捕食经验有关，同时也与饵料生物本身的大小、密度、易得性、可消化性及食饵的逃避能力、食饵运动与否直接相关。依据鱼类对饵料生物的选择性，可将食物划分为喜好食物、替代食物和强制性食物。

（1）喜好食物 鱼类最喜爱的食物，在鱼类食谱中往往是主要食物。

（2）替代食物 指喜好食物存在时鱼类不摄取，而当喜好食物缺少时即大量摄取的食物。在这种情况下，替代食物成为主要食物。

（3）强制性食物 是指喜好食物和替代食物都缺少时鱼类所摄食的其他食物。例如，芜萍和浮萍是草鱼种的喜好食物，当它们缺乏时，草鱼种也摄食嫩草，这是替代食物，迫不得已时草鱼种也吞食鱼苗和小虾等，这些就是强制性食物。

通常以主要食物和喜好食物的性质作为判定某种鱼类食性类型的依据。

8. 饥饿与“不可逆点”对成活率的影响

当鱼类摄取不到维持生命活动所需食物时，即处于饥饿状态。鱼类处于饥饿或半饥饿状态一定时间后，鱼体就会消瘦失重、疲惫甚至死亡。不同大小或年龄的鱼，对饥饿的适应能力不同。在完全饥饿的情况下，年龄大、个体大的鱼耐饥饿的时间长。实验证明，鱼类在幼小阶段饥饿或半饥饿，对身体所造成的损害，有时是无法弥补的，即使存活下来，也会出现畸形或发育不良。研究表明，鱼类早期生活阶段的初次摄食期是一个可能引起仔鱼大量死亡的危险阶段，而饥饿被认为是初次摄食期仔鱼死亡的主要原因之一，有人提出初次摄食期仔鱼饥饿“不可逆点”（the point of no return，PNR）的概念，即初次摄食期仔鱼耐受饥饿的时间临界点。超过“不可逆点”的鱼类永远丧失了恢复摄食的能力，只能继续存活数天时间。各种鱼类的“不可逆点”不同，不管这个“点”在何时，鱼苗养殖全过程供应充足而适口的饵料是提高养殖成活率的关键。需要特别注意的是，即使水体中有适口的饵料（通常为轮虫），但由于仔鱼阶段鱼苗的摄食能力差，若饵料未达到足够的密度，鱼苗还是会因得不到充足的食物而死亡。

鱼类经过不同的饥饿时间以后，当恢复供食时，各个种类的反应不同，多数鱼类在饥饿一定时间后，其摄食率比正常情况下显著提高，并经过一定阶段的喂养，体重会恢复到正常水平。但饥饿时间越长，摄食率越低，体重就越难恢复。

三、幼鱼食性转化与驯食方法

1. 鱼类苗种阶段食性转化

鱼类苗种阶段的食性与成鱼食性有很大不同。认识和掌握幼鱼阶段的食性对于养殖生产中的苗种培育、适时变换饵料种类有重要意义。一般可分为 2 个阶段。

（1）卵黄囊吸收完毕后的仔鱼期　即摄食小型浮游动物，如一些无脊椎动物的幼虫和轮虫等饵料的阶段。

刚孵出的鱼苗（仔鱼期）均以卵黄囊中的卵黄为营养。当鱼苗体内鳔充气后，鱼苗一边吸收卵黄，一边开始摄取外界食物；当卵黄囊消失，则完全依靠摄取外界食物，但此时个体细小，全长仅 0.6 ～ 0.9cm，活动能力弱，其口径小，取食器官（如鳃耙、吻部等）尚待发育完全。因此所有种类的鱼苗只能依靠吞食来获取食物，而且其食谱范围也十分狭窄，其主要食物是轮虫和桡足类的无节幼体。生产上通常将此时摄食的饵料称为“开口饵料”。

（2）仔鱼-稚幼鱼的食性转化期　此时为仔鱼期食性向成鱼期食性的过渡阶段。

随着鱼苗的生长，其个体增大，口径增宽，游泳能力逐步增强，取食器官逐步发育完善，食性逐步转化，食谱范围也逐步扩大。几种主要淡水鱼苗的摄食方式和食物组成有以下规律性变化。

① 全长 7 ～ 10.5mm 的鲢、鳙、草鱼等鱼苗：均以轮虫和无节幼体、小型枝角类为食。

② 全长 12 ～ 15mm 的鲢、鳙、草鱼等鱼苗：摄食方式和食物组成（适口食物的种类和大小）开始分化。鲢、鳙的鳃耙数量多，较长而密，因此摄食方式开始由吞食向滤食转化，适口食物为轮虫、枝角类和桡足类，也有较少量的无节幼体和较大型的浮游植物；草鱼（包

括青鱼和鲤）则仍然为吞食方式，主要摄食枝角类、桡足类和轮虫，并开始吞食小型底栖动物。

③ 全长 16 ～ 20mm 的鲢、鳙、草鱼等乌仔：食性分化更为明显。草鱼口径增大，可吞食大型枝角类、底栖动物，以及幼嫩的水生植物碎片（青鱼和鲤的食性与草鱼相似）。鲢、鳙的口径虽也增大，但由于滤食器官逐渐发育完善，其滤食机能随之增强，摄食方式由吞食转为滤食。由于鲢的鳃耙比鳙的更长更密，因此，适合食物的大小比鳙小。该时期的食物，除轮虫、枝角类和桡足类外，已有较多的浮游植物和有机碎屑。

④ 全长 21 ～ 30mm 的鲢、鳙、草鱼等夏花：摄食器官发育得更加完善，彼此间的差异更大。在此期末，这些鱼的食性已完全转变或接近于成鱼食性。而凶猛肉食性的乌鳢体长在 30mm 以下时还是以桡足类、枝角类和摇蚊幼虫为食。

⑤ 全长 31 ～ 100mm 的鲢、鳙、草鱼等鱼种：摄食器官的形态和机能都基本与成鱼相同。它们的上下颌活动能力增强，特别是鲤已可以挖掘底泥觅食。它们的食性皆同成鱼，食谱范围较狭窄。而乌鳢体长在 30 ～ 80mm 时以水生昆虫幼虫和小虾为主，其次为小型鱼类，体长达 80mm 以上时则主要捕食鱼虾类。

在鱼苗发育过程中的食性转变阶段，掌握食性转变时间，及时提供适口饵料，是人工育苗成败的关键之一。

2. 主要养殖鱼类的驯食

驯食是指在仔鱼-稚幼鱼的食性转换期内，将养殖鱼类从摄食天然活体饵料转化为摄食人工配合饲料的过程。通常凶猛肉食性鱼类的驯食难度较大，方法不同。

（1）凶猛肉食性鱼类 名特鱼类大多指经济价值较高的凶猛肉食性鱼类，如花鲈、石斑鱼、黄鳝、鳜、翘嘴红鲌、乌鳢及绝大多数的无鳞鱼类如鲇鱼等，它们在自然界中多以活体鱼类为食。在人工集约化养殖中，饲喂活食不但成本高，而且数量也难以得到满足。若采用人工配合饲料养殖这些鱼类，则必须对其进行有效驯食，才可大规模养殖。驯食是养殖过程中的一个关键环节，如果驯食方法不当，不仅苗种成活率不能保证，还会导致个体大小参差不齐，甚至诱发同类相残现象，直接影响到生产效益。驯食的关键环节如下。

① 选择恰当时机 驯食的最佳时机通常在稚幼鱼的食性转化期，不同肉食性鱼类都有其适宜的驯食规格，如河鲈为 2 ～ 4cm，梭鲈为 5cm 左右，加州鲈鱼为 5 ～ 6cm，乌鳢为 4 ～ 6cm，大口鲇为 5cm 左右。一般情况下，个体越小，食性的可塑性越大，驯食越容易；个体越大，鱼的食性已成定势而难以驯化。

② 逐渐替代活饵 逐渐用鱼类喜好的食物磨成的肉糜取代鲜活饵料，这是驯化转食成功的关键。如在河鲈的驯食中，蚌肉、螯虾肉是理想的驯食饵料，鳗鱼食性驯化采用丝蚯蚓比较理想，黄鳝用蚯蚓、小鱼虾、螺蚌肉等驯食较好，加州鲈鱼采用小杂鱼驯食可取得良好的效果。驯食过程中，首先大范围泼洒，然后逐步缩小泼洒范围，最后转变至饵料台定点投喂。

③ 投喂配合饲料 当被驯鱼类习惯在固定饵料台定点定时摄食后，再往肉糜中逐步加入配合饲料，最终完全投喂配合饲料。若需驯化鱼类白天摄食，则每天投饵时间向后推迟 1 ～ 2h，直至延至每天 8：00 ～ 9：00 投喂一次，14：00 ～ 15:00 投喂一次，此时摄食正常的话，驯食就宣告成功。另外，对大多数肉食性鱼类而言，开始比较适宜投喂适口性良好的

软性配合饲料，否则可能导致拒食、厌食、吐食，败坏水质，甚至引发疾病导致死亡。

（2）杂食性鱼类 与凶猛肉食性鱼类驯食相比，杂食性鱼类驯食相对简单一些，通常以配合颗粒饲料直接投喂。驯食的关键环节是建立声响信号条件反射：投饵前，先敲击饵料或通过击掌、吹哨等发出声响信号，然后投放饵料，待十几秒后再发出声响，并投放饵料。如此反复进行，直到鱼群听到几声信号后，即能前来踊跃抢食为止。一般每次驯化15～20min，经3～7d鱼即可形成上浮集中抢食的摄食习惯。通常鱼种规格越小，驯化的时间越短，且条件反射建立越牢固，抢食越激烈。

思考探索

1. 鱼类的食性类型有哪几类？
2. 引起鱼类食性变化的因素有哪些？
3. 简述鱼类的摄食行为发生的过程。
4. 鱼类的摄食方式有哪些？
5. 不同食性的鱼类采用的摄食行为有哪些？
6. 什么是鱼类的饥饿“不可逆点”？
7. 影响鱼类摄食强度的因素有哪些？
8. 凶猛肉食性鱼类如何驯食？
9. 简述幼鱼阶段的食性转化。
10. 什么是胃肠饱满度？
11. 简述鱼类的不同感觉器官在摄食行为中的作用。
12. 如何依据鱼类不同食性与栖息水层的生态原理进行池塘混养？

第四节 鱼类的消化与吸收生理

问题导引

1. 鱼类口腔里为什么没有唾液？

2. 高等动物通过舌头的弹性将食物推送到咽部。鱼类舌头缺乏弹性，一般不能活动，鱼类摄取食物后如何推送到咽部？

消化系统的主要生理功能是对食物进行消化和吸收。在消化道内，食物被分解为结构简单、可以被动物体直接利用的小分子物质的过程称为消化。食物经过消化后，通过消化管黏膜进入血液循环的过程，称为吸收。消化和吸收是两个相辅相成紧密联系的生理过程。

结构简单的单细胞原生动物从周围环境中直接吞噬食物颗粒到细胞内，然后依靠细胞内的水解酶类将食物分解为简单分子，供细胞直接利用，这种过程称为细胞内消化。食物在细胞外的消化道（管）内，经消化器官的机械运动和细胞分泌的特殊酶类的作用，在管腔内被消化分解，这种过程称为细胞外消化。细胞外消化存在两种形式：通过消化道的运动将食物磨碎、搅拌并与消化液充分混合形成食糜后，不断向消化道后段推移的过程，称为机械性消化；通过消化腺分泌消化液，消化液中含有各种酶，能使食物中的蛋白质、脂肪和糖等营养物质分解为可被吸收的小分子物质，这种过程称为化学性消化。

一、鱼类的口腔与食道消化

1. 口腔与食道内的消化液

鱼类的口咽腔没有唾液腺，也没有重要的消化酶生成，消化食物作用有限。鱼类口腔和咽表面有一层复层上皮，富含味蕾和杯状细胞，杯状细胞分泌黏液，有助于对食物进行选择、摄取和吞咽。有少数鱼类（特别是无胃鱼类）的食道能分泌消化酶，作用较弱。

2. 咀嚼

咀嚼使食物在口腔内被磨碎，并使食物与唾液充分混合，形成润滑的食团易于吞咽。鱼类的牙齿可以用来捕食、撕裂和压碎食物，但是一般没有咀嚼功能。

3. 吞咽

鱼类的舌不能像高等动物那样将食物推送到咽部。食物可能是依靠水流的作用被移动到咽部，再通过食道蠕动（图 5-10）将食物送达胃或肠。

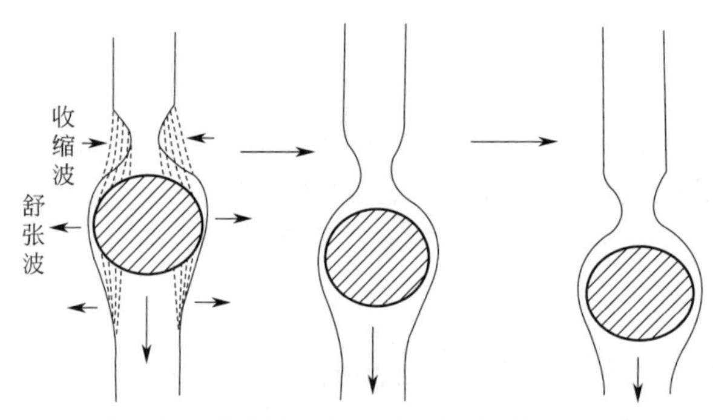

图 5-10　食道蠕动模式图（引自魏华等，2011）

此外食道黏膜层也可分泌黏液且含有味蕾，所以鱼类食道还具选择食物的作用，当环肌收缩时可将不适口食物或异物抛出口外。

二、鱼类的胃内消化

1. 胃液的分泌

（1）胃液的成分及生理功能　胃液是指胃腺内许多种细胞分泌的混合物。纯净的胃液为无色、透明的酸性液体，大多数硬骨鱼类在空腹时的胃液 pH 值接近中性，有的呈弱酸或弱碱性，摄食后胃液逐渐变为强酸性。胃液由无机物和有机物组成，除水外，无机物包括盐酸及 Na^+、K^+、HCO_3^- 等离子，有机物包括黏蛋白、消化酶和糖蛋白。

① 盐酸。又称胃酸，由壁细胞分泌，绝大部分的盐酸为游离酸，少量与蛋白质结合为结合酸，二者之和为总酸。盐酸中的 H^+ 是壁细胞内水解离产生的，Cl^- 来自血液（图 5-11）。

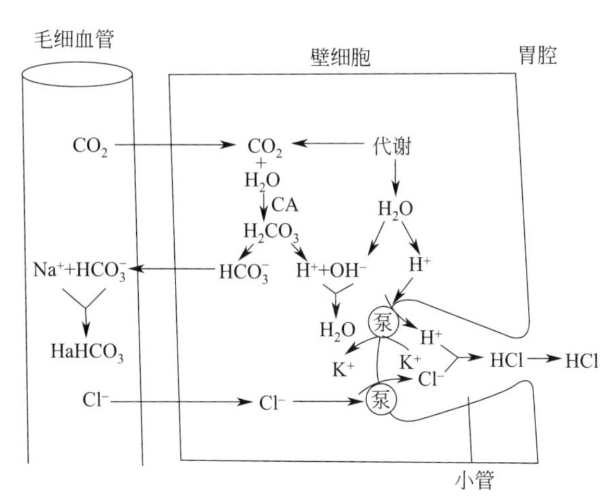

图 5-11　壁细胞分泌盐酸示意图（引自杨秀平，2002）

CA—碳酸酐酶

盐酸的主要生理作用：a. 激活胃蛋白酶原，使之变成具有生物活性的胃蛋白酶，并且为胃蛋白酶提供适宜的酸性条件；b. 使蛋白质变性，易于消化分解；c. 具有一定的抑菌和杀菌作用，可以杀灭随食物进入胃的微生物；d. 盐酸随食糜进入小肠，能够促进胰液、胆汁、小肠液的分泌和胰泌素的释放；e. 在小肠，盐酸提供的酸性环境有利于小肠对铁、钙的吸收。

② 消化酶。胃蛋白酶是胃液中最重要的消化酶，以酶原的形式分泌出来，在酸性环境中被激活而成为胃蛋白酶。在胃中，除胃蛋白酶外，还有一些其他酶类存在，如胰蛋白酶、淀粉酶、脂肪酶。

（2）鱼类胃液分泌的调节　软骨鱼类空腹时有持续、少量的胃酸分泌。硬骨鱼类胃液分泌是间歇性的，只有进食后和进行消化时才有胃液分泌。胃的扩张能刺激胃酸分泌，这可能与迷走神经的反射活动有关。

2. 胃的运动

胃的运动是依靠胃壁肌肉层的收缩活动来完成的。胃的运动使胃能够容纳食物，并对食物进行机械性消化，研磨食物，使之与胃液混合，将食糜向小肠推送。胃的运动包括容受性舒张、紧张性收缩和蠕动等三种形式。

胃运动受神经-体液调节。神经调节主要是由食物对胃黏膜及胃壁的机械感受器刺激而引起的反射性活动。体液调节主要是胃泌素的影响，胃泌素可加强胃运动，其他激素，如胰泌素、胆囊收缩素等则抑制胃运动。

食糜由胃排入十二指肠的过程称为胃排空。胃肌收缩提供排空的动力，幽门和十二指肠的收缩则形成排空的阻力。

三、鱼类的肠内消化

食物从胃进入小肠就开始了在小肠内的消化，这是整个消化过程中最重要的阶段。营养物质在小肠内被吸收，未被消化吸收的食物残渣进入大肠，由肛门排出。

1. 胰液的成分与生理功能

胰腺的外分泌物为胰液，具有很强的消化能力。胰液为无色透明的液体，pH 值为

7.8 ～ 8.4，胰液中含有水分、无机物和有机物（主要是消化酶）。

（1）无机物及碳酸氢盐的作用 胰液中最重要的无机物为碳酸氢盐，它是由胰腺内小导管上皮细胞分泌的。其主要作用是中和进入肠内的胃酸，保护肠黏膜免受胃酸侵蚀；同时也提供了适宜小肠内多种消化酶活动的弱碱性环境。

（2）消化酶

① 蛋白水解酶：胰液中分解蛋白质的酶类主要有胰蛋白酶、糜蛋白酶、胰弹性蛋白酶和羧肽酶。这些酶均以无活性的酶原形式存在，激活后成为有活性的胰蛋白酶。

胰蛋白酶、糜蛋白酶单独作用时，能分解蛋白质为脲或胨。胰蛋白酶、糜蛋白酶和弹性蛋白酶协同作用能将蛋白质分解为多肽和氨基酸。

② 脂类水解酶：胰脂肪酶只有在胆盐和辅脂酶共同存在的条件下，才将甘油三酯分解为甘油、脂肪酸和甘油一酯等，最适 pH 值为 7.5 ～ 8.5。胰液中还有一定量的胆固醇酯酶和磷脂酶 A2，分别水解胆固醇酯和卵磷脂。

③ 糖类水解酶：胰淀粉酶可将淀粉水解为糊精、麦芽糖和麦芽寡糖。

④ 其他酶类：胰液中还分泌胰核糖核酸酶和胰脱氧核糖核酸酶。有些摄食昆虫和甲壳类动物的鱼类胰液中还有壳多糖酶活性。

（3）胰液分泌的调节 非消化期内胰液分泌很少或不分泌，进食后开始分泌。消化期内胰液的分泌受神经与体液双重调控，但以体液调节为主（图 5-12）。在鱼类中，盐酸对胰腺分泌也具有明显的促进作用。

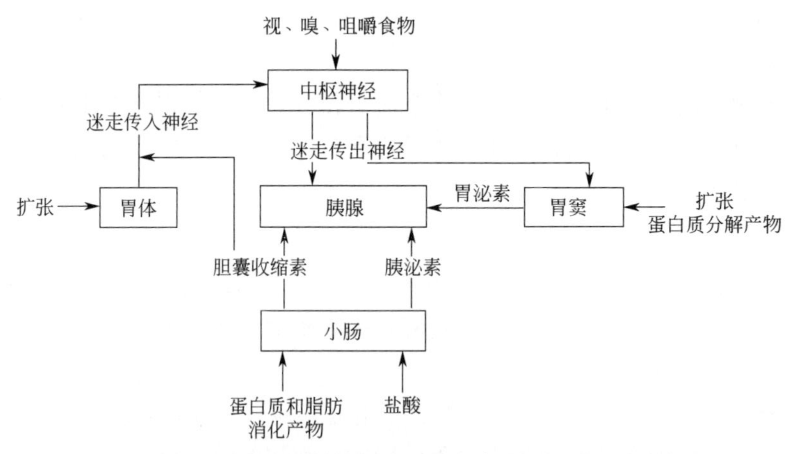

图 5-12 胰液分泌的神经 - 体液调节（引自魏华等，2011）

2. 胆汁的分泌

（1）胆汁的成分与作用 鱼类胆汁由水、无机盐、胆汁酸、胆固醇、胆色素、脂肪酸、卵磷脂等组成。一些具有肝胰脏的鱼类胆汁中具有胰蛋白酶、脂肪酶和淀粉酶等。

胆汁作用：①胆盐是胰脂肪酶的辅酶，可以增强脂肪酶的活性；②乳化脂肪，减小脂肪的表面张力，使脂肪变成微滴，增加与胰脂酶的接触面积，可加速脂肪的分解；③中和胃酸，为胰脂肪酶提供适宜的 pH 值；④胆汁与脂肪的分解产物如脂肪酸、甘油一酯形成水溶性复合物，促进脂肪酸的吸收；⑤促进脂溶性维生素的吸收。

（2）胆汁分泌和排出的调节 迷走神经可以促进胆汁的分泌和排出；调节胆汁分泌和排出的体液因素有胃泌素、促胰液素、胆囊收缩素、胆盐等。

3. 肠的运动

肠运动主要依靠肠平滑肌的收缩活动完成。小肠运动包括紧张性收缩、分节运动、蠕动和摆动等四种运动形式。大肠也有分节运动和蠕动，但与小肠相比，运动少且慢。大肠还有袋装往返运动和集团蠕动这两种特殊的运动形式。

4. 鱼类肠道中的微生物消化

鱼类肠道中的微生物主要来源于食物和水，其种类、数量因鱼种和所生活的环境而异，有些鱼类肠道中的细菌与食物的消化作用有关，摄食含甲壳质动物的鱼类，其肠道内一般含有分解甲壳质的细菌。摄取海藻的鱼类肠道内存在木聚糖分解细菌、果胶分解细菌。摄食动物性饵料的鱼类肠道中以分解蛋白质能力较强的大肠埃希菌、链球菌等占多数。摄取植物性饵料的鱼类肠道中的嗜酸杆菌、双歧杆菌分解蛋白质能力较弱。一些鱼类的肠道细菌能够合成 B 族维生素和维生素 K。

四、鱼类的吸收生理

1. 吸收的部位和吸收的机制

（1）吸收的部位 鱼类口腔和食道基本没有吸收功能。胃一般只吸收少量的水和无机盐。小肠是吸收的主要部位，大部分蛋白质、糖和脂肪的消化产物等主要在小肠被吸收。大肠主要吸收部分水和无机盐。鱼类幽门垂也有吸收功能。

（2）吸收的机制 鱼类肠的吸收机制类似于哺乳动物，主要形式是扩散和主动转运。

2. 主要营养物质的吸收

（1）糖的吸收 在天然的食物中，糖类主要以淀粉和糖原形式存在。淀粉和糖原等只有分解为葡萄糖、半乳糖、果糖等单糖才能被吸收。葡萄糖和半乳糖以主动转运的方式被吸收，果糖以易化扩散的方式被吸收。

（2）蛋白质的吸收 食物中的蛋白质经过消化后，产生小肽和氨基酸，被毛细血管吸收后进入血液。氨基酸以主动转运的方式被吸收。蛋白质还可以二肽和三肽的形式被吸收，而且二肽、三肽的吸收率比氨基酸要高。

（3）脂肪、胆固醇和磷脂的吸收 甘油三酯在肠道内分解为甘油、脂肪酸、甘油一酯，鱼类对脂肪的吸收主要在肠的前部和幽门盲囊，胃和肠的中后部也能吸收少量脂肪。脂肪的吸收有血液和淋巴两条途径。长链脂肪酸与甘油一酯进入上皮细胞后，重新合成甘油三酯，并与细胞内的载脂蛋白组成乳糜微粒，然后进入淋巴（图 5-13）。短链脂肪酸、部分中链脂肪酸及其组成的甘油酯可直接从细胞底侧膜扩散，被毛细血管吸收。

饲料中的胆固醇酯，经酶水解后形成游离的胆固醇，与胆盐结合形成脂肪微粒，在小肠中被吸收。在细胞内大多数的胆固醇再次酯化生成胆固醇酯，然后与载脂蛋白组成乳糜微粒，进入淋巴。

肠道内大部分的磷脂可以被水解为脂肪酸、甘油、磷酸盐等，从而被机体吸收，少量的可以不经水解被上皮细胞吸收，再经乳糜微粒进入淋巴。

（4）维生素的吸收 脂溶性维生素的吸收机制与脂类相似，在吸收前要先经胆盐乳化，以扩散的方式进入上皮细胞，而后进入淋巴或血液循环。除维生素 B_{12} 外，其他水溶性维生素以扩散方式被吸收。

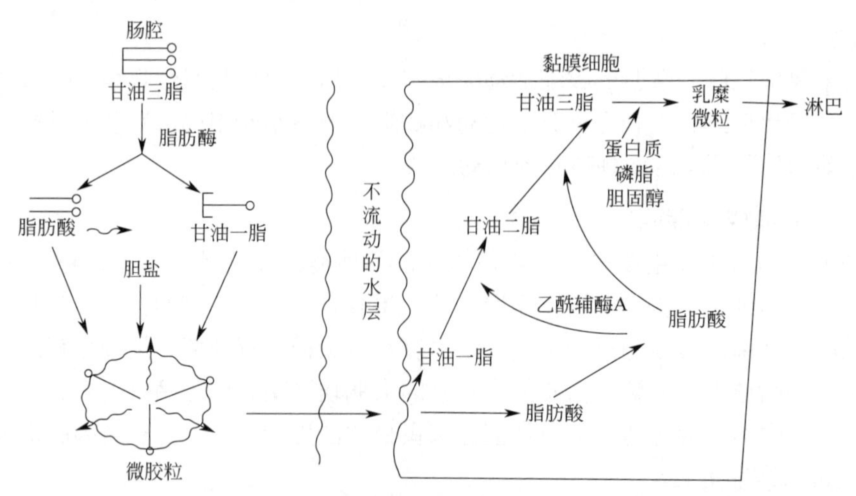

图 5-13 脂肪在小肠内消化和吸收的主要方式（引自朱妙章，2002）

（5）水的吸收 主要是被动吸收，其动力是渗透压差。小肠黏膜对水的通透性很好，当上皮细胞主动吸收溶质，尤其是吸收 Na^+、Cl^- 时，上皮细胞内的渗透压升高，从而促进了水分顺着渗透压梯度进行转移，因此水的吸收是伴随着溶质吸收而进行的。

（6）无机盐的吸收

① Na^+ 和 Cl^- 的吸收。Na^+ 主要是钠泵主动转运。Cl^- 是顺着电化学梯度被吸收。

② Ca^{2+} 的吸收。仅有可溶性的 Ca^{2+} 才能被吸收，靠钙泵主动转运及 Ca^{2+}-Na^+ 交换。

③ 铁的吸收。食物中的铁绝大部分是三价的铁离子形式，但不易被吸收，故须还原为亚铁后，方被吸收。铁的吸收部位在肠上段。铁的转运过程也是主动性转运。

3. 消化吸收率

消化吸收率是指消化吸收的营养物质占饲料中该物质总量的百分比，简称消化率。

（1）蛋白质的消化吸收率 鱼类对蛋白质有比较强的消化吸收能力。动物性蛋白源的消化吸收率达 90% 以上。蛋白质的消化吸收率随鱼的生长阶段不同而有差别。

（2）糖类的消化吸收率 不同食性的鱼类对糖类的消化吸收率有较大的差别，杂食性和草食性鱼类的消化吸收率较高，而肉食性鱼类较低。鱼类对单糖、双糖的消化吸收率比淀粉等多糖类高得多。

（3）脂肪的消化吸收率 各种鱼类对脂肪的消化吸收能力均较强，而且差异不大。但是鱼类对不同脂肪酸的消化率却有很大差别，主要是随碳链长短而有变化，饱和脂肪酸的碳链越短，其消化吸收率越高；而对于碳原子数相同的脂肪酸，饱和脂肪酸的消化吸收率明显低于不饱和脂肪酸。

思考探索

1. 鱼类口腔与食道消化活动有什么特点？
2. 胰液的成分及其生理作用是什么？
3. 胆汁的成分及其生理作用是什么？
4. 鱼类肠道中微生物的消化有何特点？
5. 糖、蛋白质、脂肪和无机盐在鱼类体内是如何被吸收的？

第五节　鱼类的繁殖行为

问题导引

1. 在自然界中有哪些因素会影响到鱼类性腺的发育？
2. 鱼类的生殖方式有哪些？异育银鲫是如何培育出来的？
3. 鱼类有哪些产卵和护幼行为？在人工孵化时应注意哪些事项？
4. 为什么要设置禁渔区与禁渔期？如何合理开发利用鱼类资源？

一、鱼类的性腺发育

1. 卵巢的发育分期

多数硬骨鱼类的卵巢发育过程，根据性腺的体积、颜色、血管分布、性细胞成熟与否等标准，通过目测，一般分为6个时期。

Ⅰ期卵巢：性腺未成熟，紧贴于鳔下两侧的体腔膜上，呈透明的细线状，看不见卵粒，肉眼不能分辨雌雄。这是鱼类第一次性成熟过程中所特有的阶段，一般当年家鱼的性腺处于此期。

Ⅱ期卵巢：呈扁带状，表面有毛细血管分布，颜色微红，卵母细胞处于小生长期，不含卵黄，肉眼尚看不清卵粒，但能分辨雌雄。2龄及产后退化的家鱼卵巢属此期。

Ⅲ期卵巢：体积显著增大，卵粒清晰可见，但不能从卵巢隔膜上分离下来，卵母细胞开始沉积卵黄。

Ⅳ期卵巢：为成熟期。卵巢体积很大，几乎充满体腔，卵粒大而饱满并可分离，卵质充满卵黄颗粒，表面血管粗而清晰。鲢、鳙、草鱼、青鱼的第Ⅳ期卵巢呈青灰色或灰绿色，鲤、鲫呈橙黄色，黑鲷、鲻呈淡橘黄色，鲇呈绿色。至Ⅳ期末，卵细胞核极化（移向动物极一端），可进行人工催产。对于家鱼来说，此期一般60d左右。在鱼类的人工繁殖生产中所称的“亲鱼已成熟”是指性腺发育已达到Ⅳ期，经过催情、注射激素能起正常成熟排卵反应的亲鱼。

Ⅴ期卵巢：为生殖期（性产物排出时期）。卵子透明而圆，完全成熟，已冲破滤泡排到卵巢腔中，呈流动状态，提起亲鱼卵即可从生殖孔自动流出，或轻压腹部卵即可排出。

Ⅵ期卵巢：为产后期。刚产完卵后的卵巢，组织松软、充血，卵巢内还有残留的卵及空滤泡膜，很快将被吸收，性腺随之萎缩。一次产卵的鱼类，产后卵巢退化到Ⅱ期再重新发育；分批产卵的鱼类，产后退化到Ⅲ期再重新发育。

2. 精巢的发育分期

精巢的发育过程一般可分为以下6个时期。

Ⅰ期精巢：呈细线状，紧贴于鳔两侧的体腔膜上，肉眼无法区分雌雄。

Ⅱ期精巢：细带状，半透明或不透明，血管不显著。

Ⅲ期精巢：体积增大，呈圆杆状，质地较硬，表面光滑无皱褶，有毛细血管分布，呈淡粉色，挤压腹部或剪开精巢都没有精液流出。

Ⅳ期精巢：呈乳白色，表面多褶皱，有血管分布，Ⅳ期末可挤出白色精液。

Ⅴ期精巢：各精细管中充满精子，提起亲鱼头部或轻压其腹部，大量较稠的乳白色精液从生殖孔流出。

Ⅵ期精巢：排精后的精巢体积大大缩小，呈细带状，浅红色。精巢一般退化到Ⅲ期重新发育。

青鱼、草鱼、鲢、鳙的卵巢和精巢发育过程中外部形态特征的比较见表 5-1。

表 5-1　青鱼、草鱼、鲢、鳙的卵巢和精巢发育过程中外部形态特征的比较

分期	卵巢	精巢
Ⅰ	灰白色，呈细线状，紧贴鳔下两侧的腹膜上，肉眼不能分辨雌雄	灰白色，呈细线状，紧贴鳔下两侧的腹膜上，肉眼不能分辨雌雄
Ⅱ	肉白色半透明，呈扁带状，比同体重的雄鱼精巢宽 5 ~ 10 倍，表面血管不明显，撕去卵巢膜显出花瓣状的纹理，肉眼看不见卵粒。成熟系数 1% ~ 2%	白色半透明，细带状，血管不明显，肉眼已经能分辨出雌雄
Ⅲ	青灰色或褐灰色，体积显著扩大，肉眼可见小卵粒，但不易分离。成熟系数 3% ~ 6%	白色，表面较光滑，似柱状，轻压腹部挤不出精液
Ⅳ	青灰色或灰绿色，体积扩大充满体腔，表面血管粗而清晰，卵粒大而明显，易分离脱落，成熟系数 14% ~ 28%	乳白色，不再是光滑的柱状，出现皱褶，早期挤不出精液，后期则能挤出精液
Ⅴ	卵巢处于流动状态，卵粒由不透明转为透明，在卵巢腔内呈游离状态，提起亲鱼卵粒能从生殖孔流出	乳白色，充满精液，轻压腹部有大量较浓精液流出
Ⅵ	大部分卵粒排出体外，卵巢体积显著缩小，卵膜松软，表面充血，部分未挤出的卵粒处于退化吸收萎缩状态	排精后体积缩小，由乳白色变为粉红色，局部有充血现象

3. 性腺成熟系数

性腺成熟系数是衡量性腺发育的一个重要标志，性腺重量是表示性腺发育程度的重要指标。性腺成熟系数是性腺重量与鱼体重量或鱼体去内脏后空壳重量百分比，用 GSI 表示，其计算公式为：

$$\text{性腺成熟系数（GSI）}=\frac{\text{性腺重量（g）}}{\text{鱼体重或去内脏体重（g）}}\times 100\%$$

一般来说，成熟系数越大，说明亲鱼的性腺发育越好。同种个体的成熟系数，一般雌性大于雄性，并与年龄呈正相关，而且其周期变化有一定的规律，与性腺发育分期变化基本一致。一般鲤科鱼类的卵巢成熟系数为 15% ～ 30%，精巢为 10% ～ 12%。

4. 影响性腺发育的环境因素

鱼类的性腺发育受体内生理调节（中枢神经与内分泌系统）和外界环境条件的影响。环境条件的刺激通过鱼类的感觉器官和神经系统影响内分泌腺（主要是脑垂体）的分泌活动，内分泌腺分泌的激素又控制性腺的发育。因此，鱼类的性腺发育是内因与外因综合作用的结果。了解性腺发育与环境的关系，其目的在于通过人工控制和调节环境因子来促进鱼类的性腺发育、成熟和产卵。影响鱼类性腺发育的综合生态条件主要有营养、水温、光照、溶氧量和水流等。

（1）营养　营养条件是影响亲鱼性腺发育的主要因素，是鱼类性腺发育的物质基础，它

对卵母细胞的生长、卵黄的发生和沉积有决定性作用。主要养殖鱼类生殖腺较大，占体重的 1/5 ～ 1/4，怀卵量较多，每千克体重可产卵（5 ～ 20）×10^4，其性腺正常发育要从外界摄取大量的营养物质。雌性亲鱼从Ⅱ期到Ⅲ期 95% 的蛋白质要依靠外源提供；Ⅲ期到Ⅳ期 80% 的蛋白质仍然靠外界营养供给。因此，在培育亲鱼时要投喂含蛋白质高的饲料。对于海水鱼类，在培育过程中还要追加投喂沙蚕，因为沙蚕不仅营养丰富，而且富含不饱和脂肪酸。

（2）水温 水温直接影响鱼类新陈代谢的强度，是加速或抑制性腺发育、成熟和产卵的重要因素。在适温范围内，温水性鱼类精卵形成的速度与水温呈正相关。我国淡水养殖的几种主要鱼类性腺发育和成熟的适宜水温为 22 ～ 28℃，低于 18℃，性腺发育速度缓慢，往往停止在第Ⅲ期或第Ⅳ期初而不向第Ⅳ期末过渡，更不能发育到第Ⅴ期，水温高于 30℃时，性腺发育容易过熟而很快退化。

由于温度直接影响鱼类性腺发育和成熟，所以各个地区家鱼的繁殖期差别很大。南方一般在 4 ～ 5 月就可以进行家鱼人工繁殖，而东北地区则要 6 ～ 7 月。台湾的赤点石斑鱼繁殖期为 3 ～ 5 月，浙江南部为 5 月下旬～ 7 月，浙江北部为 6 ～ 8 月。生长在我国不同地区的鲢，性成熟年龄虽然有明显差异（见表 5-2），但成熟所需要的积温是一致的，累积积温为 18000 ～ 20000℃。这说明鱼类的性腺发育与水温呈正相关，水温越高，性腺发育的周期即成熟所需时间就越短。因此，通过调节水温的方法就可以控制性腺发育的周期，提前或延缓鱼类性成熟和产卵的时间。

表 5-2 鲢的成熟年龄与水温的关系

项目	黑龙江地区	江苏地区	广东地区	广西地区	其他地区
生长期 / 月	5.5	8	11	12	生长期以平均水温在 15℃以上计算
生长期平均水温 /℃	20.2	24	25	27.2	
性成熟年龄 / 龄	5 ~ 6	3 ~ 4	2 ~ 3	2	

温度和鱼类的繁殖产卵也密切相关。温度可直接控制鱼类的排卵与产卵，每种鱼在某一地区开始产卵的水温是一定的，如鲤、鲫的繁殖水温在 15℃以上，四大家鱼的繁殖水温为 18℃以上。若水温达不到产卵或排精的温度，即使性腺已经发育成熟，也不能完成生殖活动。因此，水温及其变化是鱼类产卵行为的信号。春季产卵的鱼类需要升温，秋季产卵的鱼类需要降温。正在产卵的温水性鱼类或热带鱼类若遇到水温突然下降，往往会发生停止产卵现象，水温回升后又重新开始产卵，冷水性鱼类则相反。

（3）光照 光照是对鱼类性腺发育和成熟起直接作用的因子，以光周期对性腺的影响最大。按照性腺成熟和光照时间的关系，可将鱼类分为长光照和短光照两种类型：春夏季产卵的鱼类属于长光照型鱼类，延长光照可促使其提前成熟和产卵，如鲤科鱼类、牙鲆、美国红鱼、鲵状黄姑鱼、双棘黄姑鱼、浅色黄姑鱼、鞍带石斑鱼、点带石斑鱼、斜带石斑鱼、红鳍笛鲷等；秋冬季产卵的鱼类属于短光照型鱼类，缩短光照可促使其成熟、产卵，如鲑科鱼类、花鲈、斜带髭鲷、真鲷、大黄鱼等。因此，春季培育家鱼亲鱼的水应适当浅一些，这样不仅升温快，而且也能增加光照强度，促进其性腺发育。

光照与鱼类的产卵行为也有密切关系。鱼类产卵需要一定的光照度，许多鱼类都是在光照度发生变化，昼夜交接的黎明或傍晚产卵。生产中发现，青鱼、草鱼、鲢、鳙、鲤、鲫等鱼类产卵，尤其是自然产卵，常在黎明时进行，可能是因为黎明时分的弱光对鱼有刺激产卵的作用。

（4）溶氧量 溶氧量是影响鱼类新陈代谢的基本因子之一。亲鱼在水质清新和溶氧量充足的环境中，性腺才能得到良好的发育。大多数养殖鱼类性腺正常发育所要求的溶氧量为 4 mg/L 以上，水中溶氧量低于 2 mg/L 时开始浮头，当低于 0.5 ～ 0.6 mg/L 时，出现严重浮头，甚至死亡。

（5）水流 水流对于产半浮性卵鱼类和溯河产卵鱼类等的性腺成熟和产卵极为重要。在江河中性腺成熟的家鱼，在生殖季节，每当暴雨后水量狂涨、水流湍急时，经数小时至数十小时，亲鱼便可产卵。在某些水库上游的水流湍急处，家鱼也能产卵。这说明在天然条件下，水流的刺激对家鱼性腺发育到第Ⅳ期后（Ⅳ期末～Ⅴ期）的进一步发育、成熟与产卵是很重要的生态条件。栖息在自然条件下的家鱼若缺乏水流刺激，或饲养在池塘的家鱼不经催产，性腺就不能向第Ⅴ期产卵状态过渡，也不能产卵。

（6）其他环境条件 盐度对一些海产鱼类，特别是洄游性鱼类性腺的发育和成熟也十分重要。水面大小、水草、底质、鱼巢条件、异性的引诱作用等对鱼类性腺的发育、成熟和产卵均有一定的影响。

二、鱼类的繁殖力

1. 鱼类性成熟的年龄

鱼类性成熟包括两种类型：一种是性腺发育第一次达到成熟，能产生成熟的卵子和精子，具有了繁衍后代的能力，称为初次性成熟；另一种是产过卵（排过精）的性腺周期性地再次成熟。各种鱼类必须达到一定的年龄，才能性成熟，这个年龄就是鱼类初次性成熟的年龄。

（1）性成熟年龄的种间差异

① 低龄成熟鱼类：1 龄或不足 1 龄即达性成熟的鱼类。多为小型鱼类、热带鱼类或生活于较差环境条件地区的鱼类，其寿命短，世代更新快。如罗非鱼、银鱼、青鳉、麦穗鱼、公鱼等。

② 中龄成熟鱼类：2 ～ 3 龄或 4 ～ 5 龄达性成熟的鱼类。大多数鱼类属此类型，如鲤、鲫、四大家鱼、虹鳟等主要养殖鱼类。

③ 高龄成熟鱼类：10 年或 10 年以上性成熟的鱼类。一般分布于高纬度地区。其寿命长，繁殖周期长，繁殖力低，世代更新慢。如鲟达到初次性成熟年龄需 8 ～ 10 年，鳇则需 17 ～ 20 年。

（2）性成熟年龄的种内差异

① 雌雄间差异：雄鱼初次性成熟年龄一般较雌鱼早，而且初次性成熟时体长和体重也较雌鱼小，这在鱼类中是比较普遍的现象。在同一生殖季节内，雄鱼较雌鱼先成熟，因而初期产卵场中雄鱼多于雌鱼，后期则雌鱼多于雄鱼，这种现象在人工繁殖时应引起注意。

② 种群间差异：种群间初次性成熟年龄差异主要受水温、生长条件的影响，也有遗传因素引起的差异。如鲤初次性成熟年龄在海南岛为 1 ～ 2 龄，在黄河和长江流域为 2 ～ 3 龄，在黑龙江流域为 3 ～ 4 龄；鲢初次性成熟年龄在海南岛为 2 ～ 3 龄，在黄河和长江流域为

3～4龄，在黑龙江流域为5～6龄。同种鱼类性腺发育成熟所需的总积温是一定的，因此鱼类在温度较高的地区性成熟较早，在寒冷地区性成熟则晚。不同地区四大家鱼性成熟的年龄与体重见表5-3。

表5-3　不同地区四大家鱼性成熟年龄与体重

种类	华北地区		华中地区		华南地区	
	年龄/龄	体重/kg	年龄/龄	体重/kg	年龄/龄	体重/kg
青鱼	7～8	16以上	6～7	13以上	5～6	10以上
草鱼	5～7	7以上	5～6	6以上	4～5	4以上
鲢	4～6	5以上	3～4	4以上	2～3	2以上
鳙	6～7	8以上	5～7	7以上	3～4	4以上

③ 种群内差异：种群内初次性成熟年龄的差异反映了环境因子对种群生长和死亡率的影响。鱼类初次性成熟时间与其体长的关系比与其年龄的关系更为密切，这说明营养条件是主要的影响因素。

2. 鱼类的繁殖力

鱼类的繁殖力体现了物种或种群对环境变化的适应性，繁殖力越高，越能适应较高的死亡率。鱼类的繁殖力一般根据成熟年龄、性周期、怀卵量、有效产卵量和鱼苗成活率等因素来综合评价。为了统一和方便起见，国内外大多采用雌鱼的怀卵量来表示鱼类的繁殖力。

（1）绝对繁殖力　指1尾雌鱼在一个生殖季节中所怀成熟卵的粒数（怀卵量）。计算方法一般采用重量法，解剖处于第Ⅳ期卵巢的亲鱼，取出卵巢并吸水后称卵巢全重，从卵巢中部取1g样品，计算已沉积卵黄的卵粒数，包括开始沉积卵黄和充满卵黄的卵母细胞的数量，然后换算成整个卵巢的卵粒数。其计算公式为：

$$绝对繁殖力=\frac{样品中的卵粒数}{取样量（g）}\times 卵巢重量（g）$$

（2）相对繁殖力　指1尾雌鱼在一个生殖季节中，单位体重（g）或单位体长（cm）所具有的卵粒数，即绝对繁殖力与雌鱼体重（一般用去除内脏的体重）或体长之比。相对繁殖力可用以比较不同种或同种鱼的繁殖力。其计算公式为：

$$相对繁殖力=\frac{绝对繁殖力}{去除内脏的体重（g）或体长（cm）}$$

3. 繁殖力的变动

（1）种间变动　繁殖力的种间差异由种的遗传型决定，不同鱼类怀卵量相差很大。如翻车鲀怀卵量可达3亿粒，而卵胎生或胎生的软骨鱼类仅有几粒或几十粒，鳇400万粒，鳊、鲫5万～10万粒，鲤、鲂等10万～15万粒，狗鱼、乌鳢等鱼类1万～5万粒。

一般来说，鱼类的怀卵量具有如下规律：软骨鱼类低于硬骨鱼类；胎生鱼类低于卵胎生鱼类、卵胎生鱼类低于卵生鱼类；具有护卵或护幼习性的鱼类低于无护卵或护幼习性的鱼类，如高体鳑鲏50～60粒，黄鳝500～1000粒，罗非鱼100～2000粒，大海马几十粒到1200粒；产沉性卵的鱼类低于产黏性卵者、产黏性卵的鱼类低于产浮性卵者。总之，不护幼（卵）、敌害多、环境差、种间斗争激烈、早期生活史阶段死亡率高的种类，繁殖力就大，反之则小。

（2）种内变动 同种鱼类的怀卵量随年龄、体型、营养条件与栖息水域环境不同而异。在饲料充足、生活环境良好、鱼的体重大时，其怀卵量就大。在相同条件下，每种鱼的怀卵量随体重而增加，成熟系数为20%左右的家鱼，相对怀卵量为每克体重120～140粒。池塘养殖条件下四大家鱼的怀卵量见表5-4。

表5-4 池塘养殖条件下四大家鱼的怀卵量

种类	平均卵巢重量/g	平均体重/g	平均成熟系数/%	平均绝对繁殖力/10^4粒	平均相对繁殖力/（粒/g体重）
青鱼	2488	23000	10.8	150	65
草鱼	1079	6310	17.1	75.53	120
鲢	897	4461	20.1	62.762	141
鳙	1540	8640	17.8	107.8	124

4. 产卵量

产卵量（有效繁殖力）实际为绝对怀卵量减去存在体内未产出的残留卵的数量，所以产卵量一般都小于怀卵量。在人工繁殖条件下，四大家鱼每千克体重的平均产卵量一般为5×10^4粒左右，最高产卵量可达到10×10^4粒左右（见表5-5）。

表5-5 四大家鱼人工繁殖时的产卵量

种类	每克体重平均产卵数/粒	每克体重最高产卵数/粒	统计尾数
青鱼	49.3	125	27
草鱼	47.4	103	76
鲢	51.8	75.4	50
鳙	58.8	77.6	29

三、鱼类的繁殖与产卵行为

1. 性腺发育周期和产卵类型

我国主要养殖鱼类的性腺发育周期和产卵类型，大致分为两类：一类是以青鱼、草鱼、鲢、鳙为代表的一年一次产卵类型的性腺发育周期；另一类是以罗非鱼、革胡子鲇为代表的一年多次产卵类型的性腺发育周期。一次产卵类型的鱼类受到环境更严苛的约束，倾向于生活在环境温和的水域；而分批产卵的积极意义在于，当环境发生剧烈动荡时，产卵后代不会因为一次突发性、偶然性的自然灾难就变得全军覆没。

（1）一年一次产卵类型性腺发育周期 分为雌鱼和雄鱼。

雌鱼：一年一次产卵类型的青鱼、草鱼、鲢、鳙等鱼类的卵巢，卵母细胞从Ⅲ时相进入Ⅳ时相，几乎是同步的。当卵巢进入第Ⅳ期后，卵巢内除了少量当年不能发育成熟的Ⅰ、Ⅱ时相的卵母细胞外，绝大部分是充满卵黄、大小相近的Ⅳ时相的卵母细胞。因此，在每年的繁殖季节里，卵巢发育只出现一次繁殖高峰，没有波浪式的起伏，为一次产卵类型。

长江流域的青鱼、草鱼、鲢、鳙等鱼类的卵巢，一般在第Ⅲ期越冬，4月进入第Ⅳ期，5

月至6月上旬是卵巢的成熟阶段，此时的亲鱼对催产药物反应敏感。每尾鱼催产的有效时间一般为20～25d，如果在此期间内催产，卵细胞能在较短的时间内（10～20h）完成成熟并可以产卵。卵母细胞发育进入Ⅴ时相，如果此时期不催产，Ⅳ期末的卵母细胞即趋向生理死亡，自然退化。已产卵或自然退化后的卵巢进入Ⅱ期。卵巢的周年变化及其成熟系数基本上按下列程式进行：

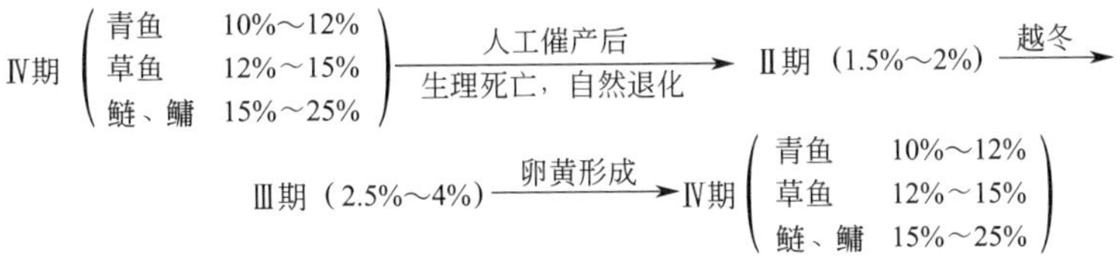

Ⅳ期（青鱼 10%～12%；草鱼 12%～15%；鲢、鳙 15%～25%）——人工催产后／生理死亡，自然退化——→Ⅱ期（1.5%～2%）——越冬——→

Ⅲ期（2.5%～4%）——卵黄形成——→Ⅳ期（青鱼 10%～12%；草鱼 12%～15%；鲢、鳙 15%～25%）

雄鱼：雄鱼的精巢一般是在第Ⅳ期越冬，在正常的气候和合理的培育条件下，从Ⅳ期发育到Ⅴ期大约需要2个月。长江流域四大家鱼的精巢一般在4月上旬至6月上旬处于Ⅴ期，6月中旬以后开始退化。人工催产或自然退化后的精巢处于Ⅲ期至Ⅳ期。

（2）一年多次产卵类型性腺发育周期　一年多次产卵的罗非鱼、革胡子鲇等鱼类的卵巢，初级卵母细胞从Ⅲ时相进入Ⅳ时相，不是同步的，产卵后的卵巢仍然为Ⅳ期。在Ⅳ期卵巢中除了有卵径大小不同的Ⅳ时相卵母细胞外，还有Ⅱ、Ⅲ时相的卵母细胞。当第一次最大卵径的Ⅳ时相卵细胞发育到Ⅴ时相产出后，留在卵巢中接近长足的Ⅳ时相的卵母细胞，继续发育成熟，在第二次产卵时产出。这样，一年中卵巢发育出现多次消长变化，形成多次高峰。雄鱼的精巢发育也和雌鱼卵巢发生相适应的多次消长变化，出现多次高峰。因此，为多次产卵类型。

2. 鱼类的生殖方式

（1）卵生　绝大多数鱼类属于这种类型，鱼类将成熟的卵直接产于水中，体外受精，体外发育。胚胎发育过程中完全依靠卵内的营养物质。少数卵生鱼类，卵子产出后受到亲体的保护，但受精卵并不在母体的生殖系统中发育，与母体更无营养关系。也有少数鱼类是体内受精、体外发育，如软骨鱼类的猫鲨。

（2）卵胎生　其生殖特点是雄鱼有特殊的交接器，进行体内受精，受精卵在雌鱼输卵管内发育，但胚胎发育以自身的卵黄为营养源，与母体没有关系，或母体仅提供水分和矿物质等部分营养物质，最终由母体产出仔稚鱼。如软骨鱼类的白斑角鲨、白斑星鲨、日本扁鲨、许氏犁头鳐等；硬骨鱼类的食蚊鱼、海鲫、黑鲪、褐菖鲉等。

花鳉科的孔雀鱼、玛丽鱼、珠帆玛丽鱼、月光鱼和剑尾鱼等鱼类的亲鱼性腺发育成熟后，其雄鱼臀鳍略细长，特化为交接器，平时朝向尾方，与身体平行，当交配时，则伸向躯体前方，从而插入雌鱼生殖孔内，完成体内受精。

（3）胎生　进行体内受精、体内发育，胚体与母体有血液循环上的联系，胚胎发育所需的营养不仅靠本身的卵黄，而且也依靠母体来供给。如有些板鳃类雌体的输卵管发育为类似子宫的构造，其壁上有许多乳状突起，卵在体内受精后，胚胎与这些突起相连，形成类似胎盘的构造，称之为“卵黄胎盘”，母体的营养就通过这种胎盘输送给胚体。这与哺乳类的胎生类似，称为假胎生。如软骨鱼类的灰星鲨、鸢魟等。

（4）单性生殖　鱼类的雌核发育是一种配子无融合的生殖方式。同种或近源种雄鱼的精子，只起刺激卵子发育的作用而不受精，不参与遗传物质的传递，育出的后代均为雌性，只具有母系性状。黑龙江银鲫属于此类型，生产上用异源精子（兴国红鲤）刺激银鲫的卵子进行雌核发育而培育出的异育银鲫，较其母本显示出了良好的生长性能，受到养殖者的欢迎。

3. 鱼卵的生态类型

（1）浮性卵 浮性卵较小而透明，卵内大多含有一个至多个油球（脂肪滴），无黏性，由于其密度比水小，一经产出即浮于水面上或漂浮于水层中，随风向和水流而移动。大多数海洋真骨鱼类的卵属此类型，如大黄鱼、小黄鱼、带鱼、真鲷、鲐、鲻鱼、梭鱼、石斑鱼、眼斑拟石首鱼、花鲈、大菱鲆、牙鲆等；少数淡水鱼产浮性卵，如乌鳢、斑鳢、鳗鲡等。

（2）沉性卵 沉性卵的密度大于水，卵黄周隙较小，卵粒较大，产出后会很快沉入水底，多选择沙底或石砾底质，如大麻哈鱼、虹鳟、罗非鱼、鮰、鲀、海鲇等，其中有许多种类具有筑巢或挖坑产卵的习性。

（3）黏性卵 黏性卵密度大于水，卵膜有黏性，产出后黏附在水生植物或其他物体上。如鲤、鲫、团头鲂、银鲴、泥鳅、银鱼、鲟、胡子鲇、燕鳐、六线鱼、太平洋鲱、松江鲈、鰕虎鱼等的卵产出后黏附在水草、木桩或岩石等附着物上。有些鱼类人工繁殖需要提供鱼巢。

（4）漂浮性卵 漂浮性卵的密度稍大于水，但产出后卵膜吸水膨胀形成较大的围卵周隙，使体积扩大密度减小，但仍大于水。在静水中沉底，在流水中随水漂流于不同的水层中发育，为江河鱼类所特有，如青鱼、草鱼、鲢、鳙、鲮鱼、鳜鱼、短盖巨脂鲤等的卵为漂浮性卵或半浮性卵。这些鱼类在自然条件下，都是在江河急流中产卵繁殖；人工繁殖时，应将受精卵放在环道或孵化缸中流水孵化。若在静水中，胚胎会因缺氧而发育畸形和死亡。

4. 鱼类的产卵场

水体中某一区域在一定时期具备了某种鱼类的产卵条件，鱼类会大批群集于此进行繁殖，该区域就成为这种鱼类的产卵场。鱼类对产卵场的要求极为多样化，这与卵的特性和卵子发育要求的条件有关。如果产卵场和产卵条件受到破坏，会影响鱼类的繁殖，成熟的亲鱼没有合适的产卵条件不会产卵，卵粒将被逐渐吸收，成熟的卵巢会退化。四大家鱼只能在大型江河中，具有特定生态条件的特定江段，完成发情产卵过程。这些鱼类的天然产卵场，以长江、珠江流域分布最多，黑龙江（鳙除外）、黄河、淮河、钱塘江、闽江以及海南的某些江河也有分布。

《中华人民共和国渔业法》第三十条规定：“……禁止在禁渔区、禁渔期进行捕捞。禁止使用小于最小网目尺寸的网具进行捕捞。捕捞的渔获物中幼鱼不得超过规定的比例。在禁渔区或者禁渔期内禁止销售非法捕捞的渔获物……”。其中禁渔期是指经济鱼类的繁殖高峰期；禁渔区是指经济鱼类繁殖期间的产卵场，设置禁渔区和禁渔期就是针对重要鱼类的产卵场、索饵场、越冬场、洄游通道等主要栖息繁衍场所及繁殖期和幼鱼生长期等关键生长阶段，在禁渔区和禁渔期内，即在一定时间内对特定水域严禁一切捕捞活动，对其产卵群体和补充群体实行重点保护，以恢复资源。

5. 亲体筑巢及护幼行为

（1）鱼类的筑巢行为 有些鱼类具有筑巢或选择特定场所产卵的习性，筑巢的材料有植物的茎叶、石砾、砂土及鱼自身吐出的气泡等。例如，黄颡鱼、棒花鱼、罗非鱼等，产卵前在水底挖掘巢穴；乌鳢在水草中营筑环状的巢穴；斗鱼和黄鳝在产卵前由雄鱼不断从水面吞入空气，然后吐出气泡，聚集成气泡浮巢；刺鱼雄鱼用肾脏分泌的黏液，将水草根茎碎片胶合成鸟巢状，巢有进、出口可供亲鱼出入；沙鳢在背风湖湾内选择石洞、破瓦罐或蚌壳作为产卵的巢穴。大麻哈鱼上溯到江河进入产卵场后，雌鱼用身体特别是尾部的运动，在石砾底质的河底挖出 1 个巨大的产卵坑，一般要 6 ～ 7d 才能挖成，产卵坑直径有 1 ～ 2m。雌鱼将卵产在坑内，卵受精后雌鱼用砂石将卵覆盖。

（2）鱼类的护幼行为 许多鱼类在产卵以后，有护卵、护幼的习性。亲体护幼对提高卵和幼鱼发育的成活率和避免被敌害捕食有积极作用。担任保护作用的亲鱼性别因种类而不同，有的是由雌鱼或雄鱼一方担当，也有的由双亲共同担负。具亲体护幼特性的淡水鱼多于海水鱼。

营筑巢产卵的鱼类，亲体大多护卵、护幼，亲鱼将卵产在巢内，在巢中完成受精，并由亲体之一或双方守护，驱赶入侵的敌害，修补巢穴和通气等。刺鱼、棒花鱼、斗鱼将卵产在巢中后，雄鱼在附近护巢，其他鱼接近鱼巢时，就猛烈加以驱逐。仔鱼孵出后仍受雄鱼保护，直到能自由游动和自力防卫时为止。

海龙、海马类的护卵和护幼工作由雄性担任，雄性的腹部有育儿囊。雌性突出的输卵管将卵排入育儿囊（袋）的同时，雄性进行排精。受精卵留在囊内，一直到孵出后，幼体还会继续在囊中生活一段时间，然后离开雄鱼。

罗非鱼受精卵含在雌鱼口腔内孵化，仔鱼孵出后仍处于雌鱼的保护下，待卵黄囊消失、具有一定游泳能力后，才开始离开雌鱼口腔，外出游动，一遇敌害，立即返回雌鱼口中。14d 后幼鱼同成鱼一样能自由游泳摄食，才完全脱离雌鱼而独立生活。

四、鱼类常见的雌雄区别特征

绝大多数鱼类都是雌雄异体的，在鲱、鳕鱼、黄鲷、狭鳕等少数鱼类中发现有雌雄同体现象，甚至还有自体受精能力。黄鳝、剑尾鱼、石斑鱼、某些鲷类等少数种类尚有性逆转现象，即性腺的发育从胚胎期一直到性成熟期表现为雌性（雄性），经第一次繁殖后，性腺内部发生了改变，逐渐转变成雄性（雌性）。

卵胎生或胎生的鱼类，雄性个体在体外具有交配器，如板鳃鱼类雄性个体在腹鳍内侧的鳍脚、鳉形目鱼类雄性个体由臀鳍特化而成的交接器等，因此可以很容易地辨别雌雄个体。但由于多数鱼类进行体外受精，缺乏外生殖器，因而从外表上难以分辨雌雄。有些鱼类在生殖季节出现某些特征，可以用来区分雌雄，如雌性鳑鲏体外的产卵管、雄鱼的珠星和婚姻色等。部分鱼类的雌雄个体在外部特征上有一定的差别，如身体大小、体形、鳍形、生殖突和臀鳞等。一些两性异形的鱼类如图 5-14 所示。

（1）身体大小 大多数鱼类同龄组的雌雄个体身体大小有明显不同，一般雌鱼大于雄鱼；在有保护后代习性的鱼类中，一般雄鱼比雌鱼大，如黄颡鱼、棒花鱼、食蚊鱼等。

（2）体形 有些鱼类雌雄个体的体形不同。在生殖期间，雌鱼的卵巢发育较快，从其外观可见雌鱼腹部膨大的卵巢轮廓，与雄鱼的体形有明显不同。鲆科鱼类的海鲆，雄鱼的两眼距离比雌鱼大；大麻哈鱼在性成熟时，雄鱼的上下颌延长并向内弯曲成钩状，背部隆起，容易与雌鱼区别开；虹鳟雄鱼的头部尖狭，而雌鱼头部圆钝；鲶科部分种类的雄鱼体细长而雌鱼粗短。

（3）鳍形 雌鱼和雄鱼在鳍的形状上有明显差异。鳉形目的许多观赏鱼类，雄鱼臀鳍的部分鳍条常常延长为“剑尾”；卵胎生的食蚊鱼进行体内受精，其雄鱼臀鳍的部分鳍条特化为交接器；雄性泥鳅的胸鳍尖长，而雌性圆钝；大麻哈鱼雄性个体的脂鳍比雌鱼大 40%。

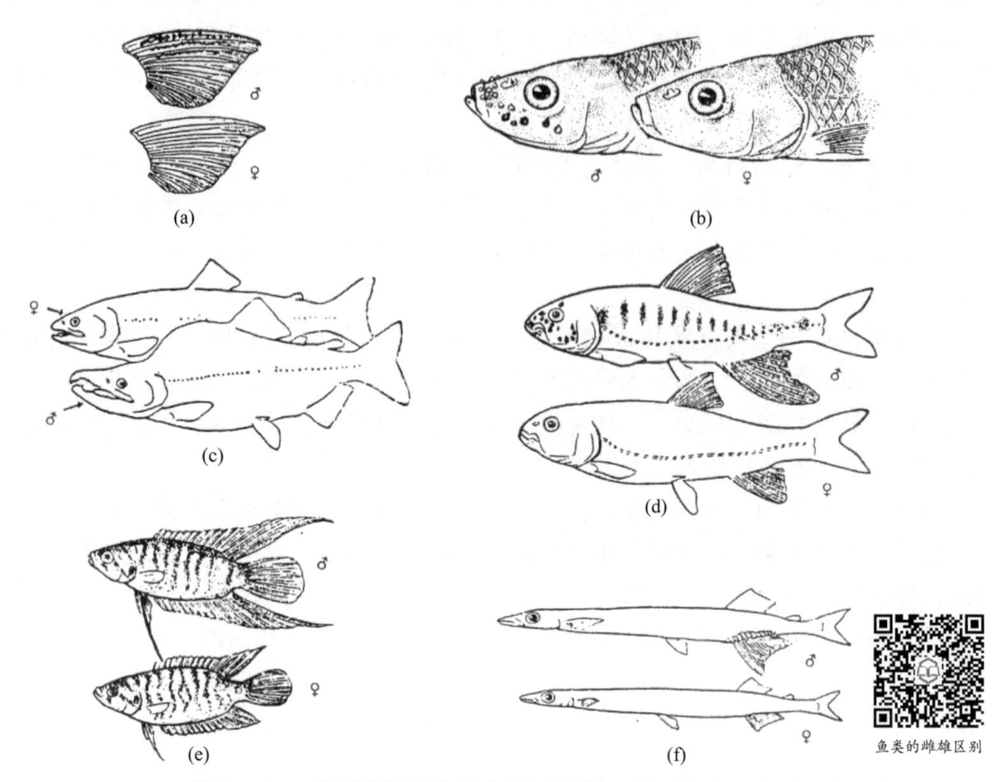

图 5-14 一些两性异形的鱼类（引自李承林，2004 年）

（a）鲢的胸鳍；（b）麦穗鱼；（c）驼背大麻哈鱼；（d）马口鱼；（e）圆尾斗鱼；（f）银鱼

（4）生殖突 雄鱼的外部标志，生殖孔开口的组织向外突出成乳头状的构造，称为生殖突。鲶科鱼类及鰕虎鱼的雄性鱼类最明显。

（5）臀鳞 雄性银鱼的臀鳍基部两侧各有一行大的鳞片，称为臀鳞。

（6）珠星 珠性为白色的锥状物，是鱼类表皮角质化的产物，多分布在雄鱼的头部（吻部、颊部、鳃盖等）和胸鳍上。一般出现在繁殖期或在繁殖期变得更加粗壮。

（7）体色 有些鱼类雌雄个体具有不同的体色，有的只出现在生殖季节，一般是雄性个体的体色变得更加鲜艳或异常浓暗，生殖季节过后即行消失，这种色彩称为婚姻色。婚姻色多见于鲑科、鲤科、攀鲈科等淡水或咸淡水鱼类。许多鲉形目的雄性鱼类均较同种的雌鱼体色艳丽，具有更高的观赏价值。

（8）生殖孔 有些鱼类可以根据生殖孔和泌尿孔的开口情况来区分雌雄。例如，罗非鱼、黄颡鱼、鳜鱼和真鲷等鱼类的雄性个体在肛门后有 1 个较长的尿殖乳突，生殖和泌尿共开 1 个尿殖孔，而雌性个体在肛门后有较短的生殖乳突和生殖孔，其后还有 1 个泌尿孔（图 5-15）。

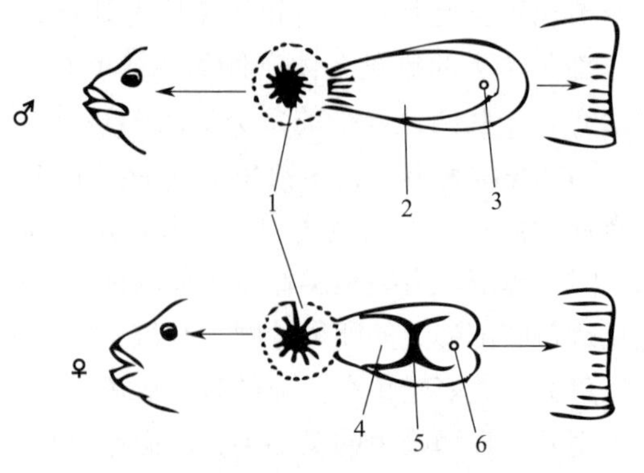

图 5-15 罗非鱼的雌雄区别（引自李承林，2004）

1—肛门；2—尿殖乳突；3—尿殖孔；

4—生殖乳突；5—生殖孔；6—泌尿孔

思考探索

1. 如何测定鱼类的性腺成熟系数？
2. 如何测定鱼类的绝对繁殖力和相对繁殖力？
3. 鱼类的生殖方式有哪些？异育银鲫是如何培育出来的？
4. 鱼卵的生态类型有哪些？不同类型的鱼卵如何孵化？

实验十三 鱼类性腺发育观察及繁殖力测定

【实验目的】

① 通过实验观察，掌握鱼类性腺发育的分期特征。

② 熟练掌握鱼类性腺成熟系数的测定方法。

③ 熟练掌握鱼类繁殖力的测定方法。

【工具与材料】

（1）工具　显微镜或解剖镜、解剖盘、解剖剪、镊子、吸管、载玻片、台测微尺、目测微尺、电子天平、计数器、纱布、脱脂棉等。

（2）材料　观察性腺发育分期的材料，要随机选取不同年龄和大小的鲤、鲫、罗非鱼等新鲜鱼类标本；观察卵子发育分期的材料可用新鲜卵，也可用经染色处理的切片；用于估测繁殖力的标本，最好处于繁殖前 1 ～ 2 个月，以便计数。

【实验内容】

1. 常规生物学测定

记录鱼名、编号、采集日期、采集地点；测定体长、体高、体重等；取鳞片鉴定年龄。

2. 性腺发育观察

用解剖剪从肛门插入，沿腹部向正前方剪至鳃盖后部，再沿腹腔背部轮廓线将左侧体壁剪下（注意不要破坏与腹膜相连的性腺），将性腺整个呈现出来，再进行性别及发育分期观察。

（1）目测法　肉眼观察鱼类的性腺发育情况。根据性腺不同发育时期的外表形态特征，大多数鱼类卵巢和精巢的发育过程可分为 6 期。卵巢和精巢的分期特征见本章第五节。

（2）卵径测定　测定前，先用台测微尺将目测微尺每一格的实际长度标定出来。目测微尺为 10 大格、50 小格，如用台测微尺标定其长度为 5mm，则目测微尺每 1 小格为 0.1mm。然后随机从卵巢中取 200 粒卵，用目测微尺测量卵径。

注意：测定活体卵应带水操作，以防止离水后因失水而造成误差；如果卵为椭圆形或不规则形，应测其最大卵径和最小卵径，取其平均值作为卵径。

（3）成熟系数测定

① 将鱼类的性腺完全取出，并用电子天平称其质量。

② 称取鱼体质量。为了避免消化道内食物团的影响，体重最好采用去内脏的空壳重。

③ 计算其占体重的百分比。

性腺成熟系数 = 性腺重 / 鱼体重（去内脏的空壳重）×100%

3. 繁殖力测定

（1）卵巢称重　将鱼类的性腺完全取出，并用电子天平称其质量。

（2）鱼体称重　用电子天平称取鱼体去内脏后的空壳重。

（3）采样、称重　因卵巢从前到后的发育和成熟程度不一，所以应从卵巢的前、中、后部各采集等量的卵巢样品，混合后取一定量用精确的电子天平称量，一般取 1g（鲟、鳇、大麻哈鱼等卵粒大的鱼类取 10 ～ 20g）。

（4）样品计数　通常以第Ⅳ期卵巢中开始沉积卵黄的第Ⅲ、Ⅳ时相的卵子数目作为繁殖力。对于卵粒小、数量多的种类，可将称重后的样品放入带水的培养皿中轻轻揉擦，使卵粒脱离蓄卵板呈游离状，然后采用计数器计其卵粒数；对于卵粒大、数量少的种类可以直接计数样品中的卵粒数。

（5）绝对繁殖力的计算　绝对繁殖力（怀卵量）=（样品的卵粒数 / 样品重）× 卵巢重。

（6）相对繁殖力的计算　相对繁殖力 = 绝对繁殖力 / 鱼体去内脏的空壳重。

【作业】

1. 根据观察到的鱼类性腺的外表特征，确定鱼类的性腺发育分期。

2. 记录鱼类成熟系数的测定结果。

3. 列表统计绝对繁殖力和相对繁殖力的测定结果，并对不同种类、不同性别、不同年龄、不同大小的个体进行分析比较。

第六节　鱼类的运动行为

问题导引

1. 为什么会出现鱼类洄游现象？

2. 为什么有些鱼类喜欢游到有光的地方？

一、鱼类的洄游行为

洄游是鱼类的主要运动形式之一。鱼类的洄游是指某些鱼类在其生活史中，出于对某种环境条件（营养、繁殖、越冬）的要求，在一定季节集群，从一个生活场所出发沿一定的路线向另一生活场所做有规律的大规模迁徙。这种运动是定向的、定时的、有周期性的，并具有遗传特性。鱼类通过洄游变换场所，扩大对空间环境的利用，最大限度地提高种群的存活、摄食、繁殖和避开不良环境（包括敌害）的能力。因此，洄游是鱼类种群获得延续、扩散和增长的重要行为特征。研究鱼类的洄游，目的是掌握鱼类运动和空间利用的一般规律，做好渔情预报以及制定和设计合理的渔具渔法。

1. 洄游的类型

根据鱼类是否具有主动的、周期性的、长距离的定向运动能力，可以将鱼类分为两大类。一类是其在整个生活史期间都在出生地附近生活，不做周期性的、长距离的定向运动，称为定居鱼类。另一类是具有主动的、周期性的、长距离的定向运动能力，称为洄游鱼类。洄游鱼类的类型，从不同的研究角度有不同的划分方法。

（1）依据洄游动力分类　依据洄游的主要动力，可以划分为被动洄游与主动洄游。被动洄游是指鱼类随水流而移动，在移动中本身不消耗或消耗很少的能量。主动洄游则是鱼类主要依靠自身的运动能力所进行的洄游。

（2）依据洄游目的分类　依据洄游的目的，可以将鱼类洄游分为生殖洄游、索饵洄游和越冬洄游三类（图 5-16）。

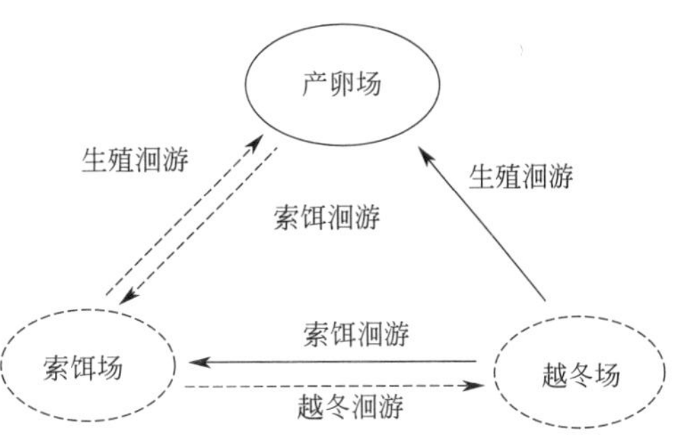

图 5-16　鱼类的洄游周期

① 生殖洄游：又称为产卵洄游。生殖洄游的特点是鱼类往往集成大群，在性激素的刺激和外界条件的影响下产生产卵要求，并表现为剧烈急速地奔向产卵场的运动。

② 索饵洄游：鱼类以追索食物为主而进行的集群洄游称为索饵洄游。索饵洄游在越冬后至生殖前以及生殖后至越冬前这两个时期表现得最为明显。有些早春产卵的鱼类由越冬场直接游向产卵场，它们在产卵前很少摄食；另外一些鱼类由越冬场出发后一边索饵一边游向产卵场。而几乎所有的洄游鱼类在产卵后都进行强烈的索饵洄游，稚幼鱼也在第一个生长季节中成群索饵。鱼类通过索饵洄游摄取大量食物，以供躯体的生长、生殖腺发育所需，并为产卵活动或越冬积累营养。

③ 越冬洄游：又称为季节洄游，主要见于暖水性鱼类。当冬季来临，水温逐步下降时，环境温度的变化是影响暖水性鱼类生存的主要因素，它们必须离开原来索饵肥育的水域，集群游向水温适宜的栖息场所过冬，这就产生了越冬洄游。一些冷水性鱼类，只进行产卵洄游和索饵洄游，没有越冬洄游。在自然界中，鱼类的生殖洄游、索饵洄游和越冬洄游是构成其生活史的三个组成部分，彼此是密切联系相互连贯的，有时还有不同程度的交叉现象。

（3）依据鱼类所处水层的变动分类　依据鱼类在洄游时所处水层的变动可以分为水平洄游和垂直洄游。垂直洄游往往是一种由饵料生物垂直移动引起，在水层上下进行的短距离摄食洄游，呈日周期性形式。水平洄游涉及鱼类栖息水域的变更，可以划分为海洋洄游鱼类、过河口性洄游鱼类和淡水洄游鱼类三大生态类群。

① 海洋洄游鱼类：整个洄游过程都发生在海洋中，在海洋不同水域之间进行洄游的鱼类称为海洋洄游鱼类。这种洄游具有季节周期性，且洄游距离长。多数情况下由生殖洄游、索饵洄游和越冬洄游三个环节组成，外海为其越冬场，近岸为其产卵和索饵场。青鱼、鳕鱼、金枪鱼、鲐鱼、大黄鱼、小黄鱼、带鱼等均属于该类型。

② 过河口性洄游鱼类：在海水与淡水之间进行洄游的鱼类，称为过河口性洄游鱼类。这种洄游主要是生殖洄游，具有距离长、规模大、规律性强的特点。不能完成这种洄游或洄游受阻，则鱼的生命周期将遭到破坏，并影响群体的增殖，甚至危及种的生存。这一类型的鱼类洄游中要经过海洋、淡水两种完全不同的环境，可分为溯河洄游和降海洄游两种。溯河洄游，指生活在海洋，性成熟后上溯到淡水产卵的鱼类。溯河洄游见于七鳃鳗科、鲟科、鲱科、鲑科和胡瓜鱼科，以鲑科的大麻哈鱼属最为典型。降海洄游，与溯河洄游相反，降海洄

游鱼类生活于淡水，成熟后顺流而下降海产卵，其幼鱼再溯河进入河流、江河育肥。鳗鲡属是降海洄游鱼类的典型代表。

③ 淡水洄游鱼类：整个洄游都发生在淡水中的鱼类称为淡水洄游鱼类，也称江河洄游鱼类。这种洄游具有季节性、周期性，通常也由生殖、索饵、越冬三个环节组成，但洄游距离、规模、集群程度和规律性远不如海洋鱼类。淡水洄游鱼类又可分为河湖洄游和河口干流洄游。我国的四大家鱼都是河湖洄游鱼类，它们平时生活在江河的附属湖泊中摄食肥育，繁殖季节集群逆水洄游到江河干流上游各产卵场繁殖，产后亲鱼又回到饵料丰盛的湖泊摄食。河口干流洄游鱼类，平时生活在河口区生长肥育，繁殖季节进入淡水产卵。

2. 影响鱼类洄游的因素

（1）鱼类种或种群的遗传特性 不同种类或种群的洄游特性存在显著的遗传性，这包括它们对于产卵场、越冬场和索饵环境条件下的要求以及洄游的各项特点。例如大麻哈鱼、鳗鲡的洄游特点世代相传，是种的特性之一。

（2）鱼体内在的生理因素 鱼类所表现的洄游特点和它们体内的生理状况有着密切的关系。例如随着生殖腺的发育，鱼类体内分泌性激素，促使鱼体生理代谢发生重大变化，引起生殖要求，从而导致鱼类的生殖洄游。同时，在洄游中鱼体内渗透压的调节机制也发生改变。

（3）环境因素 环境因素中，温度、水流和盐度对于鱼类洄游具有特别重大的影响。这些因素对鱼类洄游具有综合作用，在某种洄游或某种特定状况下，一种因素可能起主导作用。例如水温下降对于越冬洄游有重要影响，而水温上升对于索饵洄游具有重要作用。水流既支配被动洄游的方向、路线和距离，也是成鱼溯河洄游及降海洄游的根源，水流把鱼卵和仔、稚鱼携带远离出生地，形成成鱼回归性洄游；水中的化学因子通过鱼类的嗅觉和渗透压，引起其行为反应。对过河口性鱼类来说，盐度是触发其洄游的重要因素。水中的特殊气味、pH 值、溶氧量、二氧化碳等均可不同程度地影响鱼类的洄游；索饵洄游是鱼类追随饵料生物的洄游；避敌是垂直洄游的重要原因之一。

3. 获得鱼类洄游资料的方法

获得鱼类洄游资料的方法主要有鱼获物调查法、标志放流法、化学标志、生物学方法以及生物遥测技术。这些方法各有利弊，要根据具体情况和要求加以采用。如在广阔水域进行标志放流，能够被回捕并发现的标志鱼通常不到 1% ～ 2%，回捕到的标志鱼太少，往往不能说明问题，这样就要求加大标志鱼的数量，实际操作起来可能存在许多困难。这项工作需要广泛的群众基础和各有关部门的通力协助和支持，才能取得较好的效果。

了解鱼类的洄游习性，对于渔业资源的管理，尤其是保护工作意义重大。江河修建大坝，阻隔了鱼类上溯下行的道路，对一些必须到上游去繁殖的种类带来了严重的不利影响。不论是江河还是湖泊，许多淡水鱼类都有或长或短的洄游习性。在江河的规划治理过程中，鱼类的这一习性很少被认真考虑，破坏鱼类传统的洄游通道所带来的生态学影响是严重的。近年来，国内外已开展鱼类洄游通道的恢复工作，以保护和恢复河流生态系统多样性，维护河流生态系统正常结构和功能，缓解人类活动对河流生态系统的胁迫。

二、鱼类的趋性行为及其渔业利用

趋性是指在单向的环境刺激下，动物的定向行动反应。例如鱼类的向光行动（称正趋光性）或背光行动（称负趋光性）。趋性属于定型反应，是本能行为中最简单的一种。鱼类的觅食行为虽然也是一种定向行动反应，但复杂的觅食行为夹杂着大量的习得成分，因而不被视为趋性行为。

趋性要求有关动物具有感受性和反应性，因而趋性必须依靠动物的神经系统和肌肉来完成。趋性行为是一种遗传性状，是因具有适应意义而被自然选择所保留下来的。譬如每种鱼类都只能生活在一定的温度和湿度范围内，与此相应存在着正的及负的趋温性和趋湿性。鱼类的趋性行为包括趋光性、趋电性、趋声性、趋触性、趋化性、趋流性。

1. 鱼类趋光性

趋光性是鱼类对光刺激产生定向行为反应的特性。趋光反应有两种形式：一种是正趋光，鱼类被光线所吸引，聚集在一定的照明区，中上层鱼类大多表现为这种反应，如竹刀鱼、沙丁鱼、脂眼鲱、小青鱼、鳀、圆鲹、鲐、竹荚鱼、银汉鱼等，而鲤科鱼类、鲇鱼、带鱼、颌针鱼、鲅鱼等常因灯光周围有饵料可食而成群游来，是对光的不确定性反应；另一种是负趋光，即鱼离开光源或从相对高的照明区进入较低的照明区，底层鱼类、昼伏夜出鱼类大多表现出这种反应，这是因为它们栖息、繁殖并索饵于底层，如鳗鲡由江河下海洄游是回避光线的，在月黑的夜里洄游时最为活跃，大麻哈鱼也喜欢暗光。

影响鱼类对光照趋避行为的因素有鱼类内在生物因素和外界环境因素，内在生物因素主要是鱼类视觉器官的构造、发育阶段以及胃饱满度等。通常幼鱼与成鱼相比趋光性比较显著。随着尼罗罗非鱼的生长发育，其趋光性逐渐下降；全长 3 ～ 4cm 的夏花阶段是鳜鱼由趋光向避光明显转变的过渡时期。胃饱满度对鱼类趋光性也有较大的影响。鱼类通常在摄食前更为活跃，花在游动与觅食上的时间更多；鲦鱼鱼群在索饵前聚集在明亮的光照水域，索饵后鱼群会避开明亮的水域。

影响鱼类趋光性的外在因素主要包括其生活环境、光照刺激时间和水温等。一般情况下，在低浑浊度和流速较慢的水域，鱼类对闪光的回避行为在晚上或暗视力条件下表现得更强烈；长时间受到灯光照射而引起鱼类视力适应或是疲劳对其趋光性也有一定的影响；鱼类对光照的反应会随着时间的延续而产生适应性变化，分为暗适应和明适应。水温对鱼类的趋光有重要的影响，鱼类处在适宜温度时趋光性较强，当水温超过或是低于适宜温度时，趋光性就会消失。

随着科学技术的进步，人类对环境的影响越来越大，鱼类资源也不断下降，光照导鱼技术作为重要的定向导鱼技术之一，很早以前就被运用到实践中。为提高捕捞效率，我国在 20 世纪 80 年代就开始使用当时较明亮的汽油灯诱集鱼类。在适宜的光照强度和光照颜色下，花鲈幼鱼、史氏鲟稚鱼和暗纹东方鲀稚鱼等摄食量可明显达到最大值，因此在傍晚或夜间用适宜光将鱼苗引诱至较集中的区域摄食，有利于提高其摄食率。也可以在水库或是远洋捕捞业中，利用光照诱驱鱼达到聚集鱼群的效果，以提高捕捞效率。在鱼类养殖中，利用环道和网箱培育苗种时，可以选择适宜的光色将鱼苗诱离残饵污物区，提高清箱和分箱操作的效率。

2. 鱼类趋电性

鱼类趋电性是指鱼类对水中电场刺激产生的定向行为反应特性。各种较大的水体中都存在着微弱的大地电流。鱼类对电流的反应敏感。鱼类在电场中的反应可分为感电、趋阳和昏迷三个阶段。在这三种反应中，只有趋阳反应属于鱼类趋电性。

（1）感电反应 鱼类进入电场后，受电刺激而惊恐不安、四处逃逸，力求其体轴与电流方向平行，并表现为呼吸频率加快。鱼类在电场中的行为不仅因种类而不同，还受体长、代谢强度、水温及电场作用时间等因素的影响。云斑鮰的反应强烈，可能是皮肤中的电感器比较发达；小鱼感受到的电流比大鱼要大；代谢强度大者对电流的感觉灵敏，耐电能力也强；鱼类夏季对电刺激比冬季敏感。

（2）趋阳反应 趋阳反应属于鱼类趋电性，即在直流电场内，当电压增加到某一值时，鱼类头部转向阳极或游向阳极的行为，且水的电导率越高趋阳反应越明显。有学者推测，海洋洄游鱼类是以大地的微弱电流来定向的，因为鱼在磁场中，头部总是转向阳极的。

（3）昏迷反应 电场强度增高，超过鱼类的耐受极限时，鱼类会出现呼吸微弱或停止，发生电麻痹导致死亡。

电捕鱼就是把强大电流引进水层，使鱼产生昏迷反应。在一般情况下，是不允许进行这种捕鱼方法的，因为这种方法不但损害了幼小鱼类，而且所击昏的大鱼在未能及时捞起时会很快沉入水底。

电拦防逃是在水中布置电极阵，利用一定频率的脉冲电流，形成一定范围的水中电场。当鱼类游向电场受到刺激时，产生回避反应，从而防止鱼类外逃。电拦防逃可用于水库口的泄洪以及南水北调工程中渠首鱼类的防逃。电拦防逃效果好，不受杂物和深度等影响，设备维护简单，排污抗流能力强，生产安全，耗电少，经久耐用。

3. 鱼类趋声性

鱼能感觉到声波的振动，声音在水中的传播速度比空中快，只要稍微将水搅动，鱼的反应便极为迅速。鱼类利用能够适应于水中生活的特殊听觉器官——内耳和侧线，可感受机械振动、次声振动、声振动和超声振动。

鱼类对声音刺激的行为反应有两种：一是趋向性反应（正趋音性），即鱼类听到喜爱的声音或同种鱼的摄食模拟声时，从水平方向和垂直方向朝声源趋集。鲤具有明显的趋声性，如养鱼槽中播放鲤在游泳和吞食饵料时发出的声音时，会立即向鱼声发射器游去，并聚集在离发射器约 3m 远的水域，做出探索和寻找食物的反应。另一种反应是鱼类对于异常或厌恶的声音刺激产生逃避行为（负趋音性）。如鲐鱼听到长鳍鲸的声音或长鳍鲸的模拟声，立即出现惊恐反应，逃离声源。在养殖水体中进行的驯化养鱼，也是利用鱼类对声音形成的条件反射，用颗粒饲料进行定点、定时投喂，以提高饲料利用率。鱼类发声有利于相互联络、集群、吸引异性、防御和保护。

骨鳔类听觉最灵敏，没有鱼鳔的无鳔类听觉大多较差，其他非骨鳔类听觉敏感度介于两者之间。

4. 鱼类趋触性

鱼类对外界固体刺激产生的定位反应称为趋触性，又称趋固性。鱼类在其栖息的大部分时间内，身体总喜欢与水中某些物体（如网箱中的网片）接触。鱼类的趋触性是依靠鱼类的触觉来实现的。在触觉中，除神经末梢外，遍布于鱼体皮肤及触须上的味蕾也起着十分重要的作用。例如，鳗鲡穿越狭缝，底层鱼类具有使身体局部贴靠海底或岩礁等特性。

日本研究鱼礁区鱼类行动的学者，按趋触性强弱把礁区鱼类划分为四种类型：①鳗鲡、鲆、鲽等贴底或埋栖鱼类，除潜居泥、沙中的种类外，都具有强烈的趋触性；②六线鱼、鲉、魴鮄、红娘鱼等定栖鱼类，它们的胸鳍、腹鳍和臀鳍需要接触固体物（其中有的接触基底，而不需要鱼礁那样的固体物），因而活动于鱼礁的洞穴、空间之内；③黑鲷、石鲷、马面鲀等近底层洄游鱼类，和一般的珊瑚礁鱼类，不接触固体物，通常栖息在靠近鱼礁的上方；④鲹、鲐、鰤、鳀等中上层鱼类，趋触性弱，活动于鱼礁上方的近表面水层。

在海洋渔业中，根据鱼类的趋触性建立人工鱼礁，不但可以吸引和聚集鱼类，形成良好渔场，提高渔获量，并且能保护产卵场，防止敌害对稚幼鱼的侵袭。同时可放养各种海珍品或放流优质鱼类，而提高名优鱼类的产量，从而达到增殖效果。

在设置定置网片的研究中发现，草鱼幼鱼趋触性强，常停留在定置网片附近，而尼罗罗非鱼趋触性弱，平时离网较远。在生产实践中发现，草鱼幼鱼喜欢成群沿池边循环游动，而尼罗罗非鱼成鱼一般分散于池中游动，易受惊动。利用草鱼幼鱼的上述反应特性，在养鱼池中投放网衣、水草等，可吸引草鱼种在其附近停留，这是防止草鱼种成群狂游不停的有效手段之一。

5. 鱼类趋化性

以环境媒介中的化学物质浓度差为刺激源，使鱼类产生定向行动的特性，即趋化性。这是因为一切动物的觅食行为，主要依赖其对食物化学成分的反应。食物中可溶的或可挥发的成分在水中扩散开来，引起了鱼类的趋化行为。鱼类通过嗅觉器官，感受化学刺激源浓度的空间和时间变化，沿刺激源浓度梯度显示的方向行动，游向刺激源的称正趋化性；游离刺激源的称负趋化性。不是所有鱼类都具有趋化行为，这取决于鱼类嗅觉的敏感程度。一般而言，鱼类在刺激源附近时，味迹浓度梯度大时，才出现趋化行为；高浓度刺激源，行动范围小而游速快；低浓度刺激源，行动范围大而游速慢。鲨鱼更喜欢攻击受惊吓的饵料鱼，原因可能是受惊吓饵料鱼比不受惊吓的饵料鱼释放更多的化学物质或特殊化学物质，这些化学物质可以诱发鲨鱼的攻击反应。

当鱼类发现饵料时，很多鱼类不是一开始就显示出趋化性，当距饵料较远时，往往不停地变换方向来回或曲折游动，逐渐缩小探索范围，当游近低浓度一边时，就转向高浓度一边。流水中的饵料味迹分布范围窄，鱼类更易接近饵料。有的学者认为鱼类由变向运动转向直线运动的趋化性行动，是两个鼻孔感到气味的浓度差引起的。鱼类获取饵料的行为，有时难以区分嗅觉或视觉的作用，常常是两者兼而有之。

在生产实践中，根据鱼类的趋化性，生产饲料添加剂，改变饵料的味道，使原来不爱吃的，但又富有营养的饵料变为适口饵料，这样既可以扩大饲料来源，又可以增加鱼类的摄食量，促进鱼类的生长。鱼虾混养时饵料内添加化学控制物质，使鱼虾能够分别得到自己的饵料，以保证营养的需要，捕捞时可以利用诱饵的化学刺激物使鱼相对地集中，提高起捕率。生产实践中发现，用腥味大的动物性饵料来钓捕肉食性鱼类效果较好；用豆饼和酒糟等有芳香气味的植物性饵料，对淡水中的鲤、鲫等具有很好的钓捕效果。

6. 鱼类趋流性

鱼类趋流性是指鱼类在流水中对流向和流速的行为反应特性。水流能刺激鱼的感觉器官，引起大多数生活在流水中的中上层鱼类产生趋流性，并根据水流的流向和流速调整其游动方向和速度，使之处于逆水游动或较长时间地停留在逆流中某一位置的状态。鱼类的这种特性是因水压作用，由视觉和触觉等因素综合引起的，并与栖息的自然水域环境有密切关系。一般而言，大洋性洄游鱼类和河川急流中的鱼类，其趋流性都较强，如沙丁鱼、鲐、金枪鱼、香鱼、鳟鱼、鲑鱼等。

分析研究鱼类的趋流性，是以感觉流速、喜爱流速和极限流速为指标。感觉流速是指鱼类对流速可能产生反应的最小流速值。喜爱流速是指鱼类所能适应的多种流速值中最为适宜的流速范围。极限流速是指鱼类所能适应的最大流速值，又称之为临界流速。各种鱼类的感觉流速大致是相同的，也可以认为鱼类对水流感觉的灵敏性大致是相同的。由于各种鱼类游动能力不同，它们之间的极限流速差别很大。即使同种鱼类，由于体长不同，个体的趋流性也不相同。总体而言，无论是极限流速还是喜爱流速，都随着体长的增大而提高。另外，化学刺激能够诱发鱼类的趋流性，鱼类一旦受到化学刺激就能够增加游泳速度，顶着水流运动。

研究鱼类趋流性对于了解和分析鱼类的习性特征，尤其是对于洄游性和岩礁性鱼类，以及人工鱼礁渔场的形成和人工鱼礁的集鱼机理方面的研究具有十分重要的意义。

三、鱼类的行为与渔具渔法的选取

捕捞作业是根据鱼类行为的特征，使用一定的渔具以及助渔助航设备将鱼捕获的过程。传统的渔具共分为12大类，其中拖网、围网、地拉网、敷网、抄网、掩罩、钓具、耙刺等属于主动性渔具，亦称强制型渔具，刺网、张网、陷阱、笼壶等属于被动性渔具或诱导型渔具。

鱼类的行为是设计和选择网具与捕捞技术的重要依据。鱼类的行为直接影响网具的渔获效果，各种渔具的作业方法也是根据鱼类的行为特点而确定的。研究鱼类对各种渔具的反应对改进渔具结构、提高捕鱼效果具有重要的实践意义。与捕捞密切相关的有游泳、听觉、视觉、集群等运动行为。

1. 游泳

在网具设计时，要充分考虑捕捞对象的游泳能力和游泳特征。如底拖网渔具通常会使用天井网，目的是为了防止鱼从网口上部逃逸。如果捕捞对象是游泳速度较快的近底层鱼类，一般网口高度较高；捕捞头足类、鲆鲽类、虾类等底栖鱼类，重点考虑下纲的贴底性能，防止鱼体从网具下部逃逸。鱼类在其游动的水域中，会产生上溯逃跑和顺流而下的行为，依据这一行为设置定置性网具，同样具有防逃、捕捞的良好效果。大型围网一般都用于捕捞经济价值较高的纺锤体鱼类，捕捞对象游泳速度较快。因此，要充分估计鱼体的游泳速度，以此确定围捕半径和沉降速度等。在实际捕捞过程中，根据不同目标鱼类的游泳能力，要合理制定作业时间和作业方位。例如，底拖网作业中，合理确定拖网的拖曳速度和拖曳时间，可以显著提高渔获效率和渔获质量。拖速过快，一是能源消耗加重，二是网具磨损加大容易破网；拖速过慢，则逃鱼现象严重，达不到理想的捕捞效果。

2. 听觉

当鱼类听到外界非熟悉声音时，通常是指除摄食对象或求偶外的声音，它们的第一反应是逃逸。当渔船拖着网具行进时，如有船从水面驶过，鱼类首先感觉到的是渔船的发动机和螺旋桨的声音，鱼类通常会下潜到较深水层，不易捕获。因此，在中层拖网作业时，放网的实际水深往往要比鱼群栖息的水层深一些，这样才能做到较好的对准鱼群。在围网作业时，也是充分利用鱼群对声音的反应，先用小船（子船）驱赶鱼群，使其更加集中，然后再进行围捕。此外，也可以通过人为地发出捕捞鱼种摄食对象的声音，达到诱集鱼群的目的。研究发现，淡水鱼类对声音的反应也较敏感，声音对鲫、鲤、草鱼等都具有一定的诱引作用。

声诱捕鱼就是利用鱼类对声音产生的趋集反应行动设计制造的声音诱鱼器，向鱼群播放相应的模拟声音，加以诱集，引导鱼群进入预定的捕捞区域而达到捕捞目的的方法。根据各种鱼类发声的性质和特征，辨别鱼群的种类、数量和集聚的位置，根据鱼声在鱼类生活中的应用，采用人工模拟同种鱼声的录音，然后利用这种“鱼声”进行诱集鱼类，也是仿生学在渔业上的应用。现已有人利用沙丁鱼、鲐、鳜、金枪鱼及鲨鱼等鱼类的正趋音性进行声诱捕鱼。

3. 视觉

在中上层生活的鱼类一般都具有较好的视觉系统。由于其对反差较大的物体比较敏感，因此，在一些渔具的设计中，往往采用与海水颜色较接近的网线。如拖网一般使用绿色网线，刺网以及钓具用线一般都使用透明色。在钓具作业中，使用拟饵通常可以明显地提高捕获效果。很多渔具的选择性装置或措施也是根据鱼类的听觉与视觉特点设计的。如拖网囊网加装与网衣色差较大的释放装置，可以明显提高幼鱼释放比例。同时，气泡的驱赶作用也是利用鱼的听觉与视觉。

鱼类在浑浊的水体中不易发现网具的存在，而发生乱游乱撞现象。根据这一行为，可在这种水域中设置刺网类网具，捕捞效果将大为提高。鱼类在澄清的水体中容易发现网具的存在，产生贴网漫游的行为。依据这一行为，设置定置性网具，导鱼入网以达到渔获的目的，效果显著。

光诱捕鱼就是利用鱼类对人工光线产生趋向性反应行动的特性，采用人工光线（如柴火光、石油灯光、电光、化学光等），将分散的鱼诱集到预定的区域，然后用渔具（包括鱼泵等吸鱼工具）加以捕捞的一种生产形式。它是当前捕捞中上层鱼类的一种主要生产形式。光学诱驱鱼在协助鱼类过坝以及水工程的定向驱导实践中被证实有实际效果并具备较好的前景。目前，在欧洲应用最广的声光气鱼类诱导系统，可提供一套完整的鱼类行为检测系统，每一个鱼类行为检测系统均根据当地环境利用气泡幕、声学信号、灯光系统或电场量身打造；该技术依靠鱼的行为排斥反应，而不是鱼的身体直接接触，被称为“行为导向系统”。

4. 集群

索饵鱼群会根据饵料生物数量的变化而发生变动。因此，了解捕捞对象的食性，然后根据渔场饵料的分布情况，可以预测或估计渔场鱼群的分布和活动趋势，作为确定捕捞措施的依据。经济鱼类一般以浮游生物和底栖生物为主要饵料，如鲐、竹荚鱼、鲹等主要摄食磷虾、端足类和桡足类等一些浮游动物；沙丁鱼、鲻鱼等则以浮游植物为主要饵料。此外，随着鱼类个体大小的变化，其摄食对象也会产生变化，如大黄鱼、带鱼、鳕鱼等稚幼期食浮游生物，到成鱼期改食大的动物。除了利用饵料情况预测鱼群规模和变化外，还可以人工投放饵料以达到诱集鱼类的目的，如金枪鱼延绳钓一般在放线前会先向海里投放一些竹荚鱼、秋刀鱼等。

摄食期间，鱼类一般处于分散状态，即使集群，其数量亦不大，时间也不长。水库围网作业之所以在这一时期空网率较高，原因就在于此。而这一时期，则适宜于主动性、滤过疏目拖网作业。依据鲢、鳙集群性不大，遇危险信号向下潜游和迅速逃跑的行为，运用赶、拦、刺、张联合渔具渔法可取得最佳捕捞效果。依据鲤、鲫等底层鱼类贴底、钻泥、潜穴、居洞、伏草的行为，采用电捕鱼法并辅以网具，可达到较好的捕捞效果。若单独用锦纶棕丝沉刺网进行常年捕捞，也具有一定的效果。

长期记录渔场水温、盐度的变化规律，不仅可以较准确地确定鱼群位置，还可以预测鱼群的规模和变化趋势。除金枪鱼等个别鱼类外，大多数鱼类都是狭温性动物，其体温与环境温度相差一般不超过 0.5 ～ 1℃。因此，渔场内如果出现较大的水平温差，就会使鱼群更加密集，形成中心渔场；当出现垂直温差较大，尤其是出现温跃层时，鱼群集结也比较密集，此时的渔获效果较好。

有些鱼群由于个体较小，当遇到敌害时往往会分散逃逸。不过，通过发出类似敌害的声音，也可以起到驱赶鱼群的作用，如围网作业时在水中播放海豚的声音或者利用气泡等手段都能很好地驱赶鱼群。此外，光照、风向、气压、降水等自然环境的变化都能在一定程度上影响鱼类的集群行为。

随着科学技术的不断发展和进一步开发利用中上层鱼类资源的需要，无网捕鱼技术在国内外都有了一些新的发展。现在无网捕鱼不仅是用“光—电—泵”联动作业法，而且结合声（波）诱集鱼群的“声—光—电—泵”和“声—电—泵”等多种新技术联合运用的作业方法也正在试验研究。

目前，世界捕捞业面临前所未有的挑战，主要原因是捕捞强度不断加大。经过多年的过度捕捞，海洋渔业资源日益衰退，全球对渔业资源保护的呼声越来越高。因此，鱼类行为学作为一门基础性研究，对渔业资源的恢复与保护有着重要的意义。首先，应进一步加大选择性渔具的研制和推广力度，释放非目标鱼种，做到有选择地捕捞；其次，根据不同鱼类的行为特点，研制高效的瞄准型渔具，不仅能提高渔获效果，还可以降低能耗。“环境友好型”渔具也是未来捕捞渔具发展的主要方向。总之，捕捞作业与鱼类行为特征密切相关，应进一步了解各种经济鱼类的行为特点，进而研制开发合理、高效、节能的渔具渔法，既要保护海洋环境，也要维持渔业的可持续发展。

 思考探索

1. 鱼类洄游分为生殖洄游、索饵洄游和越冬洄游三类，各有何特点？
2. 影响鱼类洄游的因素有哪些？
3. 试述声诱捕鱼和光诱捕鱼的原理。
4. 如何利用鱼类的行为进行捕捞？
5. 课外探讨鳗鲡洄游规律，思考其对鳗鲡产业发展的影响。

第七节　鱼类对环境的适应行为

 问题导引

1. 非生物环境如何影响鱼类的行为？

2. 鱼类对生物环境的适应性行为有哪些?

3. 鱼类如何调节渗透压以适应盐度不同的水域环境?

一、环境对鱼类行为的影响

鱼类与其所生活的环境之间是相互影响、相互联系的。一方面外界环境对鱼类的生命活动产生正面的或负面的影响;另一方面,鱼类自身作为环境的一部分,也影响着周围的环境。每种鱼只能适应一定的环境条件,对外界环境条件变化的适应能力也存在一定的范围,如果环境条件的改变超出了鱼类适应的范围,鱼类将难以维持生命甚至死亡。研究鱼类和环境的关系,有助于进一步认识和应用鱼类的一般生活规律,为发展渔业生产服务。环境对鱼类行为的影响包括非生物环境影响和生物环境影响两方面。

1. 非生物环境与鱼类行为

生活在水中的鱼类,无时无刻不受到外界非生物环境的影响,其作用的大小和强弱,与鱼类本身的状况有很大关系。影响鱼类的非生物因素有温度、溶氧量、盐度、pH 值、水流、水压、光、声、电以及气候与季节变化等。其中光、声、电等对鱼类行为的影响详见本章第六节。

(1)水温 鱼类是变温动物,其体温基本随环境温度的变化而变化,因而水温对鱼类生存和生活及分布十分重要,同时,水温也会通过影响其他水环境因子间接影响鱼类的生活。

大多数鱼类体温比周围水温略高 0.1 ~ 1.0℃,只有少数鱼类,如金枪鱼,由于具有特殊的皮肤血管系统,能保持比水温高 10℃以上的体温。还有少数鱼类,如花鲈、太阳鱼等,在受到外部的惊吓时,体温也略微升高。

① 水温对鱼类摄食行为的影响:在适温范围内,随着水温的升高,鱼类的运动量增加,摄食量增加,消化速度加快。分布于温带地区的鱼类,其摄食强度因水温的变化而有明显的季节变化,在春夏季摄食强烈,秋冬季摄食减少或停食;而冷水性鱼类则随着水温的升高摄食强度下降甚至停食。鲤的摄食水温一般在 8℃以上;鳗鲡在水温 10℃时开始摄食,25 ~ 27℃时摄食量最大,超过 28℃则减少摄食;虹鳟在水温 3℃时即开始摄食,15 ~ 17℃时摄食量最大,20℃以上则减少摄食;草鱼在 20℃时日粮为体重的 50%,22℃时增为 100% ~ 120%。许多鱼类的摄食活动能力随着四季外界温度的变化而相应增减。例如,夏季平均水温为 20℃时,蓝鳃太阳鱼每天平均要吃相当于体重 5% 的食物;冬季当水温在 2 ~ 3℃时,每天平均只摄食相当于体重 0.14% 的食物。摄食量的变化实际上是鱼类消化、吸收、代谢速度的反应。

鱼类最适摄食温度会随着体重的增加而降低,而且在同等环境条件下鱼类的最适摄食温比最适生长温度低,有观察研究表明大西洋鳕最适摄食温度比最适生长温度低 1.5℃,红大麻哈鱼、大比目鱼、河鳟和观察的几种鱼都是最适摄食温度比最适生长温度低。

② 水温对鱼类繁殖行为或胚胎发育的影响:鱼类的繁殖有季节性,繁殖活动与温度变化有密切的关系。许多已成熟的鱼类,如青鱼、草鱼、鲢、鳙等,只有当早春水温达到 18℃左右时,才开始产卵,鲤、鲫的产卵水温一般要在 14℃以上,鲮鱼需 25 ~ 26℃,大麻哈鱼的产卵水温则在 12℃以下,虹鳟 6 ~ 13℃,细鳞鱼 7 ~ 8℃,狗鱼 3 ~ 6℃。水温的变化决

定鱼类产卵的开始或终结，一定的水温变化对于鱼类产卵是一种信号，春季产卵的鱼类需要升温，而秋季产卵的鱼类则要求降温。鱼类会根据产卵季节水温变化的情况而提早或延迟产卵。

各种鱼类繁殖都要求一定的温度范围，但这个范围要比其摄食和生长的适温范围狭窄得多。同种鱼类生活于水温不同的水域，其性成熟年龄和繁殖季节亦不同，在温度较高的地区通常早熟。

水温对鱼类胚胎孵化的影响非常显著。在天然条件下，鱼卵、鱼苗的正常发育温度范围与当时的自然水温波动范围是一致的，水温过低或过高都会延缓其发育速度，甚至使发育停滞。大泷六线鱼在适温范围内孵化时间随水温的升高逐渐缩短，孵化率随水温的升高呈先升高后降低的趋势，在16℃时达到最大值79%；畸形率随水温的升高呈先降低后升高的趋势，在16℃时达到最小值6%；水温在24℃，胚胎发育至5d后停止发育并逐渐坏死。

③ 水温对鱼类分布的影响：不同的鱼类具有不同的适温范围。鲤、鲫在水温0～38℃都能生存，称为广温性鱼类，因此分布地区广泛。冷水性鱼类和一些热带、亚热带的鱼类适应范围较小，称为狭温性鱼类，如鲑、鳟类在水温超过20℃时就不易生存。产于非洲的罗非鱼，在水温低于14℃左右时，以及鲮鱼在水温降至7℃左右时，都会陆续死亡，因此它们的分布范围受到限制。

根据鱼类对温度的适应情况，可将鱼类划分为热带鱼类、温水性鱼类、冷水性鱼类、冷温性鱼类。

热带鱼类：对水温要求高，适宜在较高的水温中生活，其生存温度多为10～40℃，生长、发育的适宜温度为20～30℃，但不同种类间略有差异。常见的热带鱼类遮目鱼生存温度为8.5～42.7℃、罗非鱼15～35℃、鲮鱼7～32℃、短盖巨脂鲤12～40℃、黄鳝5～32℃、胡子鲇4～34℃、石斑鱼14～32℃。

温水性鱼类：温水性鱼类适宜在温带水域条件下生活，其生存水温为0.5～38℃，摄食和生长的适宜水温为20～32℃，繁殖的适宜水温为22～26℃，低于10℃摄食量下降，生长缓慢，15℃以上摄食量逐渐增加，20℃以上摄食量和生长速度明显增加。属于这种类型的鱼类很多，我国淡水鱼类和近海的一些经济鱼类多属该类型，如鲢、鳙、草鱼、青鱼、鳊、鲂、鲤、鲫、鲴、泥鳅、鳗鲡、鲷、花鲈、梭鱼、小黄鱼、小沙丁鱼等。

冷水性鱼类：冷水性鱼类要在较低水温条件下才能正常生活，如大麻哈鱼、虹鳟、太平洋鲱、江鳕类、香鱼、公鱼和多数银鱼等。虹鳟的生存温度为0～25℃，适宜生活温度为12～18℃，最适生长温度为16～18℃，低于8℃或高于20℃时食欲减退、生长缓慢，超过24℃即停止摄食，以致死亡。

冷温性鱼类：对水温的适应能力介于温水性鱼类和冷水性鱼类之间，牙鲆、大菱鲆、黑鲳鱼和大眼鰤鲈等属冷温性鱼类。牙鲆的存活温度为1～33℃，适宜生长温度为17～23℃；大菱鲆的存活温度为0～30℃，适宜生长温度为10～24℃；黑鲳的适宜水温为8～25℃，5～6℃停食，致死温度为1℃。

对于温度的变化，鱼类常常会以生理性变化（如越冬前鱼体脂肪的积累）、休眠（包括夏季蛰伏和冬季半休眠）及温度性回避（包括洄游）等生理、生态方式，进行调节适应。

自然气候异常引起的温度骤然变化、水体的温跃层现象及大型热（核）电站和其他工业的温排水导致的水体温度改变，还有在苗种和商品鱼的运输过程中的急性变温，会对鱼类造成严重胁迫，严重时会引发休克，甚至导致死亡。

（2）溶氧量　水中的溶氧是鱼类赖以生存的基本生活条件之一，是鱼类新陈代谢重要的物质和能量来源，对饵料生物的生长、水中化学物质的存在形态也有重要的影响，因而可直接或间接影响到鱼类的生长、发育、繁殖等一切生命活动。

鱼类的正常生长发育要求水中有充足的溶氧。鱼类在水中缺氧时，就会向溶氧丰富的水域（如进水口附近）游去。在静止的池塘中，当塘水普遍缺氧时，鱼就会游到水面，加快口部和鳃盖的运动，力图进行气呼吸和提高水在口腔中流过的速度和容量，这种现象称为“浮头”，但一般鱼类气呼吸的能力很差，若水中溶氧量持续下降，鱼类很快就会窒息死亡，这时鳃盖往往能开很大，鳃部也伸展得很开，此时水体的溶氧量称为“窒息点”。

水体溶氧量过低会对鱼类的摄食行为产生重要影响。养殖鱼类长期生活在溶氧不足的水中，摄饵量就会下降。例如，当溶氧量从 7 ～ 9mg/L 降到 3 ～ 4mg/L 时，鲤的摄饵量减少一半。

在低氧条件下，鱼类的生长速度减慢，饲料系数增加。草鱼在溶氧量为 2.7 ～ 2.8mg/L 时，生长速率约为养殖在溶氧量 5.6 mg/L 条件下的 1/11，饲料系数高 4 倍。

溶氧量也可影响鱼的发病率，如鱼类长期生活在溶氧不足的水中，体质将下降，对疾病的抵抗力降低，发病率升高；水体中溶氧量过高，溶解气体过饱和极易引起养殖鱼类气泡病，特别是在鱼类的苗种阶段，这种现象十分普遍。

（3）盐度　盐度是影响鱼类分布的重要因素。淡水的含盐量仅为 0.01‰～ 0.5‰，而海水则为 16‰～ 35‰，相差极为显著。不同盐度的水体渗透压不同，因而大部分海水鱼类和淡水鱼类不能适应生活水体盐度的大幅变化。盐度对鱼类的繁殖和生长也有较大的影响，不同鱼类繁殖时需要不同的盐度，尤其是洄游性鱼类。四大家鱼在盐度超过 3‰的环境中即不能正常繁殖；黄姑鱼受精卵在盐度低于 15‰和高于 50‰时不能孵化，其孵化的适宜盐度为 25‰～ 40‰，最佳盐度为 25‰；大菱鲆稚鱼在盐度为 28‰～ 32‰的环境中存活率最高。

根据鱼类对盐度的适应情况，可将鱼类分为 4 大类群：

① 海水鱼类：终生生活在海洋内，一般只适宜生活于盐度在 16‰～ 47‰的水域。

② 淡水鱼类：终生生活在淡水中，只能适宜生活于盐度在 0.5‰以下的水域环境。

③ 洄游性鱼类：对盐度的适应有阶段性，属这一类型的鱼类又可分为两种情况，溯河鱼类，一生的大部分时间在高盐度的海水中生活，在生殖时期由海水经过河口区进入淡水水域产卵，如大麻哈鱼、鲥等；降海鱼类，一生的大部分时间在淡水中生活，生殖期由江河下游至河口区，进入海中产卵，如鳗鲡。

④ 河口性鱼类（又称咸淡水鱼类）：适宜生活于河口咸淡水水域，水的盐度在 5‰～ 16‰。多为海水鱼类，亦有少量淡水鱼类，如刀鲚、凤鲚及银鱼中的部分种类。

按鱼类耐受盐度变化适应能力大小，又可将鱼类分为广盐性鱼类和狭盐性鱼类两类。狭盐性鱼类耐受盐度变化范围较小，包括绝大多数淡水鱼类和海水鱼类，如青鱼、草鱼、鲢、鳙、鲂、鲴、泥鳅、鳜、鲷等鱼类；广盐性鱼类则能够耐受较大盐度变化，如罗非鱼、大麻哈鱼、虹鳟、花鲈、遮目鱼、鲻鱼、河鲀、刀鲚、鲥、中华鲟等。

鱼类之所以能够在不同盐度的水体中生活，是因为它们具有完善的渗透压调节机制，但这种调节作用只能局限于一定的盐度范围内，如果超越范围则导致鱼体失调，并影响其生存。

（4）pH 值 各种鱼类都有其最适宜生活的 pH 值范围，大多喜中性或弱碱性环境，pH 值为 7.0 ～ 8.5，丰产鱼池 pH 值大多在此范围内。许多鱼类能够适应较大幅度的 pH 值变化，但鱼类对 pH 值的适应有一定极限，一般不能小于 4.0 或者大于 9.5，超出此范围则很快死亡。

在酸性水体内，可使鱼类血液中的 pH 值下降，使一部分血红蛋白与氧的结合完全受阻，从而降低其载氧能力，导致血液中氧分压变小。在这种情况下，尽管水中含氧量较高，鱼类也会因缺氧而“浮头”。在酸性水中，鱼类往往表现为不爱活动，畏缩迟滞，耗氧下降，代谢机能急剧降低，摄食很少，消化也差，生长受到抑制。低 pH 值会推迟鱼卵孵化，过低 pH 值会导致鱼的受精卵死亡。

pH 值过高，则往往破坏皮肤黏膜和鳃组织，而造成直接危害。当 pH 值和盐度都高达一定数值时，会加强对鱼的毒性作用，如在 pH 值为 9.5 ～ 10.0、盐度为 4.5‰～ 8‰水体中，鲢出现狂游、惊跳、浮头现象，鳃及体表迅速分泌大量黏液等；在高碱、高 pH 值条件下鱼类产生严重的“碱病”，鲢、鳙、草鱼会急游冲撞，迅速翻白上浮，鳃部出血，并很快死亡。

（5）水流 水流影响鱼类体型。生活在静水或缓流中的鱼类，尾柄一般较低较短，体形较扁；栖息在流水中的鱼类，尾柄较高较短，体型浑圆；栖息在急流底部的鱼类，身体的背腹往往扁平，并由唇部或胸部及胸鳍形成吸盘状的附着器官，固着在水底石块或其他物体上，以免被水冲走。

流水环境中，为了克服水流的冲击，鱼类的活动量比静水中大，体内各项代谢活动加强，耗氧量增加，鱼类的肠道功能得到增强，对饵料的消化吸收率提高，能量转换率增大，所以饵料系数低，鱼类增重加快。

水流能刺激鱼的感觉器官，使大多数生活在流水中的中上层鱼类产生趋流性，并根据水流速度和方向调节自身的游泳速度和方向，在一定流速范围内，随着流速的增大趋流性升高，以保持逆流游泳状态或长时间地停留在某一特定的位置。鱼类在静水中则较少主动游泳。

水的流动影响鱼类的迁徙与分布。在长江上游产卵的青鱼、草鱼、鲢、鳙等，它们的卵、苗可被流水带到几千米的下游河段。挪威北部沿岸孵化出的大西洋鲱幼鱼，被海流带到遥远的北方，成鱼几年后才回到原来出生的地方。鳗鲡的幼鱼也是被海流从大海带到大陆沿岸的。体型很大且不善游泳的翻车鲀，也常被自南至北的暖海流带到日本海。

（6）气候与季节变化

① 气候变化对鱼类行为的影响：天气晴朗时，鱼类上浮活跃；下雨时，鱼类喜欢活跃于水的表层；暴风雨前，鱼类集群游泳；暴风雨中，鱼类潜入深沟；久旱遇雨时，鱼类多在表层活动，起跳频繁；无风天气，鱼类喜欢在水域的表层或浅水区域活动；刮大风时，鱼类栖息在水域背风处或在深沟内隐蔽。

② 季节变化对鱼类行为的影响：季节的交替引起气候的变化，同时亦引起鱼类行为的变化。春季水温逐渐回升，鱼类所需的饵料生物逐渐丰富，因此，鱼类的活动和摄食量亦逐步增加。越冬的鱼类逐渐从深水区游向浅水区或水草丛中分散肥育。一些产黏性卵的鲤、鲫等鱼类，在春季更加活跃。在春季，鱼类结群的群体不大。夏季水温进一步上升，水中浮游生物、底栖生物大量繁殖，水草生长茂盛，鱼类活动进一步增强，摄食量进一步加大，群体分散性更加明显。在夏季，若遇暴风雨或山洪暴发，有可能出现鱼类集群。秋季水温渐渐降低，鱼类常常聚集成群漫游，有时甚至游至水面，但这一季节的鱼群并不大。冬季天气寒

冷，水温急剧下降，鱼类开始集结游至适宜水温的水层中准备越冬。一般栖息在背风向阳、水较深的库湾内或深潭内，这时鱼类聚集群体在一年之中最大。

2. 生物环境与鱼类行为

水中的微生物、植物以及包括鱼类在内的各种动物构成了鱼类的生物环境。鱼类与生物环境之间的关系包括种内关系和种间关系。鱼类对生物环境的适应行为包括集群与非集群、相残、种间竞争、捕食与被食、寄生、共栖与共生等。

（1）集群与非集群行为　集群是指个体集合成鱼群的一种行为，在渔业生产上又常被用来泛指种类和生物学性状相同或不同的几个鱼群，在生活史的某个阶段，由于某种需要或目的而临时聚集在一起的庞杂的鱼群。

约有 80% 的鱼类在其生活史中有集群行为。有的种类终生集群生活，如浮游生物食性的上层鱼类。有的种类只在生命周期某一阶段呈现出阶段性集群，如乌鳢小时集群，长大后就分散活动。

根据鱼类集群的目的，一般可将集群分为：

① 产卵集群：由于产卵而结合的集群，几乎完全由性成熟的个体组成。

② 洄游集群：鱼类在前进途中产生的。这种集群时常会转变为另一种集群（如变为产卵集群）。洄游集群鱼类的组成往往由性成熟的鱼或由幼龄鱼组成，洄游鱼类混合集群的现象极为少见。

③ 肥育集群：主要是由于索取饵料而形成的集群。这类集群组成最为复杂，常常由不同种类和不同年龄的鱼（成熟的鱼和幼龄的鱼）组成。

④ 越冬集群：鱼类在越冬场地所形成的集群。如大、小黄鱼的越冬集群。

集群对鱼类的生活有利也有弊。集群在防御方面的作用不可忽视，往往单独活动的鱼被捕食的概率比在鱼群中要高得多；集群具备有利于游泳的动力学条件，即相互利用彼此的运动涡流以减小游动的阻力；被捕捞时，由于领头鱼的反应，鱼群可在片刻间逃逸；集群还有利于发现饵料生物，以摄食浮游生物的结群性鱼类表现得更为明显；繁殖集群大大增加了雌雄个体相遇、配对和精卵结合的机会，因此有利于繁殖后代，绵延种族。集群也存在着不利的方面：一是目标过大，容易被捕食者发现；二是集群鱼类比单独生活的鱼更快地耗尽饵料生物，因此常常会造成饵料不足，不利于迅速生长。

鱼类的非集群生活，尤其是底栖鱼类和筑巢产卵鱼类，它们一生或大部分时间分散生活，或者只按家族聚居。这种生活方式，有利于个体找到适宜的栖居地和足够的饵料。

（2）相残行为　由于鱼类栖息环境广阔，种类繁多，在同一水域内往往栖息着众多的生态类群，这就构成了各种鱼类之间非常复杂的矛盾关系，这种矛盾关系尤其在饵料的利用上表现得特别突出。凶猛鱼类以其他鱼类为食，当密度过大或其他原因使营养条件恶化时，食物竞争加剧，吞食自身的幼鱼也是常见的现象，如花鲈、带鱼等，这种以同种为食的现象可认为是鱼类对自然界的一种适应，有利于保存本种，维持种的延续。苗种期肉食鱼类的相残行为大大降低了仔鱼的成活率。

（3）种间竞争行为　种间竞争是指具有共同食物和生境的不同鱼类之间所产生的竞争关系。竞争会向两个方向发展：一是一种占据绝对优势，完全排挤掉另一种；二是迫使其中一种占有不同空间，改食不同食物，产生食性分化。实践证明，当彻底清除水域中的凶猛鱼类后，并不完全导致经济鱼类的增加，而是比以前更少了。这是因为凶猛鱼类的减少，引起了与经济鱼类争夺饵料的非经济鱼类的大量繁殖，它们带来的危害性超过了凶猛鱼类的吞食。

（4）捕食与被食行为 捕食者与被食者的关系十分复杂，是在长期进化过程中形成的。捕食者的数量常常取决于被食者的数量，而捕食者又可调节被食者的种群大小。对于天然水体的鱼类群落来说，捕食者的作用是：影响被食鱼的数量与质量组成；通过对不同被食鱼丰度及捕食鱼自身丰度的调节，促进生态系统的平衡；通过消灭病弱及不正常个体，充当生物改良者。对于放养水体的鱼类群落来说，捕食鱼将破坏合理放养，是造成减产、低产的重要因素。

（5）寄生行为 鱼类中也有种内寄生现象。如鮟鱇类的雄鱼，除了生殖器官外，各个器官系统基本退化，个体往往只有雌体的1/10大小，用口吸附于雌鱼的鳃部、腹部和头部，以雌鱼体液为营养。种内寄生对繁殖中不易找到异性的种类繁衍后代有着积极的意义。

种间寄生在鱼类中很少见。盲鳗的寄生是通过咬破寄主的体壁或鳃部钻入其体腔，吸食其内脏和肌肉，最终导致寄主死亡。喜盖鲇寄生在个体较大的鲇的鳃腔内，从寄主的鳃中吸吮血液作为营养，影响了鱼体的正常生长。

危害鱼类的其他生物的寄生现象比较常见，如细菌、某些原生动物、蠕虫及节肢动物常寄生鱼体内，导致鱼类疾病的发生。

（6）共栖与共生行为 共栖是指两种独立生活的鱼类，生活在一起，一方栖于另一方并对己有利，对另一方无害的相互关系。鱼类的共栖现象，如鲫鱼与鲨鱼，鲫鱼以第一背鳍变异形成的吸盘吸附于鲨鱼体上，拾取鲨鱼的残饵，而对鲨鱼无害。鱼类与其他生物之间也有共栖现象，例如属于腔肠动物的海葵与小丑鱼的共栖现象。因为海葵的保护，小丑鱼可免受其他鱼类的攻击，并利用海葵的触手丛安心筑巢、产卵，同时，海葵吃剩的食物也可供给小丑鱼，对海葵而言，则可借着小丑鱼的进出，吸引其他鱼类靠近，增加捕食的机会，小丑鱼的游动可除去海葵的坏死组织和寄生虫，也可减少残屑沉淀至海葵丛中。

鱼类行为是不断适应其所生活水域环境的结果，其本身的行为亦会影响环境。

二、鱼类的渗透压调节

鱼类生活在水环境中，不同水环境的盐度相差很大，淡水盐度一般在0.5‰以下，而海水盐度可达30‰以上。通常情况下，无论是生活在淡水还是海水中的硬骨鱼类，它们体液的渗透压浓度是比较接近和稳定的，均约为7‰，鱼类为了维持体内一定的渗透浓度必须进行渗透压调节。

鱼类尿液及其生成

1. 淡水鱼类的渗透压调节

鱼类的渗透压调节

淡水鱼体液的盐度一般比外界水环境要高，系高渗性溶液，以冰点下降温度（℃）来表示渗透压，淡水圆口类为−0.48℃，淡水板鳃类为−1℃，淡水真骨鱼类为−0.57℃，而淡水本身则近于零。按渗透压原理，体外的水分将不断通过半渗透性的鳃和口腔黏膜渗入体内，同时部分水随食物进入体内由消化道吸收。如果鱼体没有调节渗透压的功能，必然会因进水过多而死亡。淡水鱼类则通过两方面来进行调节：一方面是排水，由肾脏将过多的水分排出体外，淡水鱼类肾小体发达，肾小体数目多，肾小球的相对体积（肾小球总面积与体表面积之比）高达30～126.6mm^2/m^2，而海洋硬骨鱼类只有1.49～3.14mm^2/m^2，故淡水鱼的泌尿量大；另一方面是保盐、吸盐，肾小管有吸盐细胞，可使通过肾小体的过滤液中的大部分盐分重新吸收，特别是对 Na^+ 和 Cl^- 能完全重吸收，这样生成的尿很稀，由尿排泄所丧失的盐分很少。同时有些淡水鱼类鳃上有特化的吸盐细胞，可以从水中吸收氯离子，另外还可通过从食物中补充一些盐分来达到平衡。

2. 海水硬骨鱼类的渗透压调节

海水硬骨鱼类体液的渗透压浓度低于海水，约为海水的 1/3，属于低渗溶液。按照渗透压原理，其体内的水分将不断通过鳃上皮和体表向外渗出，若不加以调节，鱼会因大量失水而死亡。海水硬骨鱼类从两方面调节渗透压：一方面是保水，补充水分，除了从食物中获取水分外，还要多吞海水，据测定，海水硬骨鱼类每天吞饮的海水量可达到体重的 7% ～ 35%，吞饮的海水大部分通过肠道吸收并渗入血液中，另外还可通过少排尿保持水分，海水硬骨鱼类一般排尿量较少，每天尿的排出量只占体重的 1% ～ 2%，与其肾小球少且小、肾小管短、具较强的重吸收水能力有关，甚至有些海水硬骨鱼类缺乏肾小球，其尿液完全是由肾小管分泌离子时带出的一部分水而形成；另一方面是排盐，海水硬骨鱼类的鳃上有特殊的排盐细胞（氯化物细胞），吞下的海水在肠壁渗入血液以后，水分大多截留下来，而多余的盐分（主要为 Na^+、K^+ 和 Cl^- 等一价离子）由排盐细胞排出体外，二价离子（Ca^{2+}、Mg^{2+}、SO_4^{2-}）经由尿液或留在肠中形成沉淀随粪便排出，从而使体液维持正常的低浓度。

3. 海水板鳃鱼类的渗透压调节

板鳃鱼类通过保留尿素和少量其他含氮化合物来保持血液的渗透压浓度。海产板鳃鱼类血液中无机离子的浓度比海水低，但由于血液中有大量的尿素（2% ～ 2.5%，其他脊椎动物只有 0.01% ～ 0.03%）和氧化三甲胺（TMAO），而使其渗透压略高于海水，体内水分不会因渗透向外流失，甚至还要有少量水渗入体内，才正好满足肾的排泄需要。其原尿中 70% ～ 90% 的尿素可被重吸收，氧化三甲胺大部分可被肾小管重吸收。当血液中的尿素积累到一定程度时，从鳃进入的水分就会增多，冲淡了血液中的尿素浓度，排尿量增加。尽管肾小管对尿素有很强的重吸收能力，但还会随尿丢失一些，当血液中尿素浓度降到一定程度，进入体内的水减少，尿量也减少，结果尿素又开始积累，如此循环进行。所以尿素是海洋板鳃鱼类保持体内水盐动态平衡的主要因子。

对于盐度较低水域或淡水中的板鳃鱼类（如锯鳐、亚马孙河的江魟），主要是通过降低血液中 Cl^-、尿素和氧化三甲胺的含量来进行渗透调节。

4. 洄游性鱼类和广盐性鱼类的渗透压调节

广盐性鱼类的渗透调节能力强而快速，能迅速适应不同水域所带来的盐度变化，对盐度有广泛的耐受性，可自由地进出于海水和淡水，如罗非鱼、刺鱼、虹鳟等。溯河洄游的鲑鱼类和降海洄游的鳗鲡，它们都能在较大的盐度变化范围内维持稳定的渗透压和离子浓度。

洄游性鱼类和广盐性鱼类的渗透压调节主要包括由淡水进入海水的调节和由海水进入淡水的调节两种调节方式。

（1）由淡水进入海水的调节 鱼类由淡水进入海水后从排水保盐状态转入排盐保水状态。因此，在淡水中的渗透压调节机制被抑制，而在海水中的渗透压调节机制被启动。

① 吞饮海水：一般广盐性鱼类进入海水后几小时内饮水量显著增大，罗非鱼在海水中每天饮水量可达体重的 30%，并在 1 ～ 2d 内使体内的水代谢达到平衡，饮水量随之下降并趋于稳定。

② 减少尿量：广盐性鱼类进入海水后，肾小管壁对水的通透性增强，大部分水被重吸收，结果为尿量减少。

③ 排出 Na^+ 和 Cl^-：鱼类从淡水进入海水后，鳃上皮泌盐细胞数量增加，鳃排出的 Na^+ 和 Cl^- 量亦增加。

（2）由海水进入淡水的调节 硬骨鱼类由海水进入淡水后，由排盐保水状态转入排水保盐状态，海水中的渗透压调节机制受到抑制，而淡水中的渗透压调节机制被激活，从而维持体内高的渗透压。

① 停止吞饮水，肾脏排出大量稀释尿。

② 减少鳃对 Na^+ 和 Cl^- 的排出。

③ 从低渗水环境中吸收 Na^+ 和 Cl^-。

研究有关鱼类盐度的调节机能，对生产实践有一定的指导意义，可为海水养殖的水体盐度调节、半咸水或淡化养殖提供理论依据，以达到高效生产的目的。通过对洄游鱼类在不同盐度水域中盐度调节机能的研究可以了解它们适宜的繁殖环境及苗种生长环境，利于提高繁殖率与苗种存活率，提高养殖效益。

思考探索

1. 简述温度、溶氧、盐度、pH 值、水流、气候与季节变化对鱼类生命活动的影响。
2. 简述海水鱼类不能在淡水中生活的生物学原理。
3. 简述淡水鱼类的渗透压调节机制。

参考文献

[1] 秉志 . 鲤鱼解剖 [M]. 北京 : 科学出版社 , 1960.

[2] 曹克驹 . 淡水鱼类养职工培训教材 [M]. 北京 : 金盾出版社 , 2008.

[3] 范守霖 . 水产养殖员（中级）[M]. 北京 : 中国劳动社会保障出版社 , 2006.

[4] 胡振禧 . 斑鳜胚胎与仔鱼早期发育观察 [D]. 福州：福建农林大学 , 2014.

[5] 集美水产学校 . 鱼类学 [M]. 北京 : 中国农业出版社 , 1998.

[6] 姜志强，吴立新 . 鱼类学实验 [M]. 北京 : 中国农业出版社 , 2004.

[7] 李明德 . 鱼类生态学 [M]. 天津 : 南开大学出版社 , 1992.

[8] 李承林 . 鱼类学教程 [M]. 北京 : 中国农业出版社 , 2004.

[9] 李承林 , 鱼类学教程 [M].2 版 . 北京 : 中国农业出版社 , 2015.

[10] 李林春 . 鱼类养殖生物学 [M]. 北京 : 中国农业科学技术出版社 , 2007.

[11] 李林春 . 水产养殖操作技能 [M]. 北京 : 高等教育出版社 , 2008.

[12] 李霞 . 水产动物组织胚胎学 [M]. 北京 : 中国农业出版社 , 2006.

[13] 梁旭方，何大仁 . 鱼类摄食行为的感觉基础 [J]. 水生生物学报 , 1998（03）: 278-284.

[14] 林浩然 . 鱼类生理学 [M]. 广州 : 广东高等教育出版社 , 1999.

[15] 楼允东 . 组织胚胎学 [M].2 版 . 北京 : 中国农业出版社 , 1996.

[16] 孟庆闻，等 . 鱼类学 [M]. 上海 : 上海科学技术出版社 , 1989.

[17] 孟庆闻，李婉端，周碧云 . 鱼类学实验指导 [M]. 北京 : 中国农业出版社 , 1995.

[18] 孟庆闻，苏锦祥，李婉瑞 . 鱼类比较解剖 [M]. 北京 : 科学出版社 , 1987.

[19] 施瑔芳 . 鱼类生理学 [M]. 北京 : 中国农业出版社 , 1991.

[20] 苏锦祥 . 鱼类学与海水鱼类学养殖 [M].2 版 . 北京 : 中国农业出版社 , 2008.

[21] 王吉桥，赵兴文 . 鱼类增养殖学 [M]. 大连：大连理工大学出版社 , 2000.

[22] 王武 . 鱼类增养殖学 [M]. 北京 : 中国农业出版社 , 2000.

[23] 王以康 . 鱼类学讲义 [M]. 北京 : 科学出版社 , 1958.

[24] 王作楷 . 鱼类摄食行为的感觉基础 [M]. 水利渔业 , 1992.

[25] 魏华 , 吴垠 . 鱼类生理学 [M].2 版 . 北京 : 中国农业出版社 , 2011.

[26] 魏清和 . 水生动物营养与饲料 [M]. 北京 : 中国农业出版社 , 2004.

[27] 杨秀平 . 动物生理学 [M].2 版 . 北京 : 高等教育出版社 , 2009.

[28] 叶富良 . 鱼类学 [M]. 北京 : 高等教育出版社 , 1993.

[29] 易伯鲁 . 鱼类生态学 [M]. 武汉 : 华中农学院 , 1982.

[30] 殷名称 . 鱼类生态学 [M]. 北京 : 中国农业出版社 , 1995.

[31] 张虹 . 雌核发育草鱼群体的建立及其主要生物学特性研究 [D]. 长沙：湖南师范大学 , 2011.

[32] 赵维信 . 鱼类生理学 [M]. 北京 : 高等教育出版社 , 1992.

[33] 钟建兴，刘波，郑惠东，等 . 黄鳍东方鲀人工育苗技术及胚胎、仔稚幼鱼发育特征研究 [J]. 海洋科学 , 2015 (07): 43-51.

[34] 朱妙章 . 大学生理学 [M].2 版 . 北京 : 高等教育出版社 , 2005.